數學是什麼？

下冊

What Is Mathematics?

瑞赫德·庫蘭特 Richard Courant
賀伯特·羅賓斯 Herbert Robbins　著
伊恩·史都華 Ian Stewart　修訂
容士毅　　　　　　　　譯
許秀聰　　　　　　　　校閱

《數學是什麼？》英文原版於 1996 年出版，譯本出版已獲牛津大學出版社同意。

左岸｜科普 148

數學是什麼？（What Is Mathematics?）下冊

作　者	瑞赫德‧庫蘭特、賀伯特‧羅賓斯、伊恩‧史都華 （Richard Courant, Herbert Robbins, Ian Stewart）
譯　者	容士毅
校　閱	許秀聰
總編輯	黃秀如
責任編輯	王湘瑋
封面設計	獨立設計工作室
電腦排版	換日線
社　長	郭重興
發行人暨出版總監	曾大福
出　版	左岸文化事業有限公司
發　行	遠足文化事業股份有限公司
	231 新北市新店區民權路 108-2號9樓
	電話：（02）2218-1417
	傳真：（02）2218-8057
	客服專線：0800-221-029
	E-Mail:service@bookrep.com.tw
	左岸文化臉書專頁：https://www.facebook.com/RiveGauchePublishingHouse/
法律顧問	華洋國際專利商標事務所　蘇文生律師
印　刷	成陽印刷股份有限公司
初　版	2011 年 02 月
初版十二刷	2019 年 03 月
定　價	400 元
ISBN	978-986-6723-47-6

有著作權‧翻印必究（缺頁或破損請寄回更換）

數學是什麼？/ 瑞赫德‧庫蘭特 (Richard Courant), 賀伯特‧
羅賓斯 (Herbert Robbins), 伊恩‧史都華 (Ian Stewart) 著；
容士毅譯 . -- 初版 . -- 臺北縣新店市：左岸文化出版：遠足
文化發行，2010.12-2011.02
　冊；　公分（左岸科普；146, 148）
譯自：What Is Mathematics?, 2nd ed.
ISBN 978-986-6723-46-9（上冊：平裝）. -- ISBN 978-986-
9723-47-6(下冊：平裝)
1. 數學
310　　　　　　　　　99017487

——謹以此書獻給——

厄納斯特・庫蘭特（Ernest Courant）

葛楚德・庫蘭特（Gertrude Courant）

漢斯・庫蘭特（Hans Courant）

蕾歐諾爾・庫蘭特（Leonore Courant）

爬上數學大廈的頂端

數學家兼科普作家史都華為本書修訂版寫序時，特別指出：「合乎邏輯形式的數學（formal mathematics）就像拼寫與文法——正確地使用局部性的規則。有意義的數學（meaningful mathematics）有如新聞工作——它報導一個有趣的故事。但又不像某些新聞報導，因為它的描述一定要真實。最好的數學就像文學——它把故事栩栩如生地帶到你的眼前，從而無論在理智上或情緒上使你捲入其中。」這個比喻堪稱是史都華的現身說法，生動地呼應了庫蘭特所謂的「數學作為一個有機的整體結構」之重要意義。形式數學固然重要，解題更是不遑多讓，然而，唯有類似敘事（narrative）的知識活動，才是掌握數學整體結構的正道。

一九六七年，我進入台灣師範大學數學系就讀時，經由翻版書而得以略窺本書內容——比起史都華，晚了四年的「初體驗」。不過，由於閱讀本書相較於譬如英文版微積分教科書，顯然需要更成熟的閱讀（或數學）經驗——對於數學主修學生而言，本書所訴求的，正如前述，絕對不僅止於解題，它的更高尚要求，乃是數學知識的結構與意義之掌握，因此，「制式學習」如我者一直無從深入。當然，缺乏勝任可靠的導讀，也是另一個主要的原因。

現在，本書有了認真的中譯者與編輯，再加上目前國內相關數學普及閱讀活動之推廣，它的影響力絕對可以預期。其實，我在初次接觸本書大約十年後，開始有計畫地自修數學史，從而得知庫蘭特與哥庭根學派克萊因（Felix Klein）與希爾伯特（David Hilbert）之深厚關係。這是我從數學史面向，體會到庫蘭特的數學認識論的一段經歷。此外，我在台灣師大也曾以庫蘭特的微積分與分析學著作（*Introduction to Calculus and Analysis*，與 Fritz John 合撰）為教材，在課堂中與學生實際地分享庫蘭特的數學經驗。有了這兩個面向的體驗之後，我還不時地回頭重溫本書論述，充分體會其中所洋溢的傑出數學家之深刻洞察力。

本書範圍遍及自然數（含數論）、數系（有理數、實數與複數、代數數與超越數）、幾何作圖（或尺規作圖）與數域代數、射影幾何、公理體系與非歐幾何、拓撲學、函數與極限、極大與極小、微積分，以及史都華所增補的數學在近代的發展。本書 1941

年第一版目次共有八章及其補充，1995年，史都華代為增寫IX章，作為本書首版之後，二十世紀數學蓬勃發展之補充說明。綜合上述可見，本書作者企圖運用這些概念與方法的初等進路，來說明「數學是什麼」。其中有關數系之介紹，作者納入代數數與超越數之概念，顯然意在呼應數系結構與無限集合之關連。另外，有關幾何作圖主題之引入，則是讓解析幾何在幾何與代數之間所扮演的搭橋角色，賦予了更豐富的想像。同時，其中所底蘊的變換（transformation）想法，更是讓下兩章的幾何學與拓撲學之現身，顯得水到渠成。其實，根據克萊因的埃爾蘭根提綱（Erlanger program），變換（群）作為一種具有現代性（modernity）的概念工具（conceptual tool），不僅幫助我們刻畫了各色各樣的幾何學（含拓撲學），而且，它也從整體結構面向，大一統了絕大多數的幾何學。在本書中，庫蘭特具體實踐了克萊因這種取精用宏的進路，非常值得愛好數學者，尤其是數學教師取法。

　　事實上，正如庫蘭特的期待，本書也非常適合中學數學教師用以提升教學素養。這是因為作者注意到當時的數學教學，有一些已經退化成為解題的空洞演練，這或許有助於形式能力（formal ability）之發展，但卻無從導致真正的理解或更大的智識獨立性。針對這一點，庫蘭特指出：「中學的教師也許發現，在幾何作圖和極大與極小兩章的材料對校中若干社團或優等生來說是有幫助的。」不過，正如上一段所指出，本書第 IV、V 章對於中小學教師素養而言，也至關緊要，這是因為它們補全了結構性面向（structural aspects）的數學經驗。其實，如果教師願意考慮將這些材料適當剪裁，引進至少是資優生的課堂，那麼，他們的數學本能，一定可以從平板無趣的空洞解題活動甦醒過來，爬上結構的階梯，從頂端俯瞰數學的宏偉大廈，然後大呼「不虛此行」！

　　對於科普界的作者、譯者與編者來說，本書絕對是必須永遠置於案頭的參考用書。這是因為庫蘭特寫作本書的初衷，就包括了數學普及的考量。儘管如此，他對於內容空洞、包裝花俏的科普讀物，還是相當嚴肅地評論道：「**知識之攫取不能單靠間接的手段。對數學的理解是不可能憑輕輕鬆鬆的娛樂方式來傳達，這與音樂教育無法透過最出色的新聞報導，以傳授給那些從來沒有深入聆聽音樂的人一樣。**」其實，就本書的內容與形式而言，它的主題包羅萬象，呈現手法紮實有趣，同時，作者也在自然而然的情境中，分享他們的認識論與方法論。所有這些，當然都足以降低閱讀門檻，何況各章彼此之間在內容上，有著相當程度上的互不依賴，因此，讀者盡可隨性地閱讀就是了。

最後，對於數學主修的學生來說，我尤其要指出：本書誠如史都華所說的，的確是一部數學經典，因此，非常值得將它列入必須精讀的書單之一。三年前，本系大一新生仍有必修「數學導論」課程之規劃，而我當時忝為系主任，必須協助開授此一課程，遂決定採用本書為教材（本書修訂版於 1996 年問世）。只有短短一個學期的時間，當然無法涵蓋太多單元，於是，我只好盡量利用時間與學生分享數論、數系、幾何作圖以及射影幾何的一些基本概念和方法。當然，結構性面向知識始終是我再三舉例說明的重點。另一方面，如果數學主修的大四學生，有機會研讀本書，為四年所學進行一個綜合性的回顧或反思，那麼，他們或許可以更清楚地看到數學知識的一個比較全面的圖像。

總之，本書是一本可以讓多方讀者各取所需的一本導論型的數學經典。一般讀者或許在乍看之下，會覺得本書納入過多技術性的細節，而不適合一般人閱讀。這個觀察無可厚非，因為它本來所訴求的讀者並沒有「一般化」到那種程度。然而，要是讀者可以暫時忍受或撇開這些技術性的困難，轉而投入本書內容所關連的一些認識論議題之論述，那麼，史都華針對數學知識本質所謂的「不真實的真實」(unreal reality)，就會變得鮮明而立體起來。當然，如果你有充分的耐心或訓練，足以亦步亦趨地遵循著本書論證，那麼，你還是需要在作者敘事或議論的地方，多作一點時間的駐足：再多想一下，那些論證究竟如何連結到作者所謂的數學！

何謂數學？有關這個問題的回答，在可預見的將來，想必仍然會激發許多數學家或科普作家的雄心壯志。不過，話說從頭，這部七十歲的經典，卻早已為我們樹立了典範！

台灣師範大學數學系退休教授　洪萬生　2011 年 1 月

無比吸引力的歡樂源泉

有人在精品店血拼時，全身血脈賁張，因慾望得到滿足而快樂。但也有的人歡樂泉源來自別處。

像是數學，數學能夠帶給學生的最大影響，應該是學生在多年數學學習過程的激勵下，所培養出來那種主動迎向問題，細細思索及嘗試，意圖能征服阻礙，到達撥雲見日之欣喜階段的態度。如果我們問別人：「學習數學的樂趣是什麼？」大多數人都會回答：「在一個困難問題經過苦苦思索後豁然開朗，那樣的快樂無與倫比。」

數學所提供的歡樂源泉，不同於大血拼，是具備如下的特質：（1）當我們每日在真實世界探索時，回頭瞧，會發現數學抽象思維和實象之間那種若即若離的微妙關聯，人類生活、自然需求激勵數學研究；（2）在數學領域中，即使其版圖仍在繼續成長，舊的發現卻鮮少變得過時。所以接近數學的人，不須面臨底下的心靈惆悵——拿起筆記本，將從前所學猛然塗改，並對心得進行縫補。

在《數學是什麼？》這本書中，透過作者極具洞察力的思維及眼光，技術性細節與走彎路的舉措被避免了，數學看來更像是非凡的故事，比課堂知識有趣得多。裡面有數學家的冒險歷程，「找到不尋常的發現」是對勇者的犒賞。想想看，如果學生鎮日鑽入考試與補習的痛苦輪迴中，兩相比較起來，對數學的瞭解似不能同日而語。學習在各種程度的學生身上展現，但真正用心挖掘數學深層關聯的人，有機會領略數學之美。

讓我們由書中擷取幾例，先來看繆畢烏斯帶。德國數學家繆畢烏斯（August Ferdinand Moebius, 1790~1868）在其一篇關於「單側」表面的學術報告中，提出一些直至今日仍會令初識者大為驚奇的論證。所謂的繆畢烏斯帶，它是把一條細長的長方形帶子的一端扭轉到另一側之後，同另一端貼在一起而形成。第一，常見的雙側表面是由細長形帶子沒有經過扭轉而把它的兩端貼起來形成的，而繆畢烏斯帶只有單側面，一隻沿著帶子而始終維持在帶子中間線爬行的小蟲將會左右倒置地回到它原來的出發點；第二，如果沿著繆畢烏斯帶的中線剪開，會發現它依舊是一條完整的帶子。就如書中作者所言，「對於任何一個不熟悉繆畢烏斯帶的人來說，很難預知這種變化，

它與我們在直覺上認為『應該』會出現的事情竟是如此地背道而馳。」我們可以藉由閱讀這本書的第四、五章之幾何篇章，來加強直覺，抓住事物的可構性，或說是「開啟幾何之眼」。

還有，認不認識紐結（knots）？只要是迴圈就可以被扭曲或打結，它們是可以被串連起來——用任何一種方式——包括在一般意義上彼此完全不連接在一起的情況在內。而紐帶是三維空間中一個或多個閉合的迴圈的集合，如果紐帶只有一個迴圈，那麼它就被稱為一個紐結。紐帶理論的核心問題是尋求有效的方法，以判定兩個已知的紐帶或紐結是否在拓撲上有等價關係——就是說，按照連續變形使彼此能夠變成對方。關於這方面的研究，我們一定要提到一個有意思的五組研究。

1984 年紐西蘭數學家鍾斯（Vaughan Jones）正從事關於所謂跡函數（trace functions）在算子代數（operator algebras）方面的分析，意外發現其多項式可為紐結理論做出貢獻。由此作為開端，接著由數學家組成的五個不同的小組各自同時發現，具有兩個變數的鍾斯多項式的普遍形式，在辨別紐結上甚至更有效，通常被稱為荷姆弗利多項式（HOMFLY polynomial）按發明者的姓 Hoste-Ocneanu-Millett-Freyd-Lickorish-Yetter 的第一個字母拼湊而成。有意思吧！不僅如此，巧手的人對這種自成迴圈的三葉結、「8」字形結、平結等會很有興趣，而這些「手藝品」其實是數學拓撲分支的研究對象，數學家一群一群地不停挖掘出大量解讀資訊。

數學可帶給人驚奇感受。「兩個看來是毫不相干的數學觀念事實上竟然如此緊密連繫」，多奇妙！在「利用對數功能可詮述質數分布的平均變化」這個發現上，已經讓我們對這件事留下深刻印象；但還可以再添一筆——高斯（Carl Friedrich Gauss，1777~1855，德國）的「最小平方法」（method of least squares）。從一切有可能出現的測量值中選出一個可作為 u 的最優值，就是它足以使各個偏差的平方值之和 $(u-x_1)^2+(u-x_2)^2+\cdots+(u-x_n)^2$ 儘可能成為最小，這個作為 u 的最優值恰好就是算術平均數 $m=\frac{x_1+x_2+\cdots+x_n}{n}$。上面這個事實可經由最小平方法確認，而較為複雜的問題，例如，假定我們測量出來的各點並非剛好是在一條直線上，我們該如何把一條最適合於這些已被測得的 u 個點的直線描繪出來？還是最小平方法發揮效用。每當問題注定要從稍為不一致的測量值中，擇定一個貌似有理的結果，「最小平方法」就位居指導原則的地位，當然它也許會被基於相同推理的其它變體來替代。

這樣的關聯也發生在數學與物理兩個學科身上。因為數學觀念與自然界之間是和諧的，所以數學、自然界、物理的鐵三角被建立起來。作者於書中揭示一個觀念：物

理現象的實際存在象徵數學問題的解答，在許多為這觀點所付出的努力中，最引人注目的，應該是書中在極限方面進行的「柏拉托（Joseph Plateau, 1801~1883，比利時物理學家）肥皂膜實驗」。三面肥皂膜120度相交或四面交角近似109度，應該再再令實驗者流連忘返。好玩、富啟發性的實驗，居於一個永不匱乏的源泉地位，提供數學許多的意義。

現在再來看微積分（calculus），專門談變化率與積累功效這類問題，一個和物理力學無法切割的數學分支。生活中這樣的問題屢見不鮮，當牛頓想要分析運動中的質點，因時間而帶動在速度方面的現象，也就是牛頓口中所稱的「流量」（fluent quantities）時；或是德國外交官萊布尼茲在夜晚空閒時刻，自我苦思不規則邊界下的面積，該如何引進適切的符號標誌時；對這兩個歷史時間點，我們也許能同等感受作者的評論，「數學家之應該對這類問題感興趣，只不過是出於自然。」書中如是說。

面對幾個典型的物理力學問題，我們見識到數學的根本力量──一個抽象的數學公式化表述，它把許多看來似乎相當不一樣而且毫不相干的個別現象的深層結構一舉揭露出來，在書裡的第七、八章有許多精彩的論述。

微積分的魅力不只於此。牛頓（Sir Isaac Newton, 1642~1727，英國）和萊布尼茲（Gottfried Wilhelm Leibniz, 1646~1716，德國）對微積分的長時期演化，扮演了具有決定性的角色。誠如書中作者所言，牛頓與萊布尼茲的巨大功勞乃在於他們清楚確認到下面兩個問題彼此之間的密切聯繫：古老的求取面積與十七世紀時才表述之導數（萊布尼茲稱之為「微商」），是微積分的兩個基本問題，這兩個看來似乎相當分歧的概念之間，存在一個不可分割的相互聯繫性。萊布尼茲和牛頓率先清楚地辨識出此點，繼而開發出精準有效的微積分基本定理（fundamental theorem of the calculus），於是在他們手中，把兩者統一起來的各種新方法遂成為科學上強大的利器。

這本書被評為「一個數學珠璣的大採集」，而它也當之無愧。當故事已栩栩如生地帶到你的眼前，就讓我們泡杯茶，好好開始數學奇妙之旅，盡情享受這一切吧！

北一女中　許秀聰 2009 年 1 月

前言

1937 年的夏天，當時我還是一個年輕的大學生，正在依循我父親所著的《微積分》（*Differential and Integral Calculus*）一書跟隨他學習微積分。我相信這個時候正是他首次構想出要撰寫一本關於數學在概念與方法方面的基本讀物，同時也想到或許我對這個計畫會有幫助的可能性。

《數學是什麼？》（*What is Mathematics?*）一書在接著下來的幾年便逐步成形了，我還記得曾參與若干深入細緻的編輯會議，協助賀伯特・羅賓斯和我的父親，特別是在 1940 年和 1941 年的夏天。

這本書的首刷中有若干冊內含一頁特殊的題獻頁，題有「寫給羅莉的數學」（Mathematics for Lori），羅莉是我最小的妹妹（當時十三歲）。幾年後當我準備結婚時，父親向未來媳婦提出挑戰，要求她能讀懂《數學是什麼？》，她畢竟力有未逮，無法深入，不過父親還是對這椿婚事表示贊同。

多年來，位於緊鄰紐約市北邊的紐羅歇爾（New Rochelle）的我家頂樓佈滿了各種金屬線骨架，它們是作為肥皂膜示範之用，正如在第 VII 章第 §11 節所描述。對於父親的兒孫們來說，那是一個提供無比吸引力的源泉。儘管父親從未為他們進行重複的示範，不過他們當中有好幾個此後都以數學以及相關學科作為追求目標。

本書自從原版面世以來並未嘗真正籌劃出新版。在各次版本的序中所提到的修訂，除了對若干在枝節上及印刷上的錯誤作改正外，基本上並未對原文做過修改，而此後的每一刷都是與第一版的第三次修訂本完全一樣。父親在晚年時偶爾也會提及是否因應現代需要而進行大規模修訂，然而他的體力已無法應付如此一項工作了。

因此當史都華教授提出目前這一個修訂版時我實在非常高興。他根據數學近五十多年來的進展，在有關章節裡面加入注解並予以延伸。如今我們已得知費馬最後定理和四色問題已得到解決，對過去被棄之如敝屣的無窮小和無限變量的觀念已在「非標準分析」一節中得到平反，因而再度獲得尊重。（記得在大學時有一次我用上「無窮大」這個詞，而我的數學老師即說，「在我的課堂上我不允許有不雅之言！」）參考書目已加以擴展至當今的文獻。我們希望《數學是什麼？》這一個新版將又一次在各種背景的讀者群當中激發出他們對數學的興趣。

厄納斯特 D. 庫蘭特（Ernest D. Courant）
美國紐約州灣港（Bayport）
1995 年 9 月

第二版作者序

才華橫溢的兩位原作者使《數學是什麼?》成為一部經典名著,它是一個數學珠璣的大採集。這本書的目標之一就是要反駁一種看法,即「數學只不過是從必須一致的定義與公設中所推論出來的一個體系,除此之外都是科學家的自由意志所創造出來的。」一句話,這個目標就是想要把數學的意義歸回原位。然而這是與來自有形而具真實性的意義大不相同,就數學上的對象這一方的意義來說,它所闡述的「僅僅是數學上『未下定義的各種對象』與駕馭它們的運作規律之間的關係」而已。對於什麼是**數學上的東西**並不重要;重要的是它們**表現**了什麼。因此數學拘謹地游移於真實與虛構之間,它的意義既非寄寓於邏輯形式上的抽象性,但亦非屬於不明確。這可會給那些喜愛條理分明的哲學家帶來麻煩了,然而這正是數學的巨大力量之所在──我在別的場合把它稱之為「不真實的真實」(unreal reality)。在沒有給自身完全定位於任何一方的情況下,數學把思維概念的抽象世界與有形事物的真實世界聯繫在一起。

我第一次與《數學是什麼?》邂逅是在 1963 年,當時我正準備上劍橋大學,這本書成為有志於數學的新生的推薦讀物。即使在今天, 任何人想要預先一窺大學的數學,只要瀏覽本書便會獲益匪淺。不過話說回來,你用不著要成為一個新秀的數學家,也可以從庫蘭特與羅賓斯合著的這本傑作中獲得極大的樂趣和深入的瞭解。你需要的是一個適中的注意廣度,一種出於對數學本身的興趣,以及一個還可以的數學底子而不至於感到超出自己的程度。擁有高中程度的代數、基本微積分、和三角函數等方面的知識就足夠了,儘管些許的歐幾里得幾何會有幫助。

也許有人會以為一本讀物的最新版次竟然是在差不多五十年前即已準備就緒,那不是似乎有點過時了,因為它的語法已經陳腐,觀點又與當前流行的格格不入。真的,《數學是什麼?》之經得起考驗確實令人嘖嘖稱奇。在求解問題方面它所強調的皆切合目前情況,而在素材的選擇上它也完全沒問題,乃至於連一個單字或符號都不必為了這個新版而被刪去。

如果你認為這無非是由於五十多年以來數學並沒有帶來任何改變的話,我建議

把你的注意力指向新的一章，「數學在近代的發展」，它將會向你顯示出變化一向是如此之快速。的確，本書之如此經得起考驗乃由於儘管數學仍然在成長中，但它是屬於舊的發現鮮少變得過時的一類學科。你不可能「推翻」一條定理的證明。無疑你偶爾或會發現一個長期被接受的證明是錯誤的——這是曾發生過的，不過假使是這樣，那麼它原先就從來沒有真真正正地被證明過。然而新的觀點往往能夠使舊的證明成為過時，或舊的論證不再引起人們的興趣。《數學是什麼？》之所以經得起考驗乃由於兩位原作者在素材的選擇上展現出他們無可挑剔的品味。

合乎邏輯形式的數學就像拼寫與文法——正確地應用局部性的規則。有意義的數學有如新聞工作——它報導一個有趣的故事。但又不像某些新聞報導，因為它的描述一定要真實。最好的數學就像文學——它把故事栩栩如生地帶到你的眼前，從而無論在理智上或情緒上使你捲入其中。就數學上的表達來說，原版《數學是什麼？》確是一部文情並茂的上乘之作。加入新的一章的主要目的乃是把兩位原作者所報導的故事帶到至目前為止的情況，例如對四色問題和費馬最後定理的證明經過的描述。這些都是兩位原作者在撰寫這部鉅著時懸而未決的重大問題，然而隨後都得到解決了。在這一章的第 §9 節（一個力學問題）我確實提到一個在數學上純然是模稜兩可的問題。我認為這個特別的問題所涉及的是一個觀點已經完完全全改變的情況，庫蘭特與羅賓斯在他們所指定的假設範圍內所持的論據是正確的，但這些假設看來已無法像它們所表現的一樣合理。

我並沒有試圖納入一些近來十分受人注目的新生論題，諸如混沌理論、不完整對稱，或者許多其它在二十世紀末引人入勝的數學發明和發現。你可以從許多來源中找到它們，尤其像我所寫的 *From Here to Infinity* 一書，它可以被視為新版《數學是什麼？》的一個姊妹篇。在修訂過程中我定下的規則是加入的素材只不過是把原有的帶到切合目前的情況——雖然好幾次我都想打破規則，而且有幾次也確實打破了規則。

數學究竟是什麼呢？

答曰：天下無雙。

伊恩·史都華（Ian Stewart）
英國英格蘭考文垂（Coventry）
1995 年 6 月

第一版修訂本原作者序

在最近幾年裡，世界大戰的發生促成了要增強數學知識與訓練的要求。目前存在著來自挫折與幻想破滅的威脅比起任何時候都要嚴重，除非學生與教師設法把眼光超越數學上的形式主義和運作，並攫住數學的真正本質所在。這本書就是為他們而寫，而第一次出版以來的反應則鼓勵了希望本書可提供幫助的兩位作者。

來自讀者們的批評使得無數的更正與改進得到落實，在此我們對艾汀夫人（Mrs. Natascha Artin）為籌備本書第三次修訂本所提供的慷慨幫助致上真誠的感謝。

瑞赫德・庫蘭特（Richard Courant）
美國紐約州紐羅歇爾（New Rochelle）
1943 年 3 月 18 日
1945 年 10 月 10 日
1947 年 10 月 28 日

第一版原作者序

二千多年以來，對數學具有某種程度的熟悉已被視為每一個有素養的人在知識的配備上所不可或缺的部分。然而今天數學在教育中的傳統地位卻備受嚴重威脅。不幸的是代表數學界的專業人士對此責無旁貸。數學在教學方面有些時候已經退化成毫無意義的解題演練，這也許使拘泥於形式主義的能力得到發展，但無從促進對數學有一個真正的理解或在智力上有更大的獨立性。在數學的研究上則顯示出一種過度專門化的傾向，同時過度強調抽象化，而在應用方面以及與其它領域的聯繫則遭到忽視。可是這些狀況絲毫不能證明一個緊縮政策的正當性。恰恰相反，對此理應也確實要作出針鋒相對反應的，是那些意識到知性紀律的價值的人。教師、學生，和受過教育的大眾所要求的是一個有建設性的改革，而不是以阻力最小的路線作為依循的一副溫良恭儉讓。視數學為一個有機的整體結構，以數學作為科學上的思考和行事的依據，從真正的理解中獲得數學的知識，就是我們的目標。

一些在個人傳記和歷史方面極其出色的數學讀物，以及引人入勝的普及寫作，已激發出大眾對數學的潛在興趣。然而知識之攫取不能單靠間接的手段。對數學的理解是不可能憑輕輕鬆鬆的娛樂方式來傳達，這與音樂教育無法透過最出色的新聞報導，以傳授給那些從來沒有深入細緻聆聽音樂的人一樣。與活生生的數學之實質性內容做實際接觸是為必須。不過技術性細節與走彎路是應該避免的，而數學的表現理應不拘泥於例行程序，也應不受限於冷峻、拒絕透露動機或目標、以及對全心全意的努力造成不公平障礙的教條主義。從名符其實的基本要素開始，沿著一條筆直的道路走到制高點——據此而得以全面考察現代數學的實質內涵與驅動力量——是有可能實現的。

本書就是在這個方向上的一個努力。有謂只有在高中階段的一門好課程才有可能傳授知識，既然如此，本書也許可被視為一本科普讀物。不過它並不是對一種為了躲開一切勞累的危險傾向而作出讓步。它有求於理智上某種程度的成熟，以及一種靠自己的力量進行一些思考的意願。這本書是為初學者和學者，是為學

生和教師，是為哲學家和工程師，是為課堂和圖書館而寫。作為一個寫作動機這也許是要求過高了。由於在別的工作壓力之下，為了本書的出版——鑒於多年來的籌備——便不得不做出某些妥協，不過在此之前本書實際上已告完成。來自讀者們的批評和建議是備受歡迎的。

無論如何，對於一個有機會來到這個國家而深表感激的人來說，我希望本書可以為美國高等教育略盡棉薄之力。儘管這份出版物在計畫與宗旨方面的責任是落在下面署名者的身上，任何功勞必須與賀伯特・羅賓斯（Herbert Robbins）共享。打從他與這份工作結合在一起以後，他為本書的出版做出了無私的貢獻，本書之所以能夠以目前這個形式得到完成，他的協力合作起了決定性的作用。

在此要對來自許多朋友們的幫助致以感激之情。與科學家玻爾（Niel Bohr）、Kurt Friedrichs 和 Otto Neugebauer 的討論影響了我在哲學和歷史方面的看法；Edna Kramer 從教師的立場提出了許多甚有建設性的批評；David Gilbarg 所準備的第一批課堂筆記是本書的源頭；Ernest Courant、Norman Davids、Charles de Prima、Alfred Horn、Herbert Mintzer、Wolfgang Wasow，以及其他人為寫了又寫的原稿提供了無窮無盡的幫助，也為改進細節做出了貢獻；排印期間，Donald Flanders 提出了許多甚有價值的建議以及對印前原稿的詳細檢查；John Knudsen、Hertha von Gumppenberg、Irving Ritter 和 Otto Neugebauer 準備了各種繪圖；H.Whitney 為收集於附錄中的練習題付出辛勞。感謝洛克菲勒基金會（Rockefeller Foundation）的大眾教育委員會（General Education Board）為最後發展成為本書引以為據的教程與記錄所提供的慷慨支助。同時也感謝 Waverly 出版社諸同仁極其稱職的工作，特別是 Grover C.Orth 先生；以及來自牛津大學出版社諸同仁，尤其是 Philip Vaudrin 先生和 W.Oman 先生，他們令人鼓舞的首創精神與配合。

瑞赫德・庫蘭特（Richard Courant）
美國紐約州紐羅歇爾（New Rochelle）
1941 年 8 月 22 日

如何使用本書

本書是按一種有系統的順序而寫成，但這完全不意味著讀者必須按著一頁接一頁，一章接一章費勁地閱讀下去。譬如說，也許最好把介紹歷史與哲學的相關部分推延至讀完書中其餘各個部分之後。書中各章大致上彼此是互不依賴的。通常在新的章節的開頭部分都是易於理解，接著在一條逐漸上升的路徑的牽引下，朝向該章的結尾而變得越來越陡峭。因此想要得到一般知識而非詳情的讀者，或可避開較為複雜的討論，而滿足於自己從中選擇出來的素材。

數學底子較淺的學生則不得不做出一個選擇。在第一次閱讀本書時，書中被冠以星號（＊）或以楷體表示出來的部分或可予以忽略，這樣並不致嚴重損害到對隨後各部分的理解。再者，如果讀者所選讀的章節是侷限於他最感興趣的部分則也無妨。大部分練習題並非例行公事；即使讀者無法解答諸多練習題，他也大可不必為此而擔心。中學的教師也許發現，在幾何作圖和極大與極小兩章的材料對校中若干社團或優等生來說是有幫助的。

希望本書將會對從大一到研究所水平的大學生，以及真正對科學有興趣的專業人士兩者都有用。再者，對於一些屬於非常規形式的大專課程來說，本書亦可作為一個關於數學的基本概念的根據。第 III、IV、V 等三章可以作為一門幾何學課程之用，而第 VI 和第 VIII 章使微積分形成一種強調理解而非例行程序的獨立自足的表述。對於一個有志於要為補充教材——根據特定的需要，尤其提供在更大範圍內涉及數值計算的實例——做出積極貢獻的老師來說，上述關於幾何學與微積分的部分都可以作為一種入門的教科書之用。散佈於書中無數的練習題，以及在結尾的附錄中所收集額外的練習題，應該都有助於本書在課堂上之使用。

我們甚至希望學者在細節上找出某些有趣的東西，同時從某種關於基礎部分的討論中，使藏身在一個更寬廣的發展裡面的幼芽得以被發現。

數學是什麼？

　　作為人類在心智上的一種表現，數學反映出我們積極的意志，深思熟慮的推理，以及在美學上盡善盡美的追求。它是以邏輯與直覺，分析與構造，普遍性與獨特性等三種對立面作為基本綱要。雖然不同的傳承風格對於這些對立面所強調的或有不盡相同之處，可是反而由於這些對照力量的相互影響，以及在演繹推理上所付出的努力，才成全了數學之作為一門科學的生命、用途、以及至高無上的價值。

　　數學上一切的發展自有其心理根源，它多少起因於實用上的要求乃無庸置疑。然而一旦在受迫於實用性的壓力下啟動之後，數學即無法規避自身勢頭的增添，從而超越了眼前的實用範疇。這種從實用科學到理論科學的發展趨向，不僅出現在古代歷史，諸多現代數學的發展來自工程師與物理學家的貢獻也是如出一轍。

　　有記錄可考的數學大約出現在公元前二千年的東方巴比倫古國，當時的巴比倫人富甲一方，他們在天文學方面的成就成為各種算術方法發展起來的主要載體。我們今天或會把他們的數學歸入初等代數一類。不過就符合現代意識的一般科學標準而言，數學畢竟是從後來的希臘土壤中浮現出來，時為公元前第五至第四世紀。由於希臘人與東方之間的接觸不斷增加——開始於波斯王朝時期，在亞歷山大遠征之後的一段時間更是達到高峰——使他們通曉了巴比倫人在數學和天文學方面的成就。數學很快便成為哲學上的討論議題而盛行於希臘的各個城邦。至此希臘的思想家開始意識到連續性（continuity）、運動（motion）、無窮大（infinity）等在數學上的概念存在著與生俱來的高度困難，同樣的難題也出現於以既定的單位來測度任意變量的問題上。經過一番令人肅然起敬的努力之後，

困難終於被克服了。纍纍的成果總結於歐多克索斯（Eudoxus，405?~355?BC）一手創造的幾何連續統（geometrical continuum）理論，其成就之大堪稱只有過了二千年後才問世的現代無理數理論才能與之相比擬。數學以演繹—公設[1]作為推理的走向是始自歐多克索斯時代，最後則定型於歐幾里得（Euclid，300?BC）的劃時代巨獻《幾何原本》（Elements）之中。

然而，作為希臘數學重要特色之一的演繹—公設趨向至今儘管仍被維持，而且一直發揮著巨大的影響力，但是我們一定要強調的是，古代的數學同樣重視數學在現實層面的運用以及數學與現實世界的聯繫；此外，當時的數學家採用的表達方式，經常不像歐幾里得那樣嚴格。

或許由於不可通約量[2]的過早發現，使希臘人對這個棘手難題備感威懾，他們不再把過去從東方學到的數的知識繼續發展下去，卻代之以竭力發展簡單的公理[3]推導盤根錯節的幾何現象，即公理幾何學（axiomatic geometry）。為此一個在科學發展史上不可思議的迂迴開始出現，可能一個大好的發展機緣就這樣錯過了。因為幾乎長達二千年的時間，希臘人沉重的幾何學傳統對於數的概念以及代數的操作兩者無可避免的演化造成妨礙，而數的概念與代數操作正是現代科學的根基。

經過了一段緩慢的醞釀階段之後，數學與科學在十七世紀期間的革命性劇變，隨著解析幾何與微積分，開始進入一個充滿活力的階段。儘管希臘的公理幾何學仍然保留其重要的一席之地，但公理形式的具體化，以及系統性的演繹推理方式等古希臘理想卻在十七、十八世紀宣告消失。對當時的新科數學先驅來說，從清晰的定義和既無矛盾而又「明顯不過」的公理開始，合乎邏輯的精確評理此時看來似是無關緊要了。取而代之的是一種名符其實的天馬行空方式——它表現在直覺上的猜測，以及在中肯切題的論據與荒謬的虛構信念相互交織之中——並

---

1 譯注：　公設（postulation）是作為一個公理、論據，或計算的基礎而被提出（或被認為是理所當然）的認定或猜想；演繹（deduction）是一個推理過程，從已知前提推論出的必然結論，即如果前提為真則結論不可能為假。

2 譯注：　兩個不具有整數比例的量是謂之不可通約（incommensurable），例如2和$\sqrt{2}$是不可通約的。

3 譯注：　不證自明之理。例如兩條平行線之間的最短距離處處相等。

懷著源自邏輯形式的科學常規中一份超凡能力的輕率自信，如是一個浩瀚富饒的數學世界被他們征服了。但進步帶來的興奮卻逐漸對一種批判性的自制精神作出讓步。在十九世紀期間，為了鞏固所得成果的內在需要，同時在法國大革命的激發下，本著為了擴展更高層次的科學知識需要有更多保障的期盼，遂無可避免地得出要回到對新數學的基礎重作修訂的結論，其中以微積分與極限的基本概念尤為突出。是以十九世紀不僅僅成為數學上一個全新的飛躍時期，同時也以成功回歸古希臘精確縝密的完美求證典型為其特徵。就後者而言，它甚至超越前希臘的科學原型。此時單擺再度朝著符合邏輯的單純與抽象的方向擺動。目前的我們似乎仍處在這個階段之中，雖然數學在理論與實用上造成分道揚鑣的結果未免令人遺憾——或許在關鍵的修訂時期是無法規避的——但有朝一日隨之出現一個更為協調一致的時代是被寄予希望的。今天數學已恢復了它的體力，尤其從含義更為清晰的基礎上達到空前簡化，使得在掌握數學理論部分的同時，不致於與實用方面失去聯繫成為可能。再一次把連接純理論與應用科學的有機結合建立起來，確立一個在抽象的普遍性與多樣的獨特性之間的穩當平衡，這完全可以說是當前在數學上至高無上的任務了。

　　畢竟此時在這裡不是為數學進行一番詳細的哲學或心理分析的場合。只不過有幾點必須指出，過分強調時下佔上風的演繹—公設的數學推理特性似乎會引來高度風險。的確，數學上構造性的創造——來自直接和激起的直覺——其基本成分是傾向於避開一個簡單的哲學性系統闡述，但它仍然是一切數學成就的核心，即使是在最抽象的領域也一樣。如果把定形化的演繹方式作為目標，那麼直覺與構造至少扮演了推手的角色。斷言數學只不過是從一致的定義與公設中推論出來的一個體系，除此之外便是科學家的自由意志所創造出來的，這樣的看法意味著恐怕科學的生機就要受到嚴重的威脅了。如果這種看法為真，數學便不可能吸引任何有才智的人。數學勢將成為一場周旋於定義、規律，與演繹推理的遊戲，而毫無主題與目標可言。認為天才人物只要藉著一閃而過的念頭就可以創造出富有意義的公設體系，本是真偽混合的假象。唯有接受出於對整個數學有機體的責任感的磨練，以來自本質上的迫切需要作為獨一無二的指導原則，天才人物的自由構思才能夠獲致具有科學價值的成果。

雖然時下所講究的邏輯分析的趨勢不足以代表數學的一切，但它一直在引導人們對數學的種種客觀實情有較為深入的認識，明白它們之間的互相依存關係，同時對數學上各種概念的精髓有更為清楚的理解，從而演化出一個新式的數學觀點，這就是一個普遍的科學態度的典型。

從大量的觀測數據中找到共通的規律是科學上一個很重要的發展環節。我們的哲學見解無論有哪一種可能，科學觀測的一切意圖，就相對於觀測者或所用的監測器具而言，無非是盡可能對觀測對象的整體進行詳盡無遺的研究。當然，區區的感性認知是不能構成知識和深刻的見解；它是以某種不受外界影響的隱晦事物（entity）——哲學家康德所謂的「本體」（thing in itself）——作為參照，據此必須為兩者找出相關的協調與解釋。「本體」並不是一個可供直接觀測的物體，而是屬於深奧莫測的形而上學（metaphysics）。然而按照科學常規，重要的是把具有形而上學特性的成分清除出去，同時始終把看得到的客觀現實當作概念上和構造上的首要根源來做考慮。為了和所謂的透徹領悟「本體」、洞悉「終極真理」、解開世人最深處的本質等空談目標畫清界線，對於一些天真的熱衷人士來說也許難免是一種在心理上或精神上的磨難，然而事實上這正是在現代思維上最卓有成效的轉折點之一。

在物理學的一些最偉大的成就之得以實現，是由於勇於堅持清除形而上學的基本信念所致。當愛因斯坦設法將「在不同地點同時發生的事情」這一個感知歸納成察覺得到的現象之際，過去認為它必然擁有一個本質上的科學內涵這種形而上學的偏見便被他揭穿，而愛因斯坦也就找到了解決他的相對論的要訣。當玻爾和他的學生察知物理觀測必然伴隨著監測裝置對觀測對象所起的效應時，測不準原理便顯而易見——就物理學而言，同時精確測出基本粒子的位置與速度是不可能的。這個帶來重大影響的發現如今已具體表現在現代量子力學的理論之中，並為每一個物理學家所熟悉了。在十九世紀期間，把空間中各種力學上的作用力和質點運動視為它們自身的特性是當時的主流觀點，而電、光、與磁也應該被歸納成或「詮釋」為力學現象，如同用於闡明熱的理由一樣。於是作為一種假想介質的「以太」（ether）便被創造出來，「以太」能夠藉著得不到充分解釋的習慣

性運動方式，使光或電看來似乎就如我們之所見。人們在耗費多時之後，才終於認識到若有「以太」這回事的話，它便勢必無法藉觀測而得，因為它是屬於形而上學而非物理學。最後——對一部分人來說是感到遺憾，而另一部分人則是如釋重負——光與電按力學來詮釋以及隨之而來的「以太」觀點終於被擯棄了。

類似的情況，甚至更為突出，也發生在數學。多年來，數學家對於像數、點等對象是以它們自身的實質特性來考量。由於這類實體總是使到要為它們做一個適當說明的試圖都變成不可能，這終於使十九世紀的數學家逐漸領悟到，把研究對象視為具實質性的東西作為問題處理在數學上根本沒有意義。就關係到研究對象（在定位上）各種最為切題的主張而言，這不過指出數學上「未下定義的對象」與駕馭它們的運作規律之間的相互關係而已，而不會求助於它們在本質上的真實性。至於什麼是點、線、數等等的「真面目」在數學上是不可能也不必去討論。要緊的是數學的結構性和邏輯依存關係，同時得以與可被核實的現實狀況相對應的也是結構和關係，諸如兩點決定一條直線，按照某一種有關數的組合規律而形成別的數，等等。清楚洞悉到實質性的東西必須要從數學的基本概念中清除出去，此舉便成為現代演繹體系在公設方面的發展最為重要和豐碩的成果之一。

每當教條式的哲學信念依附在富有創造力的頭腦時，對促進有建設性的成就便難免造成妨礙，可幸的是人們不會把這些教條放在心上。對學者來說，其實外行人也是一樣，唯有在數學本身的實幹經驗，而非哲學，才能夠回答下面的問題：數學是什麼？

第VI章

函數與極限

簡介

現代數學的主體是以函數和極限的概念為中心。在本章中，我們對於這些概念將做系統性分析。

試看如下的一個表示式

$$x^2 + 2x - 3,$$

它不具有一個確定數值，除非 x 值被指定。我們便說這個式子的值是 x 值的一個**函數**（function），並寫成

$$x^2 + 2x - 3 = f(x),$$

例如當 $x = 2$ 時，$2^2 + 2 \cdot 2 - 3 = 5$，所以 $f(2) = 5$。按照相同的方式，任何一個以整數、分數、無理數或甚至複數為形式的 x 值直接代入，我們便可以找到屬於 $f(x)$ 的數值了。

$\pi(n)$ 是整數 n 的一個函數，代表一切小於 n 的質數的數量。當一個 n 的值為已知時，$\pi(n)$ 的值便被確定，即使不知道什麼是可作為計算用的代數式（見第 I 章第 §3 之 2a 節）。一個三角形的面積是它的三條邊的長度的一個函數，它的面積是隨著它的邊長的變化而變化，同時當這三條邊的長度為已知時，面積便被確定了。如果一個平面被置於一個射影變換或一個拓撲變換之下，那麼經過變換之後，一點的座標取決於它原來的座標，因此也就是原來座標的函數。每當一個明確的物理關係要把各種（變）量連繫起來時，函數的概念便派上用場。發動機汽缸內所包圍的氣體體積是溫度的一個函數，也是作用在活塞上的壓力的一個函數。在探空氣球上測得的大氣壓力是海拔高度的一個函數。整個在周期性現象方面的領域——諸如潮汐運動，彈撥弦琴的弦振動，從一根熾熱的燈絲發射出來的光波——均為簡單的三角函數 $\sin x$ 和 $\cos x$ 所駕馭。

對首先使用「函數」一詞的萊布尼茲以及十八世紀的數學家來說，一種函數關係這個概念多少等同於有個簡單數學公式足以代表此一關係的確切本質。然而就數學物理學的要求而論，這種概念已證明過於狹窄，而且函數的概念，連同相關的極限（limit）概念，也被迫必須經歷一個通則化和釐清的漫長過程，對此我們將會在本章裡做一個交代。

§1. 變數與函數

1. 定義和實例

我們經常從一個數學對象的整體集合 S 中隨心所欲地把我們所想到的對象挑選出來。接著我們把這樣一個對象稱為在**值域**（range）或**域**（domain）S 之內的一個**變數**（variable）。習慣上我們以排在較後部分的字母作為代表變數之用。因此如果 S 代表全部整數的集合，那麼作為域 S 成員的變數 X 便代表一個任意整數。所謂「變數 X 綿亙於集合 S」乃是指我們可隨意地將符號 X 等同於集合 S 中的任何一個成員。當我們想提出一些與我們從一個整體集合中隨意挑選出來的數學對象直接有關的陳述時，變數的運用正適合這方面的需要。我們再度以 S 表示全部整數的集合為例，同時 X 與 Y 皆為域 S 內的變數，那麼下面的陳述

$$X + Y = Y + X$$

就是一種便於使用符號表達出來的方式，所指事實為任何兩個整數之和與處理的先後順序無關。一個涉及常數的特殊實例可用下面的方程式表示之，

$$2 + 3 = 3 + 2,$$

然而為了把適用於所有成雙作對的數值的通則表示出來，便需要用具有變數意義的代號了。

一個變數的所屬域 S 所代表的並不見得必須是一個數的集合。例如 S 可能代表平面上全部圓的集合，於是 X 便可能代表任何一個個別的圓。或 S 可能代表平面上所有封閉多邊形的集合，而 X 則是任何一個個別的多邊形。同時一個變數的所屬域也不必包含為數多至無窮的成員，例如，X 也許指的是某一特定城市在某一特定時期全部人口 S 中之任何一份子。或者 X 可能表示的是一個整數除以 5 時，可能出現的任何一個餘數，在這個實例中，域 S 便可能由 $0, 1, 2, 3, 4$ 等五個數所組成。

一個數值式的變數——習慣上我們用一個小寫字母 x 來表示——最為重要的情況是：變數的所屬域 S 所代表的是一個在實數軸上的區間 $a \le x \le b$。然後我們稱 x 為該區間的一個**連續變數**。一個連續變數的所屬域可以被延伸至無窮。因

此域 S 可以是所有取正值的實數 $x > 0$ 的一個集合，或者甚至是包含所有實數的一個集合。同樣地，我們也可以考慮一個變數 X，它的數值代表一個平面上的點，或在平面上某已知域如一個長方形或一個圓之內的點。由於平面上的每一點是以它的 x, y 座標──就一對固定的數軸而言──來界定，既然是這樣，我們通常便表明我們得到一**對連續變數**，x 和 y。

變數 X 可能與另一個變數 U 連繫在一起，X 的每一個數值界定了一個 U 的值。如是 U 被稱為 X 的一個**函數**，U 連繫到 X 的表示方式遂可以用一個代號來表示，例如

$$U = F(X) \qquad （讀如「屬於X的F」，「F of X」。）$$

如果 X 綿亙於集合 S，那麼變數 U 將綿亙於另一個集合 T。比如說，如果以 S 代表平面上所有三角形 X 的集合，一個函數 $F(X)$ 可能藉給予每個三角形 X 的周邊長度，$U = F(X)$，而被定義下來；T 便將是所有正數的集合了。此時我們注意到，兩個不同的三角形，X_1 和 X_2，可能有一樣的周長，因此即使 $X_1 \neq X_2$，但方程式 $F(X_1) \neq F(X_2)$ 是可能出現的。一個平面 S 經過射影變換而轉變成另一個平面 T 之後，S 上的每一點 X 遂被分配到 T 的個別一點上，而所以為據的是一個我們可以用函數的代號 $U = F(X)$ 來表示的明確規則。在此例中，只要 $X_1 \neq X_2$ 則 $F(X_1) \neq F(X_2)$，從 S 到 T 的映射稱做一對一映射（見第 II 章第 §4 之 1 節）。

一個連續變數的函數通常以代數式來界定。例如下面的函數

$$u = x^2, \quad u = \frac{1}{x}, \quad u = \frac{1}{1 + x^2},$$

在第一個和最後一個式子中，x 可以在實數的整個集合範圍內變動；而在第二個表示式中，x 在實數的整個集合的變動範圍不能包括 0 ──0 之所以被排除是因為 $1/0$ 不是一個數。

n 的質因數的數量 $B(n)$ 是 n 的函數，其中 n 綿亙於整個自然數的數域。較為廣泛地來說，任何一個數的序列，$a_1, a_2, a_3, \cdots$，是可以被視為來自一個函數 $u = F(n)$ 的各個數值的集合，其中自變數 n 的所屬數域就是自然數的集合。為簡

短起見，我們現在只把序列的第 n 項寫作 a_n，以代替較為詳盡的函數 $F(n)$ 的標示方式。在第 I 章所討論的各種表示式

$$S_1(n) = 1 + 2 + \cdots + n = \frac{n(n+1)}{2},$$

$$S_2(n) = 1^2 + 2^2 + \cdots + n^2 = \frac{n(n+1)(2n+1)}{6},$$

$$S_3(n) = 1^3 + 2^3 + \cdots + n^3 = \frac{n^2(n+1)^2}{4},$$

皆為整數變數 n 的函數。

如果 $U = F(X)$，那麼我們通常便把**自變數**（independent variable）這個名字專門留給 X，而把 U 稱為**應變數**（dependent variable），因為 U 之值是視 X 之取值而定也。

相同的 U 值被指定給全部的 X 值是有可能出現的，如此組成集合 T 的成員便只有單獨的一個了。於是我們便得到一個特殊的情況：作為一個函數值，U 竟然是不變的，即 U 是**常數**。我們將把這個實例納入函數的一般概念裡面，儘管對一個初學者來說，似乎是有點奇怪，因為在他看來，重點在於 U 是隨著 X 的改變而改變，這似乎是再也自然不過了。不過這畢竟不會有害──事實上還會有用──把一個常數當作一個變數的特殊情況，而這個變數的所屬「變域」（domain of variation）僅僅是由單獨一個成員組成。

函數概念的重要性是無出其右的，不僅僅在純數學，而且也在實際的應用層面。以物理學來說，它的定律所專注的，就是給某種依賴於別的變量的變量──當前者被容許起變化時──作狀況說明。因此樂弦經彈撥而散發出曲調之高低音是依弦之長度、重量以及張力而定，大氣壓力視海拔高度而定，一顆子彈的能量則要看子彈的質量和速度了。物理學家的任務是要確定這種函數的依賴關係之精確性或近似性。

函數概念使我們得以給運動一個精確的數學上的特性描述。如果我們把注意力集中在空間中直角座標為 x, y, z 的一點作為運動中的質點，而 t 表示在時間上的測量，那麼質點的運動狀況遂根據給定它的座標 x, y, z 作為 t 的函數而完整地

被勾勒出來：

$$x = f(t), \quad y = g(t), \quad z = h(t),$$

所以當空間中的一個質點在只有受到重力作用下沿著垂直於地面的 z 軸徐徐下降時，我們可得

$$x = 0, \quad y = 0, \quad z = -\frac{1}{2}gt^2,$$

其中 g 是重力加速度。如果一個質點在 x, y 平面上沿著一個半徑為單位長度的圓周等速旋轉，那麼便能以下面的函數表現其運動特徵，

$$x = \cos \omega t, \quad y = \sin \omega t,$$

其中 ω 是一個常數，即所謂運動的角速度是也。

　　一個數學函數只不過是一條支配變量之間的互相依賴的定律。它並非暗示任何一個存在於各個變量之間的「因果」（cause and effect）關係。儘管「函數」一詞在一般措辭之使用上隱約含有後者的意義，我們將避免一切像如此這般的哲理詮釋。例如，波耳定律（Boyle's law）指出恆溫容器內的氣體的壓力 p 與體積 v 的乘積等於一個常數 c（這個常數之取值轉而由溫度來決定）：

$$pv = c,$$

在沒有暗示壓力「因」體積的變化而變化，抑或體積「因」壓力的變化而變化的情況下，這個關係使 p 或 v 作為對方變數的一個函數而得解，

$$p = \frac{c}{v} \quad \text{或} \quad v = \frac{c}{p},$$

對數學家來說，只有介乎兩個變數之間的**連繫方式**才具有意義。

　　數學家與物理學家在函數概念方面所強調的面向或有不同。前者往往著重於**對應規律**（law of correspondence）：一種施用於自變數 x 的數學運算（mathematical operation），以期獲得應變數 u 之值。在這個意義上，$f(\ )$ 代表一種**數學運算**的標誌；而應變數 $u = f(x)$ 之值就是把運算 $f(\ )$ 施用到數值 x

所得到的結果。在另一方面，物理學家則一向對作為一個量的 u 的興趣比任何一個能夠從諸 x 值中把 u 值計算出來的數學程序來得高。因此空氣的阻力 u 之對於一個運行中的物體來說端視物體的運動速度 v 而定，而且可以從實驗中獲得，不管一個計算 $u = f(v)$ 的明確數學公式是否已獲知。物理學家主要感興趣的是實際的空氣阻力，而不是任何一條特殊的數學公式 $f(v)$，除非對如此一個公式的研究可能已到了有助於分析變量 u 的變化的程度。這就是當數學被**運用**到物理學或工程時經常所秉持的態度了。在較為高階的函數計算中，有時候只有一種方法能避免混淆，就是清楚指明它指的是 $f(\ )$ 這個將 $u = f(x)$ 指定給 x 的操作，還是指 u 這個變量本身。u 也可能被視為由另一個變數 z 以相當不同的方式去決定。例如，圓面積的函數 $u = f(x) = \pi x^2$ 是由圓半徑 x 所規定，而同時也可以藉函數 $u = g(z) = z^2/4\pi$ 而得，其中 z 是圓周長度。

數學上屬於單一變數的函數的最簡單形式也許就是**多項式**了，

$$u = f(x) = a_0 + a_1 x + a_2 x^2 + \cdots + a_n x^n,$$

其中以 $a_0, a_1, \cdots, a_n$ 諸常數作為係數。接下來的就是各種**有理函數**（rational functions），例如

$$u = \frac{1}{x}, \quad u = \frac{1}{1 + x^2}, \quad u = \frac{2x + 1}{x^4 + 3x^2 + 5},$$

都形成自多項式的商，而對於**三角函數** $\cos x$，$\sin x$，和 $\tan x = \sin x / \cos x$ 來說，最好的界定辦法就是引用 ξ, η 平面上一個單位圓，$\xi^2 + \eta^2 = 1$。如果點 $P(\xi, \eta)$ 是沿著這個圓的圓周在移動，同時為了使正 ξ 軸與 OP 重合，必須使正 ξ 軸旋轉因而形成有向角 x，那麼得出 P 的座標分別為：$\cos x = \xi$，$\sin x = \eta$。

2. 角度之衡量：弧度

出於完全講究實際的目的，用來衡量角度的單位是從把一個直角分成若干相等部分而得。如果畫分的數量為 90，那麼角的單位就是我們熟知的「度」（degree）。等分成 100 個部分的直角可能較符合我們的十進制，不過代表的仍然是測度上的相同原則。然而就理論上的目的而言，使用一種本質上完全不同的方法來表現角的大小特徵，即所謂的**弧度量**（radian measure），卻是有好處的。在這個體系中，許多與三角函數直接有關的重要公式將取得一種較為簡單的形式──相較於用度數來衡量。

為了尋求一個角的弧度量，我們畫出一個以某個角的頂點為中心，單位長度 1 為半徑的圓。這個角便在圓周上截出一段弧 s，我們把這條弧的長度定義為這個角的弧度。由於一個半徑為 1 的圓的圓周長度等於 2π，所以整個 360° 角的弧度是 2π。因此如果一個度數為 y 的角，其弧度是 x 的話，那麼 x 與 y 便可以用 $y/360 = x/2\pi$ 連繫起來，即

$$\pi y = 180x,$$

因此一個 90° 角（$y = 90$）所具有的弧度為 $x = 90\pi/180 = \pi/2$，餘此類推。在另一方面，一個弧度為 1 的角（即量出弧度 $x = 1$ 的角）表示該角在圓周上截出的弧長等於該圓的半徑；在度數上這個角的角度為 $y = 180/\pi = 57.2957\ldots$。為了獲得一個角的度數 y，我們必須把一個角的弧度 x 乘以因子 $180/\pi$。

一個弧度為 x 的角同時也等於這一個角在單位圓上所截出的扇形面積 A 的兩倍；因為這個扇形面積之於整個圓面積的比率，與圓弧循圓周的長度之於整個圓周長度的比率彼此相等，即 $x/2\pi = A/\pi$，故 $x = 2A$。

從現在起，角 x 是指該角的弧度值為 x。而一個度數為 x 的角是以 $x°$ 來表示以避免混淆。

以弧度作為角的衡量在分析上的運作將會變得十分方便，這是顯而易見的。不過在實際使用上，則反而會有點麻煩。由於 π 是一個無理數，因此如果我們在圓周上接二連三地把弧度等於 1 的單位角標示出來，我們將永遠無法回到在圓周上的同一點。角的一般量度是設計成經過 360 次標示出 1 度的角，或 4 次標示出 90 度的角之後，又回到同一點。

3. 函數之圖形／反函數

　　一個簡單的幾何圖形往往把一個函數的特色表露無遺。如果 x, u 所代表的是平面上一對互相垂直的兩軸的座標，那麼

$$u = ax + b$$

一類的線性函數便代表了直線；而二次函數如

$$u = ax^2 + bx + c$$

代表拋物線；而函數

$$u = \frac{1}{x}$$

則代表雙曲線，等等。按定義，任何一個函數 $u = f(x)$ 的**圖形**（graph）是由平面上的 x, u 座標以 $u = f(x)$ 連繫起來的各點所構成。圖 151 與圖 152 的曲線分別代表 $\sin x, \cos x, \tan x$ 等函數。這些圖形清楚顯示出函數值之增減是如何隨著 x 而起變化。

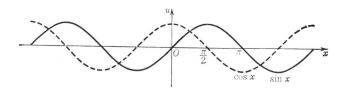

圖 151. $\sin x$ 和 $\cos x$ 之圖形

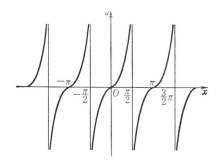

圖 152. $u = \tan x$

現在把一個引進新函數的重要方法說明如下。從一個已知函數 $F(X)$ 開始，我們設法求解方程式 $U = F(X)$ 中之 X，如此 X 將成為一個 U 的函數：

$$X = G(U),$$

函數 $G(X)$ 遂被稱為 $F(X)$ 的一個**反函數**（inverse function）。這個過程唯有在下面的條件下才會導致一個獨一無二的結果：函數 $U = F(X)$ 界定出一個從 X 域到 U 域的一對一映射，即不等關係 $X_1 \neq X_2$ 始終意味著 $F(X_1) \neq F(X_2)$，因為只有這樣每一個 U 才會對應到獨一無二的 X。在前面我們舉出 X 表示任意一個在平面上的三角形，而 $U = F(X)$ 作為它的周長是一個實例。顯然這一個從三角形的集合 S 到正實數集合 T 的映射不是一對一，因為具有邊長總和是一樣而各不相同的三角形為數無窮。所以在這個實例中，$U = F(X)$ 這一個關係無法符合確定一個唯一的反函數的需要。在另一方面，對綿亙於整數集合 S 的 n 以及綿亙於偶整數集合 T 的 m 來說，函數 $m = 2n$ 確實為這兩個集合之間提供一個一對一的對應關係，而反函數 $n = m/2$ 則是獨一無二地被界定。另一個一對一映射的例子來自下面的函數

$$u = x^3,$$

由於 x 綿亙於所有實數集合，u 也會綿亙於一切實數的集合——假定每一個值僅僅只出現過一次。而獨一無二地被界定的反函數則為

$$x = \sqrt[3]{u},$$

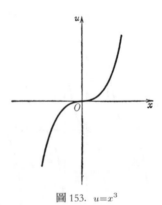

圖 153. $u=x^3$

至於像下面的函數

$$u = x^2,$$

一個獨一無二的反函數無法從中被決定。此乃由於 $u = x^2 = (-x)^2$，故每一個取正值的 u 都來自**兩個**先行者。但是如果按習慣，我們給 $\sqrt{u}$ 這個代號所下的定義是指平方等於 u 的正數，那麼反函數

$$x = \sqrt{u}$$

便存在了，只要 x 和 u 受到只取正值的約束。

　　具有一個變數的函數 $u = f(x)$ 是否有一個獨一無二的反函數之存在，是可以從函數的圖形中一眼看出。除非每一個 u 值只有一個 x 值與之相對應，否則反函數便不會獨一無二地被確定出來。從圖形方面來看，這表示 x 軸的平行線與圖形相交不多於一點的意思。一個**單調**（monotone）的函數 $u = f(x)$ ——u 是隨著 x 的增加而一致地遞增或遞減——就是這方面的一個例子。假如 $u = f(x)$ 是隨著 x 之增加而持續增加，那麼就 $x_1 < x_2$ 而言，我們總是得到 $u_1 = f(x_1) < u_2 = f(x_2)$。因此每一個已知 u 值至多只能有一個 x 值使 $u = f(x)$，而反函數便獨一無二地被確定。如圖 154 所示，僅僅把原來的圖形以穿過原點的 45° 虛線為軸作 180° 旋轉，因為 x 軸與 u 軸的位置互換，所以便得到反函數 $x = g(u)$ 的圖形了。圖形的新方位說明 x 是 u 的函數。圖形的原來方位顯示 u 是作為在水平的 x 軸上的高度，而在旋轉之後同一個圖形卻顯示出 x 是在水平的 u 軸上的高度。

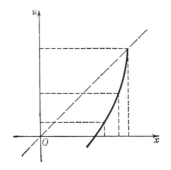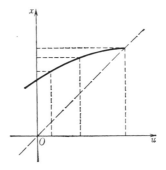

圖 154. 反函數

上一段的考慮可以用下面函數

$$u = \tan x$$

為例作出說明。在 $-\pi/2 < x < \pi/2$ 範圍內，這個函數是單調的（圖 152）。隨著 x 而持續增加的 u 值其涵蓋範圍從 $-\infty$ 到 $+\infty$；因此對所有 u 值來說，它的反函數

$$x = g(u)$$

遂被確定。這個函數以 $\tan^{-1} u$ 或 $\arctan u$ 表示之。因此 $\arctan(1) = \pi/4$，因為 $\tan \pi/4 = 1$。圖形如圖 155 所示。

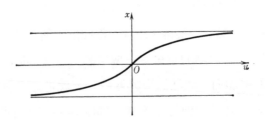

圖 155. $x = \arctan u$

4. 複合函數

　　從兩個或更多已知函數中產生新函數的第二個重要方法是函數之**複合**（compound）。例如下面的函數

$$u = f(x) = \sqrt{1 + x^2}$$

乃複合自兩個較為簡單的函數

$$z = g(x) = 1 + x^2, \quad u = h(z) = \sqrt{z},$$

從而可以表示如

$$u = f(x) = h(g[x]),$$

同樣地，

$$u = f(x) = \frac{1}{\sqrt{1 - x^2}}$$

乃複合自三個函數

$$z = g(x) = 1 - x^2, \quad w = h(z) = \sqrt{z}, \quad u = k(w) = \frac{1}{w},$$

因此，

$$u = f(x) = k\{h[g(x)]\}$$

　　下面的函數

$$u = f(x) = \sin\frac{1}{x},$$

乃是藉兩個函數

$$z = g(x) = \frac{1}{x}, \quad u = h(z) = sinz$$

複合而得。函數 $f(x)$ 對 $x = 0$ 這一點無法被確定，因為在 $x = 0$ 這一點，表示式 $1/x$ 沒有意義。這個不尋常的函數的圖形得自正弦函數。我們知道，當 k 為一任意正或負整數，$z = k\pi$，則 $\sin z = 0$。再者，

$$\sin z = \begin{cases} 1 & \text{（當 } z = (4k+1)\dfrac{\pi}{2}\text{）}, \\ -1 & \text{（當 } z = (4k-1)\dfrac{\pi}{2}\text{）}, \end{cases}$$

如果 k 為一任意整數，那麼

$$\sin \frac{1}{x} = \begin{cases} 0 & \text{（當 } x = \dfrac{1}{k\pi}\text{）}, \\ 1 & \text{（當 } x = \dfrac{2}{(4k+1)\pi}\text{）}, \\ -1 & \text{（當 } x = \dfrac{2}{(4k-1)\pi}\text{）}, \end{cases}$$

如果把 k 一個接一個地設定為 $k = 1, 2, 3, 4, \cdots$，那麼由於這些分數之分母無限制地增加，因而使 $\sin \frac{1}{x}$ 等於 1，或 -1，或 0 的各個 x 值便越來越朝向原點 $x = 0$ 靠攏。介於任何像這樣的一點與原點之間，這個函數仍然呈現出無窮多次的振盪，其圖形如圖 156 所示。

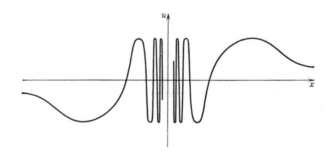

圖 156. $u = \sin \frac{1}{x}$

5. 連續

　　就到目前為止所考慮過的函數圖形來說，它們所提供的是一種關於連續性（continuity）的直覺觀。當極限的概念建立在一個精確的基礎上之後，我們將在第 §4 節再給連續的概念作出一個準確的分析。大致上說來，如果代表一個函數的圖形是一條沒有間斷的曲線，我們便估計這就是一個連續的函數了（見第 §4 節）。我們可以讓自變數 x 分別從右邊和左邊朝向設定好的值 x_1 連續地移動，來測定一個已知函數 $u = f(x)$ 的連續性。除非函數 $u = f(x)$ 在 x_1 的鄰域等於常數，否則它的值也會起變化。如果在指定點 $x = x_1$，函數 $f(x)$ 的值趨近 $f(x_1)$ 這個極限值，而且**不論我們是從左或右去趨近 x_1 皆然**，那麼我們稱此**函數在 x_1 是連續的**。如果這種情況都維持於某特定區間中的每一點 x_1，那麼函數被認為**在這一個區間是連續的**。

　　儘管凡是由一條沒有間斷的曲線呈現出來的函數都是連續函數，要把並非在每一處皆呈連續的函數定義出來一點也不困難。例如，在圖 157 的函數乃是按一切 x 值而被定義為

$$f(x) = 1 + x \qquad \text{（當 } x > 0 \text{）},$$
$$f(x) = -1 + x \qquad \text{（當 } x \leq 0 \text{）},$$

$f(x)$ 在 $x = x_1 = 0$ 這一點呈不連續，它的值為 -1。要是我們設法把這個函數的圖形描繪出來，將不得不在這一點從紙上舉起我們的鉛筆。如果我們從右邊向值 $x_1 = 0$ 靠近，那麼 $f(x)$ 便趨近 $+1$，但是這一個值和函數在這一點上的實際值 -1 不一樣。$f(x)$ 趨近於 -1 是建立在 x 從左邊移向 $x = 0$ 這一個事實，並不足以確立連續性。

　　一個為所有 x 值而界定的函數 $f(x)$

$$f(x) = 0 \quad \text{（當 } x \neq 0 \text{）}, \quad f(0) = 1,$$

代表另一種在 $x_1 = 0$ 這一點上不連續的函數。此時從 x 的左右兩邊向零趨近的極限值是存在的，而且是相同的，但是這一個共同極限值卻不同於 $f(0)$。

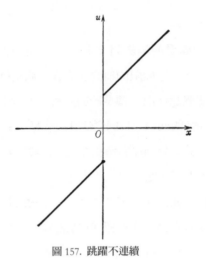

圖 157. 跳躍不連續

如圖 158 所示，在點 $x = 0$ 處不連續的另一類型函數是

$$u = f(x) = \frac{1}{x^2},$$

要是容許 x 分別從兩邊向零靠近，u 便朝向無窮大；這個函數的圖形在這一點遂被打斷，而在 $x = 0$ 的鄰域之內，x 的些微變化會給 u 帶來巨大的變化。嚴格說來，函數在 $x = 0$ 這一點的值無法被確定，因為我們拒絕承認無窮大是一個數，所以我們不能說當 $x = 0$，$f(x)$ 便**等於**無窮大。因此我們只好安於 $f(x)$ 是隨著 x 之接近於零而「趨向」無窮大的說法了。

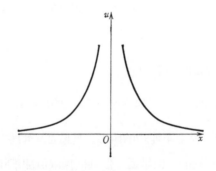

圖 158. 無窮大不連續

還有一種在 $x = 0$ 這一點上出現不連續的函數就是 $u = \sin(1/x)$，從該函數的圖形（圖 156）可以看得很明白。

以上各種實例顯示出一個函數可能在某點 $x = x_1$ 中斷連續性的好幾種形式：

1) 對函數值在 $x = x_1$ 這一點作適當規定或重新規定，或許有可能使函數在 $x = x_1$ 出現連續。例如當 $x \neq 0$，函數 $u = x/x$ 等於 1 是不變的；然而就 $x = 0$ 而言，它卻無從被確定，因為 $0/0$ 是一個沒有意義的符號。但是對於這個情況，如果我們同意相應於 $x = 0$ 的 u 值同樣也等於 1，那麼函數就這樣被擴充，從而毫無例外地對每一個 x 值來說都是連續的。如果我們把在前面所提出 $f(x) = 0$ 這個函數在 $x = 0$ 處重新規定為 $f(0) = 0$，那麼得到的是同樣的結果。這就是所謂的**可被排除**的不連續性。

2) 如圖 157 所示，隨著 x 分別從右方或左方接近 x_1，函數可能向不同的極限值靠攏。

3) 如圖 156 所示，即使單側的極限也可能不存在。

4) 如圖 158 所示，隨著 x 向 x_1 靠近，函數趨向無窮大。

上述最後三類的不連續被稱為**本質上**的不連續；它們不可能僅憑對函數在 $x = x_1$ 這一點作出適當規定或重新規定之後而被排除。

◆練習題：

1) 試繪製

$$\frac{x-1}{x^2}, \quad \frac{x^2-1}{x^2+1}, \quad \frac{x}{(x^2-1)(x^2+1)}$$

各函數之圖形，並找出它們的間斷點。

2) 描出函數 $x \sin \frac{1}{x}$ 與 $x^2 \sin \frac{1}{x}$ 之圖形，並確認如果兩者在 $x=0$ 這一點被規定為 0，則兩者在 $x=0$ 這一點呈連續。

3) 試證明函數 $\arctan \frac{1}{x}$ 在 $x=0$ 這一點出現第二型的跳躍不連續。

*6. 多個變數的函數

現在回到我們對函數概念的系統性討論。假如自變數 P 是位於平面上以 x, y 為座標的一點，同時如果跟如此的每一點 P 相對應的是獨特的一個數 u ——例如 u 可能代表點 P 與原點的距離——那麼我們通常寫成

$$u = f(x, y),$$

上述的標誌法也經常使用在當 x, y 兩量一開始皆為自變數的情況下。例如，氣體的壓力 u 是體積 x 與溫度 y 的函數，而一個三角形的面積 u 是它的三邊邊長 x, y, z 的一個函數，$u = f(x, y, z)$。

與前述由一個圖形勾勒出單一變數的函數的幾何描述方式一樣，一個具有兩個變數的函數 $u = f(x, y)$ 的幾何描述是來自一個以 x, y, u 為座標的三維空間的表面。針對在 x, y 平面上的每一點，我們把在空間中以 $x, y, u = f(x, y)$ 為座標的一點標示出來。因此函數 $u = \sqrt{1 - x^2 - y^2}$ 是以方程式為 $u^2 + x^2 + y^2 = 1$ 的一個圓球表面來表示，線性函數 $u = ax + by + c$ 所代表的是一個平面，而函數 $u = xy$ 則代表雙曲拋物面（hyperbolic paraboloid），等等。

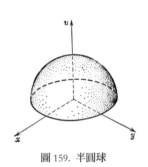

圖 159. 半圓球

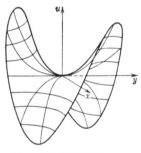

圖 160. 雙曲拋物面

函數 $u = f(x, y)$ 的另一種圖形表示是可以單憑在 x, y 平面上用**等高線**（contour lines）的方法而得。與其考量 $u = f(x, y)$ 之三維空間的「全景」，我們以函數的地平曲線（level curves）代之，如同在一張測量用的等高線地圖一樣，把所有縱向高度值 u 相同的各點在 x, y 平面上的投影標示出來。這些地平曲線就是曲線 $f(x, y) = c$，c 之於每一條曲線是保持不變的。如此說來，函數

$u = x + y$ 的特性就如圖 163 所示。一個圓球表面的地平曲線就是一組同心圓。代表一個旋轉而出的拋物面的函數 $u = x^2 + y^2$（圖164）同樣也是以圓為特徵（圖165）。給不同的地平曲線附上數字，便可以把它的高度 $u = c$ 標示出來。

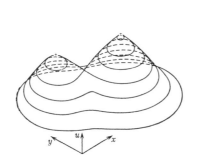

圖 161. $u = f(x,y)$ 之表面

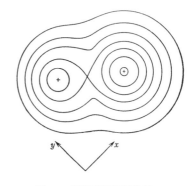

圖 162. 相對應的地平曲線

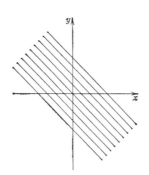

圖 163. $u = x + y$ 的地平曲線

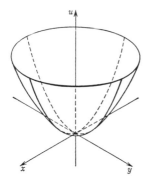

圖 164. 旋轉而出的拋物面

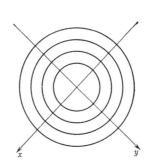

圖 165. 相對應的地平曲線

當我們要闡述一個連續介質的運動狀態時，物理學便會用上多變數函數。例如，把一根弦線拉緊並固定於 x 軸上兩點之間，然後使其變形，即把某 x 位置上的質點朝垂直於 x 軸的方向挪動某一距離；於是當弦線被放鬆時，它所產生的振動方式是：原座標為 x 的質點在時間等於 t 的時侯，它與 x 軸所取得的一個距離為 $u = f(x,t)$。一旦函數 $u = f(x,t)$ 被掌握，弦線的運動形式便可以完全被勾勒出來。

針對單一變數的函數在連續方面的定義可直接延伸於多個變數的函數。當 x, y 一點從任何一個方向或不管以任何方式朝 x_1, y_1 接近時，若函數 $f(x,y)$ 始終以 $f(x_1, y_1)$ 作為逼近值，那麼函數 $u = f(x,y)$ 便被確定在 $x = x_1, y = y_1$ 這一點是呈連續的。

不過單一變數和多個變數的函數之間有一個很大的不同。就後者而言，一個反函數的概念變成沒有意義，因為我們無從用一種方式去求解方程式 $u = f(x,y)$，例如 $u = x + y$，使自變量 x 和 y 皆能夠用唯一的變量 u 來表示。不過假如我們只是用函數的概念來定義映射或變換，那麼單個和多個變數的函數在反函數這方面的分歧將不復存在。

*7. 函數與變換

　　某一直線 l 上的諸點 x（座標值為 x），與另一直線 l' 上之諸點 x'（座標值為 x'）兩者之間的對應純粹就是一個函數關係 $x' = f(x)$。如果對應屬於一對一，我們還會得到一個反函數 $x = g(x')$。最簡單的一個例子就是射影變換，它通常勾畫出一個形式為 $x' = f(x) = (ax + b)/(cx + d)$ 的函數，其中 a, b, c, d 皆為常數。在這個情況下，反函數就成為 $x = g(x') = (-dx' + b)/(cx' - a)$。這是我們在未附加求證的情況下所做的說明。

　　在二維空間中，把一個以 x, y 為座標的平面 π 映射到一個以 x', y' 為座標的平面 π' 是不可能憑一個單一的函數 $x' = f(x)$ 來表示，我們需要的是兩個具兩個變數的函數：

$$x' = f(x, y),$$
$$y' = g(x, y),$$

例如一個射影變換是以一組函數體系來說明，

$$x' = \frac{ax + by + c}{gx + hy + k},$$
$$y' = \frac{dx + ey + f}{gx + hy + k},$$

其中 $a, b, \cdots, k$ 皆為常數，而 x, y 和 x', y' 分別代表在兩個平面上的座標。從這個角度來看，一個逆轉變換的觀念便顯得有意義了。我們只須**求解這個方程式體系**中的 x 和 y，從而使兩者以 x' 和 y' 來表示。在幾何學上，這相當於找出從 π' 到 π 的逆映射。這將是唯一被確定出來的逆映射，只要在兩個平面上的點與點之間的對應屬於一對一。

　　拓撲學所研究的平面變換並非以簡單的代數方程式來說明，而是得自任何一個函數體系，

$$x' = f(x, y),$$
$$y' = g(x, y),$$

這個體系確定了一個一對一和具雙連續性的變換。

◆練習題：

1) 證明一個單位圓的反演變換（第Ⅲ章第 §4 節）是以解析幾何方法求解 $x'=x/(x^2+y^2)$ 和 $y'=y/(x^2+y^2)$ 兩個方程式而得。試找出反變換。試按解析幾何方法證明反演把全部直線和圓變換成直線和圓。

2) 證明按照一個變換 $x'=(ax+b)/(cx+d)$ ， x 軸上四點可被變換至 x' 軸上具有相同交比（第Ⅳ章第 §3 節）的四點。

§2. 極限

1. 序列 a_n 的極限

正如我們在第 §1 節所見，一個函數在連續方面的描述是以極限概念為依據。一直到目前，我們多少總是以一種直覺的方式去對待這個概念。我們將在這一節和隨後各節中以一個較有系統的方式去看待它。由於一個連續變數的序列比一個連續變數的函數較為簡單，所以我們將首先以序列作為研究對象。

在第 II 章，我們曾碰上有關數的序列 a_n，並研究隨著 n 無窮無盡地增加或「趨向無窮大」則其極限為何。例如，一個第 n 項為 $a_n = 1/n$ 的序列

(1)
$$1, \frac{1}{2}, \frac{1}{3}, \cdots, \frac{1}{n}, \cdots,$$

對一直增加的 n 值來說，它的極限為 0：

(2)
$$\frac{1}{n} \to 0 \quad (當 \ n \to \infty),$$

現在讓我們準確地說明其意義之所在。隨著我們在序列中越走越遠，各項便開始變得越來越小。所有在第 100 項之後的各項都小於 1/100，在第 1000 項之後都小於 1/1000，餘此類推。雖然沒有一項是真真正正等於 0，然而如果我們在序列 (1) 中走得**夠遠**，我們可以肯定它的每一項跟 0 之差別可小至**我們想要的程度**。

此番解釋唯一令人煩惱之處就是，上面用粗字體來表示的詞語的意義並不完全清楚。到底「夠遠」是多遠？而「小至我們想要的程度」究竟是多小？如果我們能給這些詞語附上一個精確的意義，那麼我們便可以為上述 (2) 的極限關係提出一個精確的意義了。

一個幾何學的詮釋將有助於使這種情況變得較為清晰易懂。如果我們把序列 (1) 中的各項用它們在數軸上的對應點來表示，我們便注意到序列 (1) 的各項看來是成簇地集中於 0 點。讓我們在數軸上隨意挑選一個以 0 為中心總長度為 2ϵ 的區間 I，所以這個區間沿著 0 點的每一側延伸出一個長度 ϵ。要是我們選取 $\epsilon = 10$，那麼整個序列中的每一項 $a_n = 1/n$ 都在區間 I 之內。如果我們選擇 $\epsilon = 1/10$，那麼序列中的前面少數幾項將在 I 之外，但從 a_{11} 這一項開始，

$$\frac{1}{11}, \frac{1}{12}, \frac{1}{13}, \frac{1}{14}, \cdots,$$

等各項將坐落於 I 的範圍內。我們甚至可以選擇 $\epsilon = 1/1000$，此時序列中的前一千項將無法存在於 I 之內，而從 a_{1001} 項開始，為數無窮多的各項

$$a_{1001}, a_{1002}, a_{1003}, \cdots,$$

都在 I 之內。顯然一旦一個正數 ϵ 被選擇出來，這一番推理對任何一個正數 ϵ 來說都是適用的，不管 ϵ 小至何種程度，我們都可以找出一個正整數 N，它可以大至

$$\frac{1}{N} < \epsilon,$$

從這兒得出必然的結果就是：序列中所有 $n \geq N$ 的每一項 a_n 將在 I 的範圍內，而只有為數有限的 $a_1, a_2, \cdots, a_{N-1}$ 等項坐落於 I 之外。這個結果的重要之處是：首先區間 I 的寬度是經過對 ϵ 的隨意選擇而被定下來。**接著**便能夠找到一個相稱的整數 N。這個過程是以選出一個不管小至什麼程度的正數 ϵ 開始，然後找出能夠含有 ϵ 的結果的一個相稱的整數 N，從而為一個正式的說明——所有在序列 (1) 裡面的各項與 0 之差別能小至合我們心意的程度，只要我們在序列中走得夠遠——賦予一個精確的意義。

總結：令 ϵ 為任一正數。那麼我們便能夠找到一個整數 N，使得所有在序列 (1) 裡面的各項 a_n，當 $n \geq N$，將坐落於以 0 為中心，寬度為 2ϵ 的區間 I 的範圍內。而這就是極限關係 (2) 之精確意義所在了。

在這個實例的基礎上，我們現在已準備好為「實數序列 $a_1, a_2, a_3, \cdots$ 具有一個等於 a 的極限值」這種廣義的陳述，提出一個精確的定義。我們把 a 包括在某一個位於數軸上的區間 I 之內：如果區間不夠大，那麼某些數 a_n 便可能落在區間之外，然而一旦 n 變得足夠大，譬如大於或等於某整數 N，那麼舉凡 $n \geq N$ 的各個數 a_n 必然落入區間 I 的範圍之內。當然，當一個很小的區間被選上時，便不得不徵用一個很大的整數 N，但是不管區間 I 是如何小，如果序列是以 a 作為它的極限值，像這樣的一個整數 N 便必然存在。

一個以 a 為極限的序列 a_n 使用符號的表示方式為

$$\lim a_n = a \quad (\text{當 } n \to \infty),$$

或簡單地寫成

$$a_n \to a \quad (\text{當 } n \to \infty),$$

（讀如：a_n **趨向** a，或**收斂到** a）。一個序列 a_n 收斂到 a 的定義是可以按下面更為簡明的系統化闡述表達出來：**序列 $a_1, a_2, a_3, \cdots, a_n, \cdots$ 在 n 趨向無窮大時具有一個極限 a，只要下述情況為真：對應於任何一個正數 ϵ，不論小至何種程度，總是有可能找出一個整數 N（依 ϵ 而定），使得對所有 $n \geq N$ 的整數來說，**

(3) $$|a - a_n| < \epsilon$$

這就是關於序列的極限概念一個抽象的系統化說明。當我們第一次面對它時不會揣摩片刻來稍加體察才怪呢。某些撰寫教科書的作者會有一種令人遺憾而且幾乎是勢利的態度，當他們把這個極限定義介紹給讀者時，並沒有經過通盤的準備，彷彿作出一番解釋就會有損一個數學家的尊嚴。

這個定義使人聯想到 A 和 B 兩個人之間的一個較量。A 定下一個要求：a_n 應該以一個比選中的差額 $\epsilon = \epsilon_1$ 還更精準的程度去逼近一個不變量 a；B 以出示某一個固定整數 $N = N_1$，使得所有在 a_{N_1} 之後的每一項 a_n 皆滿足於所需的 ϵ_1，如此便符合要求。接著 A 也許開始變得更為苛求，且提出一個更小的新差額 $\epsilon = \epsilon_2$。於是 B 靠著找到一個也許奇大的整數 $N = N_2$，因而再度符合 A 的要求。**無論 A 所指定的差額有多麼小，如果 B 都能滿足 A 的要求，那麼我們便有一個得以藉 $a_n \to a$ 表達出來的狀況。**

要領會這個極限的精確定義，我們在過程中肯定有一個心理上的難點。我們的直覺使我們把極限的「動態」觀念視為一種「運動」過程的結果：我們穿過一列整數 $1, 2, 3, \cdots, n, \cdots$ 持續前進的同時，還注意到序列 a_n 的變化情況。我們以為 a_n 逼近於 a，$a_n \to a$，應該是察覺得到的。然而這種「油然而生」的態度對於數學上一個清晰的公式化表述是無能為力的。為了達成一個確切的定義，我們

必須反其道而行。如果我們確確實實想要檢視 $a_n \to a$ 這項陳述，我們便一定要把我們的定義奠基於我們必須要做什麼樣的事，而不是首先考慮自變數 n，繼而應變數 a_n。於是在這樣的一個程序中，我們必然首先挑出一個圍繞著 a 的任意小的差數，接著通過採用一個足夠大的自變數 n，以決定我們能否符合這個條件。於是我們為「小至任意程度的差數」和「足夠大的 n」兩個詞句分別貼上符號標籤，ϵ 和 N，這便使我們通向極限的確切定義了。

試考慮下面的序列以作為另一個例子，

$$\frac{1}{2}, \frac{2}{3}, \frac{3}{4}, \frac{4}{5}, \cdots, \frac{n}{n+1}, \cdots,$$

其中 $a_n = \frac{n}{n+1}$。假如我聲稱 $\lim a_n = 1$，而你挑選出來的區間為 $\epsilon = 1/10$，其中心位於座標為 1 的一點上，那麼我挑選 $N = 10$ 就能夠滿足你示於 (3) 的需求；因為一旦 $n \geq 10$，便有

$$0 < 1 - \frac{n}{n+1} = \frac{n+1-n}{n+1} = \frac{1}{n+1} < \frac{1}{10},$$

假如你要為你所提出的要求加碼，因而選擇 $\epsilon = 1/1000$，那麼我便選擇 $N = 1000$，而再度能夠符合要求；如此一而再地，你可以挑選任意一個不管小至多麼微不足道的正數 ϵ；事實上我只須選擇任何一個大於 $1/\epsilon$ 的整數 N 便行。這個過程——針對 a 指定小至任意程度的數 ϵ，接下來證明序列 a_n 的各項與 a 的距離均在 ϵ 以內，如果我們走得夠遠——就是對 $\lim a_n = a$ 這個事實的詳細描述。

如果序列 $a_1, a_2, a_3, \cdots$ 中各成員是以無窮小數來表示，那麼 $\lim a_n = a$ 這項陳述只不過指出就任何一個正整數 m 而言，a_n（在小數點後）最前面的 m 個數碼與固定值 a 的無窮小數展開式中最前面的 m 個數碼彼此的數值吻合，條件是選擇出來的 n 值要夠大，譬如說挑選出來的 n 是大於或等於某一個（依 m 而定的）N 值。而這只不過是與形式為 10^{-m} 的各種 ϵ 的選擇相呼應罷了。

另外還有一個相當有啟發性的方式能夠把極限概念表達出來。如果 $\lim a_n = a$，而且如果我們用一個區間 I 把 a 圍起來，那麼不論區間 I 是如何小，所有的 a_n ——對那些大於或等於某一個整數 N 的 n 值而言——皆坐落於 I 的範圍

內，以致從序列的起點開始，**數目有限且不超過 $N-1$ 項的**

$$a_1, a_2, \cdots, a_{N-1},$$

可以置身於 I 之外。如果 I 是奇小無比，那麼 N 便可能很大，譬如說 N 是一千億或甚至一萬億之數；不過在序列中仍然是僅僅有限的若干項落在 I 之外，而同時有無數多項留在 I 裡面。

我們也許不妨這麼說，在任何一個無限序列之中，如果只有為數有限的成員並不具備某種性質，那麼，此序列「幾乎全部」的成員都具有該性質。譬如說，「幾乎全部」正整數都大於 $1,000,000,000,000$。運用這種術語，$\lim a_n = a$ 這項陳述便相當於：**如果 I 是任何一個以 a 為中心的區間，那麼幾乎全部 a_n 都落入 I 的範圍內**。

我們順便應該要注意到，理所當然地認為序列中全部 a_n 的值皆不相同並非必要。序列中的某些 a_n，無窮多的 a_n，甚至全部 a_n 都與極限值 a 相等是被容許的。例如就一個 $a_1 = 0, a_2 = 0, \cdots, a_n = 0, \cdots$ 的序列而言，它屬於一個正規（legitimate）序列，當然它的極限是 0。

具有一個極限 a 的序列 a_n 被稱為**收斂**（convergent），不具極限的一個序列 a_n 則被稱為**發散**（divergent）。

◆練習題：

試證明

1) 序列 $a_n = \frac{n}{n^2+1}$ 的極限為 0。（提示：$\left| a_n = \frac{1}{n + \frac{1}{n}} \right|$ 小於 $\frac{1}{n}$ 而大於 0。）

2) 序列 $a_n = \frac{n^2+1}{n^3+1}$ 的極限為 0。（提示：$\left| a_n = \frac{1 + \frac{1}{n^2}}{n + \frac{1}{n^2}} \right|$ 是介於 0 與 $\frac{2}{n}$ 之間。）

3) 下列之振盪序列

$$1, 2, 3, 4, \cdots,$$

$$1, 2, 1, 2, 1, 2, \cdots,$$

$$-1, 1, -1, 1, -1, \cdots \quad (\text{即 } a_n = (-1)^n)\,,$$

$$1, \tfrac{1}{2}, 1, \tfrac{1}{3}, 1, \tfrac{1}{4}, 1, \tfrac{1}{5} \cdots$$

皆**沒有**極限。

假如一個序列 a_n 中的成員變得奇大，終致 a_n 大於任何一個預先指定的數值 K，那麼我們便說 a_n **趨向無窮大**，並寫成 $\lim a_n = \infty$，或 $a_n \to \infty$。例如，$n^2 \to \infty$ 和 $2^n \to \infty$。這個術語是有用的，儘管不算有一貫性，因為 ∞ 不會被當作某一個數 a 來看待。**一個趨向無窮大的序列仍被稱作發散序列。**

◆練習題：

試證明序列 $a_n = \frac{n^2+1}{n}$ 趨於無窮大。同時序列 $a_n = \frac{n^2+1}{n+1}, a_n = \frac{n^3-1}{n+1}, a_n = \frac{n^n}{n^2+1}$ 皆趨向無窮大。

初學者有時會陷入一種錯誤的想法，認為隨著 $n \to \infty$ 而過渡到極限，或可僅僅把 $n = \infty$ 代入 a_n 的表示式便大功告成。例如，$1/n \to 0$ 是由於「$1/\infty = 0$」之故。但 ∞ 這個代號並不是一個數，它被用來作為 $1/\infty$ 這種表示並不合理。試圖把一個序列的極限設想為當 $n = \infty$ 時的「終極」項或「末了」項 a_n 將未能抓住要點，而且使議題變得模糊不清。

2. 單調序列

在上節關於極限的一般定義的討論過程中，一個收斂序列 $a_1, a_2, a_3, \cdots$ 不必用特定方式去逼近它的極限 a 。收斂序列的最簡單形式可用一個所謂的**單調**（monotone）序列來闡明，例如下面的序列

$$\frac{1}{2}, \frac{2}{3}, \frac{3}{4}, \frac{4}{5}, \cdots, \frac{n}{n+1}, \cdots,$$

這個序列中的每一項都大於它的前項，因為

$$a_{n+1} = \frac{n+1}{n+2} = 1 - \frac{1}{n+2} > 1 - \frac{1}{n+1} = \frac{n}{n+1} = a_n,$$

一個屬於這類 $a_{n+1} > a_n$ 的序列是謂之**單調遞增**（monotone increasing）的序列。同樣地，一個屬於 $a_n > a_{n+1}$ 的序列，像 $1, 1/2, 1/3, \cdots$，則被稱為**單調遞減**（monotone decreasing）的序列。這些序列僅從一個方向便能夠逼近它們的極限。與此對照的是各種振盪序列，例如 $-1, +1/2, -1/3, +1/4, \cdots$，這個序列從兩個方向去逼近它的極限值 0（見第 II 章第 §2 之 5 節之圖 11）。

一個單調序列的變化狀態特別容易被確定出來，這種序列也許沒有極限，可以一直增加或一直減少，例如

$$1, 2, 3, 4, \cdots,$$

其 $a_n = n$，或序列如

$$2, 3, 5, 7, 11, 13, \cdots,$$

其 a_n 代表第 n 個質數，p_n。在這種情況中，序列趨向無窮大。但是如果一個單調遞增序列的各項保持有界，即每一項都小於預先知道的一個**上界值** B，那麼從直覺上來看就很明顯，序列必然趨向於一確定極限 a，它將要小於或至多等於 B。我們把這個單調序列原理（Principle of Monotone Sequences）明確地闡述如下：**任何一個具有一個上界值的單調遞增序列必然收斂到一個極限。**（一個類似的說明適用於任何一個具有一個**下界值**的單調遞減序列。）值得注意的是極限 a 之值並不需要預先給定或確知；定理所聲明的乃是在呈現的條件下**存在**一個極限。當然，這個定理有賴於採用無理數，否則便無法始終成立；因為誠如我們在第 II

章所見，任何一個無理數（例如 $\sqrt{2}$）都是某個序列的極限，該序列是單調遞增的有界序列，其中包含一系列有理小數，這些有理小數是由某一無窮小數捨去第 n 個數碼之後的數碼而得。

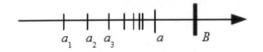

圖 166. 單調遞增的有界序列

儘管單調序列原理直接訴諸直覺，將之視為一個明顯不過的事實，但是一個擁有現代形式的縝密證明仍然是有啟發性的。對此我們必須提出：單調序列原理是一個來自實數定義和極限定義的邏輯上的必然結果。

假定 $a_1, a_2, a_3, \cdots$ 諸數形成一個單調遞增但有上界的序列，我們用無窮小數去表示序列中的各項

$$a_1 = A_1.p_1p_2p_3\ldots,$$
$$a_2 = A_2.q_1q_2q_3\ldots,$$
$$a_3 = A_3.r_1r_2r_3\ldots,$$
$$\cdots\cdots\cdots\cdots\cdots\cdots\cdots$$

其中 A_i 為整數，而 $p_i, q_i, r_i, \cdots$ 等分屬 0 到 9 之各個數碼。現在我們來探究由整數 $A_1, A_2, A_3, \cdots$ 所形成的行（column）。由於序列 $a_1, a_2, a_3, \cdots$ 是**有界的**，A_i 等一類整數不能夠無限地增加下去，同時由於序列是**單調遞增**，一個由 $A_1, A_2, A_3, \cdots$ 組成的整數序列**一旦達到它的最大值之後便保持不變**。令此最大值為 A，並假定在第 N_0 列（row）達到此值。現在輪到探究第二行的 $p_1, q_1, r_1, \cdots$，我們把注意力專注於第 N_0 列以及隨後各列的這些項。如果顯現在這行第 N_0 列之後的最大數值是 x_1，那麼在 x_1 首次出現之後——可以假定它出現在第 N_1 列，而 $N_1 \geq N_0$——此行從第 N_1 列以後的各項均以 x_1 為固定出現的值。因為如果這一行的數值在此以後的任何位置有所減小，那麼序列 $a_1, a_2, a_3, \cdots$ 將不會是單調遞增。接著下來我們考量的是第三行的 $p_2, q_2, r_2, \cdots$ 諸數碼。一個相似的論據顯示第三行的數碼在第 N_2 列處——N_2 為一固定整數，$N_2 \geq N_1$——以及隨後的數碼皆一律等於某一定值 x_2。如果我們對第四，第五，$\cdots$ 等各行一再重複這種處理方式，我們便得

到 $x_3, x_4, x_5, \cdots$ 等各個數值以及相對應的 $N_3, N_4, N_5, \cdots$ 等諸整數。不難理解到下面形式的數值

$$a = A.x_1 x_2 x_3 x_4 \ldots$$

就是序列 $a_1, a_2, a_3, \cdots$ 的極限值了。因為要是以 $\epsilon \geq 10^{-m}$ 作為選擇，那麼對所有 $n \geq N_m$ 的 a_n 來說，其整數部分以及小數點後面的前 m 個數值將與 a 的相應部分吻合，因此差值 $|a - a_n|$ 不可能大於 10^{-m}。因為只要選取足夠大的 m 值，這對任何一個無論小至什麼程度的正數 ϵ 來說，都可以付諸實現，定理遂得證。

這個定理也有可能以任何一個有關實數的定義（來自第 II 章）為根據而得證；例如來自嵌套區間或戴德金分割的定義。這類證明都可以在大部分高等微積分的教科書中找到。

單調序列原理可以被用於第 II 章，作為界定下列兩個正無窮小數之和以及乘積，

$$a = A.a_1 a_2 a_3 \ldots ,$$
$$b = B.b_1 b_2 b_3 \ldots ,$$

以這種形式表示出來的數不可能藉普通從右端開始的方式相加或相乘起來，因為像這樣的右端並不存在。（作為一個例題，讀者不妨試把兩個無窮小數 $0.333333\ldots$ 和 $0.989898\ldots$ 加起來。）但是，如果把 a 和 b 兩數在小數點後第 n 個數位處切斷，再以普通方法相加後得到的**有限**小數是以 x_n 來表示的話，那麼序列 $x_1, x_2, x_3, \cdots$ 便是一個單調遞增的有界序列了（例如以整數 $A + B + 2$ 為界）。所以這個序列有一個極限，我們可以把它定義為 $a + b = \lim x_n$。類似的處理方法也適用於界定乘積 ab。這些定義於是也可以藉普通算術規則延伸至所有包括 a 與 b 是正或負的各種情況。

◆練習題：
試用這個方法證明上述兩個無窮小數之和為實數 $1.323232\ldots = 131/99$。

極限概念在數學上的重要性乃基於一個事實：**許多數只能藉極限來界定**——這些極限經常是來自單調的有界序列。這就是為何有理數領域——由於這一類的極限可能不會存在——對數學上的需求來說是過於狹窄。

3. 尤拉數： e

自從 1748 年尤拉的《**無窮大分析簡介**》（*Introductio in Analysin Infinitorum*）一書出版以來，e 這個數在數學上的定位便一直與來自阿基米德的 π 平坐平起。它為單調序列原理如何定義一個新的實數提供了絕佳說明。我們利用一個縮寫代表最前面 n 個整數的乘積（從 1 開始一直乘到 n）：

$$n! = 1 \cdot 2 \cdot 3 \cdot 4 \cdots n,$$

然後考慮序列 $a_1, a_2, a_3, \cdots$ 各成員的形式為

(4)
$$a_n = 1 + \frac{1}{1!} + \frac{1}{2!} + \cdots + \frac{1}{n!},$$

a_n 所代表的各項形成了一個單調遞增序列，因為 a_{n+1} 是以 a_n 為源頭，然後加上一個正值的增量 $\frac{1}{(n+1)!}$ 之後而得。再者，上述的各個 a_n 被上界所限，其中

(5)
$$a_n < B = 3,$$

此乃由於我們有

$$\frac{1}{s!} = \frac{1}{2} \cdot \frac{1}{3} \cdots \frac{1}{s} < \frac{1}{2} \cdot \frac{1}{2} \cdots \frac{1}{2} = \frac{1}{2^{s-1}},$$

因此利用在第 I 章第 §2 之 3 節的幾何級數中最前面 n 項之和的公式，我們便可得到

$$a_n < 1 + 1 + \frac{1}{2} + \frac{1}{2^2} + \frac{1}{2^3} + \cdots + \frac{1}{2^{n-1}} = 1 + \frac{1 - \left(\frac{1}{2}\right)^n}{1 - \frac{1}{2}} = 1 + 2\left[1 - \left(\frac{1}{2}\right)^n\right] < 3,$$

所以，根據單調序列原理，隨著 n 趨向無窮大，a_n 必然逼近一個極限，而**我們稱這個極限為 e**。為了表達 $e = \lim a_n$，我們可以把 e 寫成一個「無窮級數」（infinite series）

(6)
$$e = 1 + \frac{1}{1!} + \frac{1}{2!} + \frac{1}{3!} + \cdots + \frac{1}{n!} + \cdots,$$

這個「等式」在尾端包括一連串的點，它只不過把兩項陳述的內容

$$a_n = 1 + \frac{1}{1!} + \frac{1}{2!} + \frac{1}{3!} + \cdots + \frac{1}{n!}$$

以及

$$a_n \to e \quad (\text{當 } n \to \infty)$$

用另一種方式表達出來而已。

　　無窮級數 (6) 使得 e 值的計算達到不論想要有多大的準確度都有可能。例如，(6) 中各項一直到 1/12! 之和（包括 1/12! 在內）至小數點後的第八位是 $\Sigma = 2.71828183\ldots$（讀者須核實此結果。）這個值與真正的 e 值之間的「誤差」不難被估算出來。我們取得相差值 $(e - \Sigma)$ 的表示式為

$$\frac{1}{13!} + \frac{1}{14!} + \cdots < \frac{1}{13!}\left(1 + \frac{1}{13} + \frac{1}{13^2} + \cdots\right) = \frac{1}{13!} \cdot \frac{1}{1 - \dfrac{1}{13}} = \frac{1}{12 \cdot 12!},$$

這個相差是如此之小，因此它不會影響到有九個數碼的 Σ。所以，容許一個有可能如上述所出現的誤差值，我們得到的是一個至小數點的第八個數碼的 e 值，$\Sigma = 2.7182818$。

　　e 是一個**無理數**。為了提出這個證明，我們將從間接方面入手，即假定 $e = p/q$，p 與 q 皆為整數，接著從這個假設推論出一個荒謬的結果。由於我們知道 $2 < e < 3$，e 不可能是一個整數，所以 q 必須至少等於 2。現在我們以 $q! = 2 \cdot 3 \cdots q$ 去乘 (6) 的兩邊，遂得

$$
\begin{aligned}
e \cdot q! &= p \cdot 2 \cdot 3 \cdots (q-1) \\
&= [q! + q! + 3 \cdot 4 \cdots q + 4 \cdot 5 \cdots q + \cdots + (q-1)q + q + 1] \\
&\quad + \frac{1}{(q+1)} + \frac{1}{(q+1)(q+2)} + \cdots,
\end{aligned}
$$

(7)

在左邊我們明顯得到一個整數。在右邊，方括弧內同樣是一個整數。然而右邊的其餘部分是一個小於 1/2 的正數，因此不是整數。此乃由於 $q \geq 2$，因此級數 $1/(q+1) + \cdots$ 中的各項分別不大於幾何級數 $1/3 + 1/3^2 + 1/3^3 + \cdots$ 中相對應的各項，而後者之和為 $1/3[1/(1 - 1/3)] = 1/2$。所以 (7) 顯示一個矛盾：左邊的整數值不可能等於右邊的數值；因為右邊是一個整數與一個小於 1/2 的正分數之和，不是一個整數。

4. 圓周率 π

正如我們在學校裡的數學課程所學到，單位半徑的圓之圓周長度是可以被定義為一個序列的極限，這是一個由正多邊形的周邊長度組成的序列，由於邊的數量越來越多，因而圓周就是它的極限，按此規定出來的周邊總長度我們以 2π 表示之。更為準確的說法是，如果 p_n 表示一個圓內接正 n 邊多邊形的總邊長，而 q_n 代表圓外切正 n 邊多邊形的總邊長，那麼 $p_n < 2\pi < q_n$。再者，由於 n 的增加，序列 p_n 和 q_n 都單調地向 2π 逼近，隨著 n 的每進一步，對於以 p_n 或 q_n 去接近 2π 所產生的誤差來說，我們得到的是一個越來越小的差額。

在第Ⅲ章第 §1 之 2 節，我們得到一個屬於正多邊形邊長的表示式

$$p_{2^m} = 2^m \sqrt{2 - \sqrt{2 + \sqrt{2 + \cdots}}}$$

它包含了 $(m-1)$ 個套裝平方根。這個公式可以用來計算 2π 的近似值。

圖 167. 以多邊形逼近一個圓

◆練習題：

1) 試找出以下列各表示式所得到的 π 之近似值： p_4, p_8, p_{16}。

2) 試找出 q_{2^m}——以圓外切正 n 邊多邊形逼近一個圓——的公式。

3) 試以前題的公式找出 q_4, q_8, q_{16}。根據對 p_{16} 和 q_{16} 的理解，確定在兩者的界限之間必然就是 π 所在之處。

π 是一個什麼樣的數？憑著一個直逼 2π 的嵌套區間序列的建立，不等關係 $p_n < 2\pi < q_n$ 提供了一個完整的答案。不過這個答案仍然不夠完美，因為它並沒有對 π 之作為一個實數的本質有所交待：它是一個有理數或無理數？一個代數數

或超越數？正如我們在第Ⅲ章第§3之5節中指出，π 事實上是一個超越數，所以它是一個無理數。最早提出 π 是一個無理數的證明是德國數學家蘭伯特（Johann Heinrich Lambert，1728~1777），相較於對 e 之證明，對 π 的證明是頗為困難的，因此在此便不著手進行了。然而，某些涉及 π 的其它知識是在我們能力所及的範圍之內。還記得整數是數學的基本素材這項陳述吧，我們或許會問，π 這個數是否與整數有任何簡單的關聯。以十進制展開的 π 儘管已被計算到小數點後數百位之多，卻沒有出現有規律性的跡象。這並不奇怪，因為 π 與 10 彼此毫無關係。不過在十八世紀，尤拉和其他數學家發現了用無窮級數及其乘積連接 π 與諸整數的各種絕妙的表示式。也許下面是這類公式中最簡單者：

$$\frac{\pi}{4} = 1 - \frac{1}{3} + \frac{1}{5} - \frac{1}{7} + \cdots,$$

上式表示出 $\pi/4$ 是一個部分和，s_n，由於 n 的持續增加而達到的極限，

$$s_n = 1 - \frac{1}{3} + \frac{1}{5} - \cdots + (-1)^n \frac{1}{2n+1},$$

我們將在第Ⅷ章把這個公式推導出來。另一個關於 π 的無窮級數是

$$\frac{\pi^2}{6} = \frac{1}{1^2} + \frac{1}{2^2} + \frac{1}{3^2} + \frac{1}{4^2} + \frac{1}{5^2} + \frac{1}{6^2} + \cdots$$

另外英國數學家華里斯（Joln Wallis，1616~1703）還發現一個表示 π 的驚人公式：

$$\left\{ \frac{2}{1} \cdot \frac{2}{3} \cdot \frac{4}{3} \cdot \frac{4}{5} \cdot \frac{6}{5} \cdot \frac{6}{7} \cdots \frac{2n}{2n-1} \cdot \frac{2n}{2n+1} \right\} \to \frac{\pi}{2} \quad （當 \ n \to \infty），$$

這個表示式有時以簡化的形式寫出：

$$\frac{\pi}{2} = \frac{2}{1} \cdot \frac{2}{3} \cdot \frac{4}{3} \cdot \frac{4}{5} \cdot \frac{6}{5} \cdot \frac{6}{7} \cdot \frac{8}{7} \cdot \frac{8}{9} \cdots,$$

式子的右邊被稱為一個**無窮積**（infinite product）。

上述最後兩個公式的證明都可以在任何一本詳盡的微積分教科書中找到。在本書則可見於第Ⅷ章第§10之3節，以及屬於附錄部分的「積分技巧」一節裡面。

*5. 連分數

許多有趣的逼近極限的過程與連分數（continued fractions）有關。一個有限的連分數代表一個有理數，例如

$$\frac{57}{17} = 3 + \cfrac{1}{2 + \cfrac{1}{1 + \cfrac{1}{5}}}$$

在第 I 章第 §4 之 4 節中，我們說明了每一個有理數是可以用歐幾里得演算法的形式表示出來。然而對無理數來說，這個演算法在為數有限的計算步驟之後未能打住，反倒帶出一個越來越長的分數序列，每一個序列代表一個有理數。尤其是所有二次實數代數數（見第 II 章第 §6 之 1 節）都可以用這種方式表示出來。例如試看 $x = \sqrt{2} - 1$ 這一個數，它是二次方程式的一個根，即

$$x^2 + 2x + 1 \quad 或 \quad x = \frac{1}{2 + x},$$

如果在右邊的 x 再以 $1/(2 + x)$ 去取代，x 便可被表示如

$$x = \cfrac{1}{2 + \cfrac{1}{2 + x}}$$

接著

$$x = \cfrac{1}{2 + \cfrac{1}{2 + \cfrac{1}{2 + x}}}$$

餘此類推，因此在 n 個步驟之後，我們便得到一個方程式

$$\left. x = \cfrac{1}{2 + \cfrac{1}{2 + \cfrac{1}{2 + \cfrac{}{\ddots\; \cfrac{1}{2 + x}}}}} \right\} (n \text{ 級})$$

隨著 n 趨向無窮大，我們得到一個「無窮連分數」

$$\sqrt{2} = 1 + \cfrac{1}{2 + \cfrac{1}{2 + \cfrac{1}{2 + \cfrac{1}{2 + \cdots}}}}$$

這個把 $\sqrt{2}$ 與整數連結起來的了不起的公式，比起用十進數展開 $\sqrt{2}$ 所鋪陳出來一連串毫無規則的數碼，實在要厲害得太多了。

對於任何一個形式如下的二次方程式

$$x^2 = ax + 1 \quad 或 \quad x = a + \frac{1}{x},$$

我們便得到這個方程式取正值的根的展開式

$$x = a + \cfrac{1}{a + \cfrac{1}{a + \cfrac{1}{a + \cdots}}}$$

例如令 $a = 1$，我們便有

$$x = \frac{1}{2}(1 + \sqrt{5}) = 1 + \cfrac{1}{1 + \cfrac{1}{1 + \cfrac{1}{1 + \cdots}}}$$

（試比較第Ⅲ章第 §1 之 2 節一個正十邊形的作圖方法）。這些例子都是來自一個普遍定理的特殊情況，這個定理指出**以整數為係數的二次方程式的實數根皆可用週期性的連分數形成之**，如同有理數之取得循環小數的展開式一樣。

尤拉以其出眾的才華，給 e 和 π 找出幾乎是同樣簡單的無窮連分數，現在把幾種不附證明的表示形式展示如下：

$$e = 2 + \cfrac{1}{1 + \cfrac{1}{2 + \cfrac{1}{1 + \cfrac{1}{1 + \cfrac{1}{4 + \cfrac{1}{1 + \cfrac{1}{1 + \cfrac{1}{6 + \cdots}}}}}}}}$$

$$e = 2 + \cfrac{1}{1 + \cfrac{1}{2 + \cfrac{2}{3 + \cfrac{3}{4 + \cfrac{4}{5 + \cdots}}}}}$$

$$\frac{\pi}{4} = \cfrac{1}{1 + \cfrac{1^2}{2 + \cfrac{3^2}{2 + \cfrac{5^2}{2 + \cfrac{7^2}{2 + \cfrac{9^2}{2 + \cdots}}}}}}$$

§3. 得自連續逼近之極限

1. 簡介 / 一般的定義

在前面 §2 之 1 節中，我們成功地給「序列 a_n（即整數變數 n 的函數 $a_n = F(n)$）隨著 n 趨向無窮大而取得極限值 a」提供了一個精準的系統性陳述。現在我們將要為「連續變數 x 之函數 $u = f(x)$ 隨著 x 趨近 x_1，而取得極限值 a」這個陳述，提供一個相對應的定義。這個根據自變數 x 之連續逼近方式而來的極限概念曾在前面第 §1 之 5 節中，以一種直覺的形式用於考察函數 $f(x)$ 之連續性。

讓我們再度以一個特殊的例子開始。函數 $f(x) = \frac{(x+x^3)}{x}$ 是被一切除了 $x = 0$ 以外的 x 值所界定，函數的分母在 $x = 0$ 宣告消失。如果我們針對在 0 的鄰域內之 x 值，把函數 $u = f(x)$ 的圖形勾勒出來，顯然當 x 沿著任何一方去「接近」0 時，相對應的 $u = f(x)$ 值便「接近」極限 1。為了對這一個事實提供一個清楚的說明，讓我們設法獲得一個表示 $f(x)$ 值與定值 1 之差值的明確公式：

$$f(x) - 1 = \frac{(x + x^3)}{x} - 1 = \frac{(x + x^3) - x}{x} = \frac{x^3}{x},$$

如果我們同意只考慮靠近 0 的 x 值，而非 $x = 0$ 本身（在那種情況下，$f(x)$ 甚至連定義也沒有），我們便可以把這個表示式右邊的分子和分母同時以 x 除之，因而得到一個較為簡單的公式

$$f(x) - 1 = x^2,$$

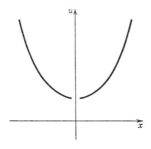

圖 168. $u = (x + x^3)/x$

顯然由於把 x 侷限於靠近 0 的一個足夠小的鄰域，我們便可以使這個差值縮小至我們滿意的程度。因此當 $x = \pm\frac{1}{10}$，$f(x) - 1 = \frac{1}{100}$；當 $x = \pm\frac{1}{100}$，$f(x) - 1 = \frac{1}{10,000}$；等等。更為廣泛地來看，如果 ϵ 為任何一個正數，不論小至什麼程度，那麼只要 x 與 0 之間的距離小於 $\delta = \sqrt{\epsilon}$，$f(x)$ 與 1 之差肯定小於 ϵ。因為假如

$$|x| < \sqrt{\epsilon},$$

那麼

$$|f(x) - 1| = |x^2| < \epsilon$$

一個與我們為一個序列的極限所下的定義相類似的情況現在已告完成。在前面第 §2 之 1 節裡，我們所提出的一個定義是：「序列 a_n 之取得極限值 a，乃是當 n 趨向無窮大時，如果對應於每一個正數 ϵ，不論小至何種程度，都可以找出一個整數 N（視 ϵ 而定），使所有滿足於不等關係 $n \geq N$ 的 n 值，都得出 $|a_n - a| < \epsilon$。」

對於一個屬於連續變數 x 的函數 $f(x)$ 來說，隨著 x 趨向某一有限值 x_1，我們只須把「產生自 N 而『足夠大』的 n」用「產生自一個數值 δ 而『充分接近』x_1」來替代，便可以得到下面首先由法國數學家柯西（A. L. Cauchy，1789~1857）大約在 1820 年提出的一個以連續逼近方式取得極限的定義：**函數 $f(x)$ 之取得極限值 a，是當 x 接近 x_1 時，如果對應於每一個正數 ϵ，無論小至什麼程度，都可以找出一個正數 δ（視 ϵ 而定），對於任何不等於 x_1 且滿足不等式 $|x - x_1| < \delta$ 的 x 來說，**

$$|f(x) - a| < \epsilon,$$

此時我們把這種情況表示如

$$f(x) \to a \qquad (\text{當 } x \to x_1)$$

至於在前面我們所舉出的函數 $f(x) = \frac{(x + x^3)}{x}$，當 x 接近於 $x_1 = 0$ 時，$f(x)$ 的極限是 1。針對這個實例，選擇 $\delta = \sqrt{\epsilon}$ 總是可以滿足所需。

2. 關於極限概念之論述

　　極限的 (ϵ, δ) 定義是一百多年下來的反覆試驗得到的結果，也是在寥寥數語中具體表現了經過百折不撓的努力而終於把這個概念置於一個穩固的數學基礎上的結果。唯有通過極限的探討過程，才有可能確認微積分（calculus）分別在導數（derivative）和積分（integral）方面的基本概念。然而對極限的清晰理解以及精確定義，在過去曾長時間被一個顯而易見且無法逾越的困難所阻擋。

　　在十七世紀和十八世紀期間，從事研究運動問題和變換問題的數學家都接受一個概念：一個有規律地起變化的變量 x 在滾滾不息的洪流中奔向一個極限 x_1 乃屬理所當然。而與這一類洪流──主要是時間，或與時間起類似作用的一個變量 x ──結合在一起的，乃是他們所考量的一個隨 x 之動向而來的衍生值 $u = f(x)$。於是問題就是要把一個準確的數學意義加附在一個觀念之上，這個觀念就是 $f(x)$ 是由於 x 走向 x_1 而「傾向」或「接近」一個定值 a 。

　　然而自從古希臘埃利亞學派（Eleatic School）哲學家芝諾（Zeno, 490?~430? BC）提出他的悖論[1]以來，在連續運動方面的物理學和形而上學的直覺觀便把所有為一個準確的數學公式化表述的嘗試給難倒了。就一個離散的序列而論，一步一步地走過序列中的 $a_1, a_2, a_3, \cdots$ 各個值並未出現困難。但是當對付一個綿亙於數軸上某一完整區間的連續變數 x 時，我們卻無法指明它將如何去「接近」一個定值 x_1，也就是關於 x 是如何把全部在區間內的值按照它們的大小順序連貫地呈現出來。因為數軸上的點形成了一個稠密的集合，於是一已知點之後並沒有「下一個」點。一個實數連續統的直覺觀肯定在人類心智上取得一種心理的真實感。但是它不可能被請出來解決一個在數學上難以對付的問題；介於憑直覺獲知的想法與數學的表達語言──按照精準的邏輯語彙，以作為描述在我們的直覺上具有科學意義的特點之用──兩者之間必然留存著不一致。芝諾的悖論正是對這種不一致的一針見血的指證。

1.　芝諾針對連續運動的悖論旨在說明其在邏輯上之不可能：一個運動中的物體永遠不會抵達終點，因為它必須首先走完一半的路程，接著是剩餘部分的一半……等等，於是永無止境地走下去。他的論證因通過邏輯推理而突出了時間與空間在普通常識概念上的錯誤。亞里士多德認為芝諾是第一個使用辯證法（dialectical method）的哲學家。

　　柯西的成就，就數學上的概念而言，乃在於認識到任何關於連續運動的先驗直覺觀，是可以或者甚至必須被刪除。正如經常發生的情況一樣，科學進展之得以開啟，是由於放棄了以形而上學作為方向的企圖，轉而抱持著僅憑原則上與「能觀測得到」的現象相對應的觀念來行事。假如我們分析什麼是我們所謂「連續逼近」的真正意義所在，以及我們如何必須在一個特殊的情況中對它進行核證，那麼我們便不得不接受像柯西這樣的定義了。這種定義是**靜態的**（static）；它不以運動的直覺觀作為先決條件。恰恰相反的是，只有像如此一種靜態定義，才可能為時間上的連續運動提供一個準確的數學分析，同時在數學的科學觀，上擺脫掉芝諾的悖論。

　　在 (ϵ, δ) 定義中，自變數巋然不動；它並不以符合任何一種物理意識的方式來「趨向」或「接近」一個極限 x_1。這些習慣用語或符號「$\rightarrow$」仍然繼續存在，數學家不需要也不應該錯過它們所表露出來的富於啟發性的直覺觀感。不過一旦在實際的科學程序中來到要檢驗一個極限的存在時，必然被派上用場的正是極限的 (ϵ, δ) 定義。這個定義與直覺上是「**動態**」的接近概念之間的對應是否令人滿意，與幾何公理能否為直覺上的空間概念提供一個令人滿意的描述，是同一類的問題。兩者的公式化表述忽視了某些對直覺來說是真實的東西，但作為表達我們對這些概念的瞭解，它們提供了一個適當的數學架構。

　　如同序列的極限一樣，柯西定義的要訣乃在於把考量各種變數的「自然」順序顛倒過來。首先我們把注意力集中在應變數的一個差數 ϵ 上，接著我們設法給自變數定出一個合適的差數 δ。「$f(x) \rightarrow a$　（當 $x \rightarrow x_1$）」的陳述只不過是以一種簡潔的方式道出，就每一個正數 ϵ 而論，這是可行的。尤其是這項陳述中沒有任何一個部分，例如「$x \rightarrow x_1$」，是憑自身而擁有一種意義。

　　還有一點應該被強調。在任由 x「趨向」x_1 的過程中，我們可以容許 x 大於或小於 x_1，但我們藉「$x \neq x_1$」的要求，明白地將相等的情況除外：x 趨向於 x_1，卻永遠不實際地**採納** x_1 為值。因此，那些在 $x = x_1$ 時沒有定義，但隨著 x 趨向 x_1 而有明確極限的函數，適用於我們的定義。例如前面所考量的函數 $f(x) = \frac{(x+x^3)}{x}$ 就是如此。把 $x = x_1$ 排除在外，相當於序列 a_n 因 $n \rightarrow \infty$ 而取得極限這項事實，例如 $a_n = 1/n$，我們永遠不會把 $n = \infty$ 代進公式。

然而當 x 趨向於 x_1 時， $f(x)$ 可能以一種在 $x \neq x_1$ 的情況下， $f(x) = a$ 的方式去接近極限 a。例如試看函數 $f(x) = x/x$，當 x 趨近 0 時，我們永遠不容許 x 等於 0，然而對所有 $x \neq 0$ 的 x 值來說， $f(x) = 1$，而根據我們的定義，極限 a 是存在的，它是以 1 為值。

3. $\dfrac{\sin x}{x}$ 之極限

如果 x 是指一個角的弧度，那麼表示式 $\dfrac{\sin x}{x}$ 遂被所有除了 $x = 0$ 之外的 x 值所確定，在 $x = 0$ 處表示式變成沒有意義的符號 $0/0$。讀者從三角函數表入手，便能夠把微小的 x 值的 $\dfrac{\sin x}{x}$ 計算出來。這類三角函數表是以常見的角的度數來表示；我們回顧在本章第 §1 之 2 節中，以度數量出來的 x 與用弧度量得的 y 彼此的關係為 $x = \frac{\pi}{180}y = 0.01745y$（至第 5 個小數位）。從一個四個小數位的三角函數表，我們找到對應於下面諸角的 $\dfrac{\sin x}{x}$ 值：

$$10°, \quad x = 0.1745, \quad \sin x = 0.1736, \quad \frac{\sin x}{x} = 0.9948$$

$$5°, \qquad\quad 0.0873, \qquad\qquad 0.0872, \qquad\qquad 0.9988$$

$$2°, \qquad\quad 0.0349, \qquad\qquad 0.0349, \qquad\qquad 1.0000$$

$$1°, \qquad\quad 0.0175, \qquad\qquad 0.0175, \qquad\qquad 1.0000$$

儘管這些數字只準確至四個小數位，但顯而易見的是

$$(1) \qquad\qquad \frac{\sin x}{x} \to 1 \quad （當 \ x \to 0），$$

我們現在要給這個極限關係提出一個嚴謹證明。

從三角函數的單位圓的定義出發，如果 x 代表角 BOC（圖 169）的弧度量，那麼對 $0 < x < \frac{\pi}{2}$ 來說，我們可得：

$$三角形 \ OBC \ 之面積 = \frac{1}{2} \cdot 1 \cdot \sin x,$$

$$扇形 \ OBC \ 之面積 = \frac{1}{2} \cdot x \ （見本章第 §1 之 2 節），$$

$$三角形 \ OBA \ 之面積 = \frac{1}{2} \cdot 1 \cdot \tan x,$$

因此，

$$\sin x < x < \tan x,$$

以 $\sin x$ 除之，便得

$$1 < \frac{x}{\sin x} < \frac{1}{\cos x},$$

或

(2) $$\cos x < \frac{\sin x}{x} < 1,$$

而

$$1 - \cos x = (1 - \cos x) \cdot \frac{1 + \cos x}{1 + \cos x} = \frac{1 - \cos^2 x}{1 + \cos x} = \frac{\sin^2 x}{1 + \cos x} < \sin^2 x,$$

既然 $\sin x < x$，這便顯示出

(3) $$1 - \cos x < x^2,$$

或

$$1 - x^2 < \cos x,$$

與 (2) 結合在一起便得到最終的不等式

(4) $$1 - x^2 < \frac{\sin x}{x} < 1,$$

雖然我們已把 x 值設定為 $0 < x < \frac{\pi}{2}$，但這個不等關係對於 $-\frac{\pi}{2} < x < 0$ 同樣成立，因為 $\frac{\sin(-x)}{(-x)} = \frac{-\sin x}{-x} = \frac{\sin x}{x}$，而 $(-x)^2 = x^2$ 之故也。

　　從 (4) 看來，極限關係 (1) 是一個立即可得的結果。因為 $\frac{\sin x}{x}$ 與 1 之差是小於 x^2，而通過選出 $|x| < \delta = \sqrt{\epsilon}$ 便可以使這個差值變成小於任何一個 ϵ 值。

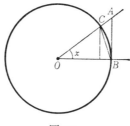

圖 169.

◆練習題:

1) 試從不等關係 (3) 推斷極限關係: $\frac{1-\cos x}{x} \to 0$ (當 $x \to 0$)。

試找出下列各函數當 $x \to 0$ 時之極限:

2) $\frac{\sin^2 x}{x}$ 3) $\frac{\sin x}{x(x-1)}$ 4) $\frac{\tan x}{x}$ 5) $\frac{\sin ax}{x}$ 6) $\frac{\sin ax}{\sin bx}$ 7) $\frac{x \sin x}{1-\cos x}$ 8) $\frac{\sin x}{x}$, 角 x 的單

位為度數 9) $\frac{1}{x} - \frac{1}{\tan x}$ 10) $\frac{1}{\sin x} - \frac{1}{\tan x}$

4. 隨 $x \to \infty$ 而得之極限

如果變數 x 採取足夠大的數值，那麼函數 $f(x) = \frac{1}{x}$ 可隨心所欲地變小，或「趨向於 0」。事實上，這個函數隨著 x 之增大所起的變化基本上與序列 $1/n$ 由於 n 的增大所起變化相同。對此我們提出一個具有普遍性的定義：**函數 $f(x)$ 隨著 x 接近無窮大而取得極限 a 並寫成**

$$f(x) \to a \quad (當 \ x \to \infty)$$

所需之條件為：如果對應於每一個不論小至何種程度的正數 ϵ，始終能找出一個正數 K（視 ϵ 而定），使得只要在 $|x| > K$ 的情況下而有

$$|f(x) - a| < \epsilon,$$

（試將此與前面 §3 之 1 節中相關的極限定義兩相比較。）

對函數 $f(x) = \frac{1}{x}$ 來說，當 $x \to \infty$ 其極限為 $a = 0$，而選擇 $K = 1/\epsilon$ 就可滿足要求了，讀者對此可馬上核證出來。

◆練習題：

1) 試指出在上述定義的陳述中，

$$f(x) \to a \quad (當 \ x \to \infty)$$

是相當於下面的說法

$$f(x) \to a \quad (當 \ 1/x \to 0)$$

證明下列各函數所取得的極限：

2) $\frac{x+1}{x-1} \to 1$ （當 $x \to \infty$） 3) $\frac{x^2+x+1}{x^2-x-1} \to 1$ （當 $x \to \infty$） 4) $\frac{\sin x}{x} \to 0$ （當 $x \to \infty$）

5) $\frac{x+1}{x^2+1} \to 0$ （當 $x \to \infty$） 6) $\frac{\sin x}{x + \cos x} \to 0$ （當 $x \to \infty$） 7) 當 $x \to \infty$ 時，$\frac{\sin x}{\cos x}$ 沒有極限 8) 定義「$f(x) \to \infty$ （當 $x \to \infty$）」，並舉出一個例子。

一個函數 $f(x)$ 與一個序列 a_n 之間有一個差異。就一個序列而論，n 只須靠著增加下去便趨向無窮大了，但是一個函數我們可取正或負的方式使 x 變成無窮大。如果我們想要把注意力局限在 x 為大的**正值**時 $f(x)$ 的變化，我們便可以用 $x > K$ 去取代 $|x| > K$；對於大的負值 x，我們使用的條件是 $x < -K$。為了把這兩種從「單側」去接近無窮大的方式以符號表示出來，我們分別把它們寫成

$$x \to +\infty, \quad x \to -\infty$$

§4. 連續之嚴格定義

我們在本章第 §1 之 5 節中指出，函數的連續性的檢驗標準等同於下面的說明：「一個函數 $f(x)$ 在某一點 $x = x_1$ 是連續的——如果當 x 接近 x_1 時，$f(x)$ 接近 $f(x_1)$ 這個極限值。」假如我們分析這個定義，我們便明白它是由兩個不同的需求所組成：

a) $f(x)$ 的極限 a 必須在 x 趨向 x_1 時存在，

b) 這個極限值 a 必然等於 $f(x_1)$。

如果按在前面第 §3 之 1 節所描述的極限定義，我們把極限值 a 設定為 $a = f(x_1)$，那麼連續的條件便取得下列形式：**函數 $f(x)$ 在 $x = x_1$ 是連續的——假如對應於每一個不論小至何種程度的正數 ϵ，都可以找出一個正數 δ （視 ϵ 而定），對於滿足不等關係**

$$|x - x_1| < \delta$$

的所有 x 值來說，

$$|f(x) - f(x_1)| < \epsilon$$

（在前述柯西提出的極限定義中所加上的 $x \neq x_1$ 的限制在此成為不必要，因為不等關係 $|f(x) - f(x_1)| < \epsilon$ 自動地得到滿足）。

比如說，我們可以查核函數 $f(x) = x^3$ 在 $x_1 = 0$ 的連續性。我們便得

$$f(x_1) = 0^3 = 0,$$

現在讓我們給 ϵ 設定任一正數值，例如 $\epsilon = 1/1000$。接著我們必須證明，由於把 x 值限制於與 $x_1 = 0$ 足夠接近之處，$f(x)$ 的對應值與 0 相差不會超出 $1/1000$，即介於 $-1/1000$ 與 $1/1000$ 之間。我們馬上看到這一個差數不會被超越，只要我們把 x 值限制在與 $x_1 = 0$ 相差小於 $\delta = \sqrt[3]{1/1000} = 1/10$；因為如果 $|x - x_1| = |x| < 1/10$，那麼 $|f(x) - f(x_1)| = |f(x)| = x^3 < 1/1000$。同理，我們可以用 $\epsilon = 10^{-4}, 10^{-5}$，或諸如此類我們所想要的相差值去取代 $1/1000$；$\delta = \sqrt[3]{\epsilon}$ 始終能滿足所需，因為假如 $|x| < \sqrt[3]{\epsilon}$，那麼 $|f(x)| = x^3 < \epsilon$。

在有關連續性的 (ϵ,δ) 定義的基礎上，我們可以用相同的方法證明一切多項式，有理函數和三角函數都是連續的，至於函數或會因個別的 x 值而變成無窮大的情況則除外。

就函數 $u = f(x)$ 的圖形而論，連續的定義是以下面的幾何形式呈現出來：選擇任一正數 ϵ，並在高度為 $f(x_1) - \epsilon$ 和 $f(x_1) + \epsilon$ 之處分別畫出兩條平行於 x 軸的直線。於是必然有可能找到一個正數 δ，如此圖形中位於 x_1 附近，寬度為 2δ 的垂直帶範圍內的整個部分同時也被包含在 $f(x_1)$ 附近，寬度為 2ϵ 的水平帶之內。圖 170 顯示函數在點 x_1 呈連續，而圖 171 的函數則否。就後者來說，不管我們把位於 x_1 附近的垂直帶變得多窄，圖形始終有一部分坐落於與所選擇的 ϵ 相對應的水平帶之外。

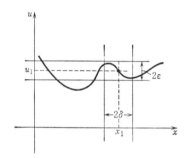

圖 170. 一個在 $x=x_1$ 呈連續的函數

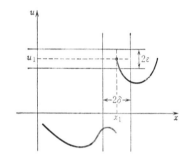

圖 171. 一個在 $x=x_1$ 不呈連續的函數

如果我斷言一已知函數 $f(x)$ 在 $x = x_1$ 這一點是連續的話，這便意味著為了履行下面和你所締結的合約我已準備就緒了。你也許會選擇任何一個很小，小至使你感到滿意但是已被固定的某正數 ϵ。接著我便必須製造一個正數 δ，以至只要 $|x - x_1| < \delta$ 就表示 $|f(x) - f(x_1)| < \epsilon$。在我開始製造 δ 這個數值時，我沒有被限定要交出一個 δ，以滿足你隨後選擇的任一個 ϵ；我對 δ 的選擇有賴於你所選擇的 ϵ。要是你能夠製造一個 ϵ 值，卻使我無法提供一個合適的 δ，那麼我的斷言遂被反駁。因此為了證明我能夠對任何一個具體的函數 $u = f(x)$ 履行我的合約，我照例要去建構一個為每個正數 ϵ 所規定的明確正值函數

$$\delta = \varphi(\epsilon),$$

從中我便可以證明 $|x - x_1| < \delta$ 始終意味著 $|f(x) - f(x_1)| < \epsilon$。至於函數 $u = f(x) = x^3$ 在 $x_1 = 0$ 這一點上，函數 $\delta = \varphi(\epsilon)$ 就是 $\delta = \sqrt[3]{\epsilon}$。

◆練習題：

1) 試證明 $\sin x, \cos x$ 皆為連續函數。

2) 試證明 $1/(1 + x^4)$ 與 $\sqrt{1 + x^2}$ 皆具連續性。

　　現在當然應該一目了然了，就一個函數而言，連續性的 (ϵ, δ) 定義與所謂可觀察得到的事實彼此是一致的。就其本身而論，它符合現代科學的通則，那就是為一種概念的可用性確立判斷標準，或者為一種現象樹立「以科學形式而存」的檢驗尺度——它是否有可能藉觀察而得（至少在原則上），或者它是否有可能從觀察的到的事實中得出歸納。

§5. 連續函數的兩個基本定理

1. 波爾扎諾定理

捷克數學家波爾扎諾（Bernard Bolzano，1781~1848）是一個接受經院哲學訓練的天主教神父，也是把嚴格的現代概念引進數學分析的先驅人物之一。他晚年的重要著述《關於無窮的悖論》（*Paradoxien des Unendlichen*）是在他辭世後的 1850 年才出版。人們從該書中首次認識到，許多關於連續函數看似明顯不過的陳述，如果要以完整的普遍性而被運用的話，它們是可以被證實而且必然要被證實的。下面關於單一變數的連續函數的定理就是一個例子。

變數 x 的一個連續函數在 x 的一個連續封閉區間 $a \leq x \leq b$ 內，要是對於某一個 x 值的函數值為正，而另一個 x 值為負，那麼該函數就某一個居間的 x 值而言，它必然取零為值。因此當 x 從 a 改變至 b 時，如果函數 $f(x)$ 呈連續，而且 $f(a) < 0$ 和 $f(b) > 0$，那麼肯定存在一個 x 值，α，使得 $a < \alpha < b$ 而且 $f(\alpha) = 0$。

波爾扎諾的定理與我們對於一條連續曲線的直覺觀點完全一致，因為在連續曲線上，從位於 x 軸下方的一點走到在 x 軸上方的另一點，必然在曲線某處越過 x 軸。但這對於在本章第 §1 之 5 節中顯示於圖 157 的不連續函數就**不見得**能夠適用。

*2. 波爾扎諾定理之證明

現在為本定理提出一個嚴謹證明。（我們也可以像高斯和其他偉大的數學家那樣，在未經證明下便加以接受進而運用之。）我們的目標是把定理化約成各種在實數體系的基本性質，特別是關於嵌套區間的戴德金—康托爾公設（見第Ⅱ章第 §2 之 5 節）。為了達到這個目的，我們考量一個區間 I，$a \leq x \leq b$，在這裡面 $f(x)$ 都是有定義的，並以 x_1 作為其二等分後之中間點，$x_1 = \frac{a+b}{2}$。如果在這個中間點我們發現 $f(x_1) = 0$，那麼便沒留下什麼有待我們證明。然而如果 $f(x_1) \neq 0$，那麼 $f(x_1)$ 若不是大於零就是小於零，兩者必居其一。不論 $f(x_1)$ 大於零還是小於零，x_1 所切分的 I 的兩半之中，一定有一半將再一次具有相同的特性，即在其兩個端點的 $f(x)$ 值的正負號不相同。我們稱這個區間為 I_1。我們延伸這個步驟把 I_1 平分；於是如果在 I_1 的中點處 $f(x)$ 不等於 0，我們可以從平分後的 I_1 中選出一個區間 I_2，它的特性就是在兩個端點的 $f(x)$ 值有不同的正負號。這個等分區間的步驟經過有限次數重複進行之後，我們或者是找到一個 $f(x) = 0$ 的中間點，或者是得到一個嵌套區間 $I_1, I_2, I_3, \cdots$ 的序列。就後者而論，戴德金—康托爾的公設保證在 I 裡面存在著一點 α，它為所有這些區間所共有。我們主張 $f(\alpha) = 0$，因此 α 這一點的存在便使這個定理得證。

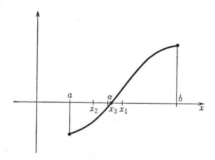

圖 172. 波爾扎諾的定理

到目前為止，關於連續性的假設尚未派上用場。此時它所起的作用是通過一點間接推理，最終使論據得到確定。我們從一個反命題的假設中推論出一個矛盾，使 $f(\alpha) = 0$ 獲證。假設 $f(\alpha) \neq 0$，譬如說，$f(\alpha) = 2\epsilon > 0$。由於 $f(x)$ 是連續的，

我們便可以找到長度為 2δ，以 α 為中間點的區間 J （也許是奇小無比），以致 $f(x)$ 在 J 裡面的每一個值與 $f(\alpha)$ 之差都小於 ϵ。因此，既然 $f(\alpha) = 2\epsilon$，我們可以保證在 J 裡面的每一處，$f(x) > \epsilon$，所以在 J 之內，$f(x) > 0$。然而 J 是一個固定的區間；同時由於序列 I_n 收縮至零，所以如果 n 足夠大，I_n 這個短小的區間便不得不落在 J 的範圍之內。這便產生了一個矛盾；根據我們選擇 I_n 的方式，在每一個 I_n 的兩端 $f(x)$ 必然具有不同的正負值，所以函數 $f(x)$ 一定在 J 裡面的某處為負值。所以 $f(\alpha) > 0$ 是不可能的，（同理）$f(\alpha) < 0$ 也是不可能的，$f(\alpha) = 0$ 遂得證。

3. 關於極值之維爾斯特拉斯定理

德國數學家維爾斯特拉斯（Karl T. W. Weierstrass, 1815~1897）對於數學分析朝向嚴格縝密的現代發展趨勢所肩負的責任可能比其他任何人都要多，例如他就為另一個關於連續函數在直覺上看來言之成理的重要事實提出系統化闡述。這個定理說明如下：**一個函數在某一區間 I ，$a \leq x \leq b$ ——包括區間的兩個端點 a 和 b 在內——若呈連續，那麼在區間 I 之內，必然至少有一點，其上的 $f(x)$ 獲得它的極大值 M ，以及另外一點，其上的 $f(x)$ 獲得它的極小值 m** 。就直覺上而言，這意謂連續函數 $u = f(x)$ 的圖形必然至少出現一個最高點和最低點。

重要的是要注意到，如果函數 $f(x)$ 在區間 I 的端點不呈連續，這個陳述就不見得會成立了。例如函數 $f(x) = \frac{1}{x}$ 在區間 $0 < x \leq 1$ 中沒有極大值，儘管 $f(x)$ 在整個區間的內部是連續的。而即使是一個有界的不連續函數也未必出現一個極大值或極小值。例如，設想一個極其不連續的函數 $f(x)$ ，按下面方式被界定於區間 $0 \leq x \leq 1$ 之中：

$$f(x) = x \quad （當 \ x \ 是無理數），$$
$$f(x) = \frac{1}{2} \quad （當 \ x \ 是有理數），$$

這個函數的值始終是介於 0 與 1 之間，事實上，如果選擇出來的 x 是一個足夠接近 0 或 1 的無理數，那麼函數值之接近於 1 和 0 的程度便可如我們所願了。然而 $f(x)$ 永遠不會等於 0 或 1，因為當 x 是有理數時， $f(x) = \frac{1}{2}$ ，而 x 是無理數時， $f(x) = x$ 。所以 $f(x)$ 無從取值為 0 和 1。

證明維爾斯特拉斯定理的方法與用於證明波爾扎諾定理的方法極其類似。我們把 I 分為兩半，成為 I' 和 I'' 兩個閉合的區間，同時我們把注意力鎖在 I' ，因為在這個區間中必須要把 $f(x)$ 的最大值找出來，**除非在 I'' 內存在著一點 α ，其上的 $f(\alpha)$ 值俱大於所有在 I' 的 $f(x)$ 值**；若是這種情況，我們便轉而選擇 I'' 。如此選擇出來的區間，我們稱之為 I_1 。現在我們把用於 I 的相同方式繼續對 I_1 做下去，於是便得到 I_2 ，等等。這個過程把一個嵌套區間 $I_1, I_2, \cdots, I_n, \cdots$ 的序列明確表示出來，每一個區間都把同一點 z 包含在內。我們將要證明 $f(z) = M$

就是 $f(x)$ 在 I 裡面所獲得的最大值，也就是說，在 I 裡面不會出現 $f(s) > M$ 的一點 s。假定如果真有這一點 s 的存在，我們便取得 $f(s) = M + 2\epsilon$，其中 ϵ 是一個正數（也許十分小）。由於 $f(x)$ 是連續的，我們便能夠以 z 為中心勾勒出一個把 s 排除在外的小區間 K，如此在 K 之內的 $f(x)$ 值與 $f(z) = M$ 之差別小於 ϵ，因此我們肯定在 K 裡面取得 $f(x) < M + \epsilon$。然而對取值足夠大的 n 來說，區間 I_n 坐落於 K 之內，同時 I_n 乃是按 $f(x)$ 之取值對於坐落於 I_n 之外的 x 不能夠超出所有在 I_n 之內的 x 而被界定。既然 s 是位於 I_n 之外的一點且 $f(s) > M + \epsilon$，然而在 K 之內，也因此在 I_n 之內，我們卻另外取得 $f(x) < M + \epsilon$，所以我們得到的是一個矛盾的結論。

用同樣的方法也可以證明一個最小值 m 之存在，或者鑒於 $f(x)$ 的最小值就是 $g(x) = -f(x)$ 的最大值，因此從已得到的最大值的證明中，直接而來的就是最小值的證明。

對於具有兩個或多個變數 $x, y, \cdots$ 的連續函數來說，類似的方法也可以使維爾斯特拉斯定理得證。此時我們必須以一封閉域作為考量，例如以一個在 x, y 平面上包括其邊界在內的長方形，代替一個包括其端點在內的區間。

◆練習題：

在證明波爾扎諾定理和維爾斯特拉斯定理的過程中，我們在何處利用 $f(x)$ 是連續而且被定義於整個**封閉**區間 $a \le x \le b$，而並非僅僅只被指定於區間 $a < x \le b$ 或 $a < x < b$？

波爾扎諾定理和維爾斯特拉斯定理的證明都具有一種明顯的非建構性特色。這類證明沒有提供一個方法，從而可按照有限的步驟，以指定的準確度把一個函數值為零或它的最大值或最小值的定位處實際找出來。得以被證明出來的，只不過是某些所要求的函數值之存在，甚至是由於不存在而導致荒謬。這正是「直覺主義者」（見第 II 章第 §4 之 4 節）高舉反對大旗所針對的另一個重要實例；他們當中有些人甚至堅持要把這類定理從數學中清除出去。相較於其它的批評，數學系的學生對此不應過於認真對待。

*4. 關於序列的一個定理／緊緻集合

令 $x_1, x_2, x_3, \cdots$ 形成任何一個數字的無窮序列，不論數字相同與否，它們全都被包含在一個封閉區間 I，$a \leq x \leq b$，之內。序列是否趨近一個極限乃未定之數。然而無論如何，**我們始終有可能從如此一個序列中，經過刪除序列中的某些項，把一個無窮序列 $y_1, y_2, y_3, \cdots$ 提取出來，而它所趨向的某一極限 y 是被包含在區間 I 之內。**

為了證明這一個定理，我們以區間 I 的中間點 $\frac{a+b}{2}$ 為據，把 I 分為兩個封閉區間 I' 和 I''：

$$I' : a \leq x \leq \frac{a+b}{2},$$

$$I'' : \frac{a+b}{2} \leq x \leq b,$$

在這兩個區間中，至少有一個——我們稱之為 I_1——必然存在原來序列中無限多項的 x_n。我們從無限多項的 x_n 裡面挑選出任何一項，如 x_{n_1}，並稱之為 y_1。現在以相同的方式在區間 I_1 內進行下去。由於 I_1 包含無限多個 x_n，所以在切成兩半的 I_1 中，至少有一個必然含有無限多個 x_n，我們稱這半個 I_1 為 I_2。因此我們肯定能夠在 I_2 裡面找到一個 $n > n_1$ 的 x_n。我們從這一類的數中選出一個，並稱之為 y_2。按此方式進行下去，我們便可以找到一個由嵌套區間 $I_1, I_2, I_3, \cdots$ 所組成的序列，以及一個形成自原來序列的子序列 $y_1, y_2, y_3, \cdots$，如此對每一個 n 來說，y_n 位於 I_n 之內。這個嵌套區間序列以靠近區間 I 裡面的一點 y 而告關閉，且顯然序列 $y_1, y_2, y_3, \cdots$ 取得一個極限 a，定理遂得證。

上述的思考方法可用現代數學典型的方式加以廣義化。試看綿互於一個普通集合 S 的一個變數 X，而在集合 S 內有某種「距離」的觀念被界定。S 可能是在平面上或空間中的一個點集合，但不見得非這樣不可；例如 S 可能是平面上全部三角形的集合。如果 X 和 Y 是兩個三角形，其頂點分別為 A, B, C 和 A', B', C'，那麼我們便可以給兩個三角形之間的「距離」定義為：

$$d(X, Y) = AA' + BB' + CC',$$

其中 AA'，$\cdots$ 等等指的是兩點 A 和 A' 之間的一般距離。每當像這樣一個有關「距離」的概念存在於一個集合 S 裡面時，我們便可以定義下述概念：我們說由 S 的成員 $X_1, X_2, X_3, \cdots$ 構成的序列趨向 S 中的 X 這個極限值，是指當 $n \to \infty$ 則 $d(X, X_n) \to 0$。**如果我們永遠能夠從任何一個由集合 S 的成員 $X_1, X_2, X_3, \cdots$ 所構成的序列中，提取出一個子序列，而它所走向的某極限值 X 屬於 S，那麼集合 S 就是一個緊緻集合**（compact set）。在這個意義上，我們在前一段所出示的一個封閉區間 $a \leq x \leq b$ 就是緊緻集合了。因此一個緊緻集合的概念可以被視為一個數軸的**封閉區間**的廣義化。要留意的是，作為一個整體，數軸並非緊緻，因為整數序列 $1, 2, 3, 4, 5, \cdots$ 既不趨向一個極限，也沒有容納任何一個趨向一個極限的子序列。一個不包括端點在內的開放區間（open interval），諸如 $0 < x < 1$，也不是緊緻的，因為序列 $\frac{1}{2}, \frac{1}{3}, \frac{1}{4}, \cdots$ 或它的任何一個子序列所趨向的極限是 0，它並不屬於這個開放區間的一點。同理也可以證明，平面上由一個正方形或長方形內部各點構成的區域並非緊緻，但如果把邊界上各點加上便變成緊緻了。再者，頂點皆位於一個已知圓內部或圓周上的所有三角形的集合也是一個緊緻集合。

我們也可以延伸連續的概念到變數的問題：變數 X 綿互於任何一個集合 S，其內極限的概念已被確定。就任何一個成員為 $X_1, X_2, X_3, \cdots$ 的序列走向它的極限 X 而言，如果與其相對應的實數函數序列 $F(X_1), F(X_2), F(X_3), \cdots$ 亦趨向其極限值 $F(X)$，那麼我們便可以說，一個實數函數 $u = F(X)$ 在序列的成員 X 處呈連續。（同樣能夠用一個意義等同的 (ϵ, δ) 定義來說明。）對於一個在廣義上為任何一個緊緻集合諸成員所界定的連續函數來說，不難證明維爾斯特拉斯定理也一樣成立：

如果 $u = F(X)$ 是任何一個根據一個緊緻集合 S 而被界定的連續函數，那麼始終有一個 S 的成員，使 $F(X)$ 獲得它的最大值，同時也有一個 S 的成員使 $F(X)$ 獲得它的最小值。

一旦我們對廣義化的概念有所理解，上述定理的證明就變得簡單，但我們在此不作進一步的探討。這個主題將在第Ⅷ章以維爾斯特拉斯廣義定理的形式再度出現，它在極大與極小的理論上是非常重要的。

§6. 波爾扎諾定理之應用

1. 幾何學的應用

簡單卻有普遍性的波爾扎諾定理可用來證明許多乍看之下完全不明顯的事實。我們首先要證明的是：**如果 A 與 B 分別代表平面上任意兩個區域，那麼平面上便有一條同時把 A 和 B 兩個區域平分的直線**。所謂一個「區域」，我們指的是平面上任何被包圍在一條簡單的封閉曲線裡面的部分。

讓我們從選擇在平面上一固定點 P 開始，畫出一條直接從 P 而出的有向射線 PR，並據此作為諸角之量度基準。如果我們取任意一條與 PR 形成一個夾角 x 的射線 PS，那麼平面上肯定會有一條定向的直線，**把區域 A 平分**而同時與 PS 擁有相同的方向。因為如圖 173 所示，如果我們挑選一條方向與 PS 一致而完全坐落在 A 的一側的直線 l_1，接著在不改變它自身方向的情況下，把直線平行地完全移至 A 的另一側 l_2 位置上，那麼一個被定義為在直線右側（我們可以把直線的箭頭想成指向北邊，直線右側即是向東的方向）的 A 的部分減去在直線左側的 A 的部分的函數，它的取值對直線 l_1 來說將為負，而對 l_2 將為正。既然這個函數是連續的，根據波爾扎諾定理，就某居間的直線位置 l_x 而論，函數值必然為零，l_x 把 A 平分。對於從 $x = 0°$ 到 $x = 360°$ 的每一個 x 值來說，直線 l_x 之平分 A 是獨一無二地被確定出來。

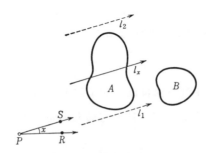

圖 173. 同時平分兩個面積

現在我們把函數 $y = f(x)$ 定義為靠在 l_x 右邊的 B 的部分減去靠在 l_x 左邊的 B 的部分。假定有一條平分面積 A 且與 PR 同向的直線 l_0，在其右側的 B 的

面積大於左側；於是就 $x = 0°$ 而言，y 是正的。如果讓 x 增加至 $180°$，那麼以 RP 為方向的直線 l_{180}，像 l_0 一樣把 A 平分但方向相反，其左右互換；所以對 $x = 180°$ 來說，y 的數值與 $x = 0°$ 一樣，但正負號相反，因此是負值。由於隨著 l_x 的旋轉，y 是角 x 的一個連續函數，於是便有一個介於 $0°$ 與 $180°$ 之間，大小為 α 的角 x 得以使 y 等於零。結果是直線 l_α 同時把 A 和 B 平分，證明完成。

請注意，雖然我們已證實有一條直線的**存在**，它擁有我們想要的特性，但是我們卻無從給它提出一個確切的**構造**程序；這再一次展現了數學在存在問題的證明上，與幾何作圖截然不同的特色。

下面是另外一個類似的問題：已知平面上某一個區域，試用兩條**互相垂直**的直線把它均分成**四個**等分。為了要證明這總是有可能實現，我們要回到上述給任何一個角 x 定位出 l_x 的場景，但略過涉及區域 B 的部分。我們以一條垂直於 l_x 同時也是把 A 的面積平分的直線 l_{x+90} 作為取代，當我們給 A 的四個部分編以號碼，如圖 174 所示時，我們便得到

$$A_1 + A_2 = A_3 + A_4$$

和

$$A_2 + A_3 = A_1 + A_4,$$

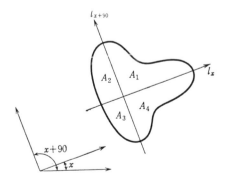

圖 174.

從第一個方程式減去第二個方程式便得

$$A_1 - A_3 = A_3 - A_1,$$

也就是

$$A_1 = A_3,$$

所以

$$A_2 = A_4,$$

因此如果我們能夠證明有那麼一個角 α ，致使 l_x 得出下面的結果

$$A_1(\alpha) = A_2(\alpha),$$

那麼我們的定理便獲得證明了，因為如此一個角將會使 A 的四個部分的面積彼此相等。為此我們按照勾勒出來的直線 l_x 而把函數 $f(x)$ 定義為

$$f(x) = A_1(x) - A_2(x),$$

對 $x = 0°$ 來說， $f(0) = A_1(0) - A_2(0)$ 也許是正值。在此情況下，對 $x = 90°$ 來說，

$$f(90) = A_1(90) - A_2(90) = A_2(0) - A_3(0) = A_2(0) - A_1(0),$$

故 $f(90)$ 將是負的。因此由於 $f(x)$ 是隨著 x 從 $0°$ 起增加到 $90°$ 而連續改變，某個介於 $0°$ 與 $90°$ 之間的 α 值而有 $f(\alpha) = A_1(\alpha) - A_2(\alpha) = 0$ 的結果是存在的。於是兩條 l_α 與 $l_{\alpha+90}$ 互相垂直的直線遂把面積 A 分成四個相等的部分。

　　值得注意的是，這類問題是可以被推廣至三維和更高維度的空間。在三維空間裡的第一個問題將變成：空間中的三個物體為已知，試找出一個把三者同時平分的平面。對於始終有可能找到如此一個平面的證明，我們將再度使用波爾扎諾定理。在高於三維空間方面的定理仍然成立，不過證明需要較為高深的數學方法。

*2. 一個力學問題的應用

我們將討論一個在力學上顯然看來有困難，但從一個來自連續概念的論據便可輕易打發的問題，作為本節的結束。這個問題是由惠特尼（H. Whitney, 1907~1989）提出。

設想火車沿著一條筆直的鐵軌從車站 A 行至車站 B。行程中火車不見得需要以等速或等加速行走。在抵達 B 之前，火車可以做出加速、減速、停車，甚至後退等任何動作，但是我們應該事先就知道火車的準確移動；就是說，$s = f(t)$ 是一個已知函數，其中 s 是火車與站 A 的距離，而 t 則是從火車離站那一瞬間之後所走過的時間。在車廂的地板上有一根連桿被安置於旋軸上，讓它可以在沒有摩擦力的情況下繞著旋軸前後搖晃直到觸及地板。當連桿碰到地板時，我們便假定連桿從此停留在地板上——這種情況相當於當連桿碰到地面時不起反彈。如此是否有可能出現那麼一個擺放連桿的位置，以致在火車開動的那一瞬間，如果把連桿放開並讓它只受到來自重力和火車晃動的影響，而在整段從 A 到 B 的行程中將不會落在地板上？

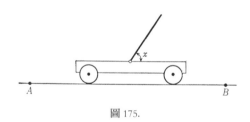

圖 175.

對於任何一種時程已經確定的運動來說，似乎不可能出現下列情況：以適當選出連桿的起始位置作為唯一條件，而來自重力與反作用力的相互影響將容許如此一個平衡維繫下去。但我們要指出，像這樣的位置始終是存在的。

乍看之下這似乎像一個似非而是的斷言，然而一旦我們把注意力集中在其本質上屬於拓撲的特性時，這個論斷要獲證並不費力。它不必求助於力學定律的詳細知識；只需要被許以一個在物理學本質上的簡單假設：**連桿的運動乃持續有賴**

於它最初的起動位置。我們以連桿與地板之間的最初夾角 x 來表示連桿的起始位置，而當火車抵達行程終點的 B 站時，連桿與地板之間的夾角是 y。當連桿落在地板上時，我們得到 $y = 0$ 或 $y = \pi$。就連桿的一個開始位置 x 而言，根據我們所作的假設，連桿的最終位置 y 是獨一無二地由一個函數 $y = g(x)$ 來確定：y 是一個連續函數，而且當 $x = 0$，$y = 0$，以及當 $x = \pi$，$y = \pi$。（這兩個式子只不過表明，要是連桿以此作為起動的位置，它躺平在地板的情況便維持不變。）現在我們要記得，作為一個在區間 $0 \le x \le \pi$ 之內的連續函數 $g(x)$，它採取一切介於 $g(0) = 0$ 和 $g(\pi) = \pi$ 之間的各個值；因此對於任何一個像這一類的 y 值來說，例如 $y = \frac{\pi}{2}$，有一個具體的 x 值使 $g(x) = y$；尤其是有那麼一個開始位置，使得連桿在 B 點的最終位置垂直於地板。（注意：在這個論證上，不該忘記火車的運動方式一旦被規定便永遠不變。）

當然，這完全是在理論上的推理。如果是一個漫長的行程，或者以 $s = f(t)$ 表示出來的火車行程是極其反覆無常，那麼對於有別於 0 或 π 的最終位置 $g(x)$ 來說，作為起始位置的 x 其容許的變動範圍勢將奇小無比，情況就如同每個設法使一根豎立於鋼板上的細針在一段相當可觀的時間內保持平衡的人所熟知的一樣。雖然如此，我們的推理對於即便是講究實際的心智來說，也應該有其重要性，況且它也顯示出動力學的定性結果，可以在無須專門性的巧妙處理下，藉簡單的論證而得。

◆練習題：

1) 試利用本章第 §5 之 4 節的定理，證明上述之推理可以被推廣至一個永久持續下去的行程。

2) 試將火車的運行情況擴展成沿著平面上任何一條曲線，而且連桿有可能在任何方向落在地板上。（提示：根據第 V 章第 §3 之 4 節的不動點定理，一個圓盤平面在持續變換下，若僅止於被轉換到圓周上，如此周邊上的每一點皆固定不變，乃是不可能的。）

3) 在靜止中的火車上，其連桿與垂直方位之間的夾角為 ϵ，此時若鬆開連桿，試證明由於 ϵ 之趨近於零，連桿下落到地板上所需要的時間也就趨於無窮大。

§7. 更多關於極限的範例

1. 通論

在許多實例中，一個序列 a_n 之收斂，是可以用下面一類的論據求證出來。我們找出其它兩個序列 b_n 和 c_n，兩者裡面的各項在結構上都比原來序列較為簡單，而且對每一個 n 來說，

(1) $$b_n \leq a_n \leq c_n,$$

那麼要是我們能夠證明 b_n 和 c_n 兩個序列皆收斂到同一個極限 α，a_n 之同時朝向極限 α 收斂乃是必然。有關這項陳述的一個合乎邏輯的形式證明便留給讀者了。

顯然這個程序在應用上肯定要用上不等關係。所以，此時對概括不等關係在內的一些適用於算術運算的基本規則進行回顧是恰當的：

1. 如果 $a > b$，那麼 $a + c > b + c$（可以在不等式的兩邊加上任何一個數）。

2. 如果 $a > b$ 而 c 是一個**正數**，那麼 $ac > bc$（一個不等式可以被乘以任何一個正數）。

3. 如果 $a < b$，那麼 $-b < -a$（不等式的兩邊被乘以 -1 後，兩邊的大小逆轉）。

4. 如果 a 與 b 兩數的正負號相同，而 $a < b$，那麼 $1/a > 1/b$。

5. $|a + b| \leq |a| + |b|$。

2. q^n 之極限

如果 q 大於 1，q^n 這一個序列將無邊無際地增加下去，像一個 $q = 2$ 的序列，$2, 2^2, 2^3, \cdots$，便是如此。這就是所謂一個「趨向無窮大」的序列（見本章第 §2 之 1 節中有關這方面的論述）。一個在廣義上的證明乃根據如下這個重要的不等關係（證明見第 I 章第 §2 之 5 節），

(2) $$(1 + h)^n \geq 1 + nh > nh,$$

式中之 h 為任一正數。令 $q = 1 + h$，其中 $h > 0$；於是

$$q^n = (1 + h)^n > nh,$$

如果 k 為任一正數，不論有多大，那麼對於所有 $n > k/h$，

$$q^n > nh > k,$$

因此 $q^n \to \infty$。

如果 $q = 1$，那麼序列 q^n 裡面的每一項都等於 1，而 1 也就是序列的極限了。如果 q 是負數，那麼 q^n 是一個正負值交替的序列，而如果 $q \leq -1$，序列便沒有極限。

◆練習題：

試對上述最後一個說明，給予一個嚴謹證明。

我們在第 II 章第 §2 之 3 節中已經證明，如果 $-1 < q < 1$，那麼 $q^n \to 0$。對此我們可以提出另外一個比較簡單的證明。我們首先考慮 $0 < q < 1$。可見 $q, q^2, q^3, \cdots$ 等諸數形成了一個下限為 0 的單調遞減序列。因此根據前面第 §2 之 2 節，這個序列必然接近一個極限：$q^n \to a$。在這個關係的兩邊以 q 乘之，我們可得 $q^{n+1} \to aq$。

接著 q^{n+1} 的極限必然與 q^n 無異，因為對一直增加的指數來說，是 n 或 $n+1$ 已無關重要。因此 $aq = a$，或 $a(q-1) = 0$。由於 $1 - q \neq 0$，故 $a = 0$。

如果 $q = 0$，$q^n \to 0$ 的說法顯屬多餘。如果 $-1 < q < 0$，那麼 $0 < |q| < 1$；因此按前面的論據 $|q^n| = |q|^n \to 0$。因 $|q| < 1$，故始終從中得到 $q^n \to 0$。證明完成。

◆練習題：

試證明 $n \to \infty$ 時：

1) $(x^2/(1+x^2))^n \to 0$ ；

2) $(x/(1+x^2))^n \to 0$ ；

3) 當 $x > 2$，$(x^2/(4+x^2))^n$ 趨向無窮大；當 $|x| < 2$，$(x^2/(4+x^2))^n$ 趨向 0 。

3. $\sqrt[n]{p}$ 之極限

序列 $p, \sqrt{p}, \sqrt[3]{p}, \sqrt[4]{p}, \cdots$，也就是 $a_n = \sqrt[n]{p}$，對於任何一個固定的正值 p 來說，它的極限是 1：

(3) $$\sqrt[n]{p} \to 1 \quad （當 n \to \infty），$$

（我們通常把 $\sqrt[n]{p}$ 解釋為正的 n 次方根。因為 p 是負數的話，當 n 為偶數時，不存在一個屬於實數的 n 次方根。）

為了證明關係 (3)，我們首先假定 $p > 1$；於是 $\sqrt[n]{p}$ 肯定也大於 1。因此我們可以設定

$$\sqrt[n]{p} = 1 + h_n,$$

其中 h_n 是一個視 n 而定的正數。那麼從不等關係 (2)，可得

$$p = (1 + h_n)^n > n h_n,$$

除以 n 之後，我們便有下面的不等關係

$$0 < h_n < p/n,$$

由於序列 $b_n = 0$ 與 $c_n = p/n$ 兩者的極限均為 0，因此按 §1 之 1 節的論據，隨著 n 的增加，h_n 的極限也是 0，所以我們關於 $p > 1$ 的斷言得到證實。這是一個典型的實例，我們把 h_n 包圍在兩個序列之間，這兩個序列的極限是比較容易獲知的，我們從而認識到 h_n 的極限關係（此例中 $h_n \to 0$）。

順便提出的是，我們已經把作為 $\sqrt[n]{p}$ 與 1 之差的 h_n 取得一個估計值，這個差值必然是永遠小於 p/n。

如果 $0 < p < 1$，那麼 $\sqrt[n]{p} < 1$，我們便可以設下

$$\sqrt[n]{p} = \frac{1}{1 + h_n},$$

其中 h_n 再度是一個視 n 而定的正數。隨之可得的是

$$p = \frac{1}{(1+h_n)^n} < \frac{1}{nh_n},$$

因此，

$$0 < h_n < \frac{1}{np},$$

從中我們遂得出 h_n 乃隨著 n 的增加而趨向 0 的結論。因此，既然 $\sqrt[n]{p} = 1/(1+h_n)$，$\sqrt[n]{p} \to 1$ 乃是必然的結果。

　　正數的 n 次方根隨著 n 的增加而被推向 1，在某些案例中，只要被開方數並非常數的情況下，同樣的結果就仍然有效。我們將以證明序列 $1, \sqrt{2}, \sqrt[3]{3}, \sqrt[4]{4}, \sqrt[5]{5}, \cdots$ 趨於 1 為例，即隨著 n 的增加，

$$\sqrt[n]{n} \to 1,$$

藉著一個小設計，這個證明可以再度從不等關係 (2) 中而得。我們利用 $\sqrt{n}$ 的第 n 次方根以取代 n 的第 n 次方根，如果我們指定 $\sqrt[n]{\sqrt{n}} = 1 + k_n$，$k_n$ 是一個視 n 而定的正數，那麼便產生一個不等式 $\sqrt{n} = (1+k_n)^n > nk_n$，所以

$$k_n < \frac{\sqrt{n}}{n} = \frac{1}{\sqrt{n}},$$

因此，

$$1 < \sqrt[n]{n} = (1+k_n)^2 = 1 + 2k_n + k_n^2 < 1 + \frac{2}{\sqrt{n}} + \frac{1}{n},$$

這個不等式之右邊是隨著 n 之增加而趨近於 1，故 $\sqrt[n]{n}$ 必然亦趨近於 1。

4. 作為連續函數之極限的不連續函數

有一種序列 a_n ，其中 a_n 不是一個固定的數值而是取決於一個變數 x ：$a_n = f_n(x)$ ，我們要細看這類序列的極限。如果這個序列是隨著 n 的增大而收斂，那麼它的極限再度是一個 x 的函數，

$$f(x) = \lim f_n(x),$$

如此以函數 $f(x)$ 作為其它函數的極限的表示方式，往往有助於把「較高階」的函數簡化成基礎的函數。

這對於以顯性公式去表示不連續函數來說尤其正確。試以序列 $f_n(x) = \frac{1}{1+x^{2n}}$ 為例。當 $|x| = 1$ ，我們取得 $x^{2n} = 1$ ，因此就每一個 n 而論，$f_n(x) = 1/2$ ，故有 $f_n(x) \to 1/2$ 。當 $|x| < 1$ ，我們可得 $x^{2n} \to 0$ ，因此 $f_n(x) \to 1$ ，而當 $|x| > 1$ ，我們便得 $x^{2n} \to \infty$ ，因此 $f_n(x) \to 0$ 。總結來說

$$f(x) = \lim \frac{1}{1+x^{2n}} = \begin{cases} 1 & （當 |x| < 1） , \\ \frac{1}{2} & （當 |x| = 1） , \\ 0 & （當 |x| > 1） , \end{cases}$$

在這裡不連續函數 $f(x)$ 是由一個連續有理函數組成的序列的極限來表示。

另外還有一個性質類似的有趣例子是下面的序列，

$$f_n(x) = x^2 + \frac{x^2}{1+x^2} + \frac{x^2}{(1+x^2)^2} + \cdots + \frac{x^2}{(1+x^2)^n},$$

當 $x = 0$ ，每一個 $f_n(x)$ 的值為零，因此 $f(0) = \lim f_n(0) = 0$ 。當 $x \neq 0$ ，表示式 $1/(1+x^2) = q$ 是一個小於 1 的正數；我們的幾何（等比）級數的結果（見第 II 章第 §2 之 3 節）保證 $f_n(x)$ 當 $n \to \infty$ 時呈收斂。這個極限值，也就是無窮等比級數之總和，是等於

$$\frac{x^2}{1-q} = \frac{x^2}{1 - \frac{1}{1+x^2}} = 1 + x^2,$$

所以可知當 $x \neq 0$，$f_n(x)$ 趨向函數 $f(x) = 1 + x^2$，而當 $x = 0$，$f_n(x)$ 則趨向 $f(x) = 0$。這個函數在 $x = 0$ 處有一個可以被移除的不連續性。

*5. 由迭代過程所得之極限

通常一個序列中的第 $n+1$ 項，a_{n+1}，是得自 a_n，一如 a_n 是得自 a_{n-1}；把這個同樣的過程重複無限多次之後——從已被設定為帶頭的一項開始——便形成整個序列。關於這一類實例，我們所討論的是一個「迭代」（iteration）過程。以下面的序列為例，

$$1, \sqrt{1+1}, \sqrt{1+\sqrt{2}}, \sqrt{1+\sqrt{1+\sqrt{2}}}, \cdots,$$

它的形成是有那麼一個規律：在第一項之後的每一項，乃是把前一項加上 1 之後開平方根而產生。因此下面的公式

$$a_1 = 1, \quad a_{n+1} = \sqrt{1+a_n}$$

便把整個序列規範出來。試讓我們找出它的極限。顯然對 $n > 1$ 來說，a_n 是大於 1。而且 a_n 是一個單調遞增序列，因為

$$a_{n+1}^2 - a_n^2 = (1+a_n) - (1+a_{n-1}) = a_n - a_{n-1},$$

因此每當 $a_n > a_{n-1}$，便必然得出 $a_{n+1} > a_n$ 的結果。但我們知道 $a_2 - a_1 = \sqrt{2} - 1 > 0$，藉數學歸納法得出，對所有 n 而言，$a_{n+1} > a_n$，就是說序列是單調遞增的。再者它是有界的；因為從上面的結果得知

$$a_{n+1} = \frac{1+a_n}{a_{n+1}} < \frac{1+a_{n+1}}{a_{n+1}} = 1 + \frac{1}{a_{n+1}} < 2,$$

根據單調序列的原理，我們推斷出當 $n \to \infty$，$a_n \to a$，其中 a 是介於 1 和 2 之間的某一個數。我們滿容易看到 a 是二次方程式 $x^2 = 1 + x$ 的正根。因為方程式 $a_{n+1}^2 = 1 + a_n$ 會隨著 $n \to \infty$ 而變成 $a^2 = 1 + a$。求解這個方程式，我們便找出其正根為 $a = \frac{1+\sqrt{5}}{2}$。因此通過一個迭代過程，我們便有可能求解這個二次方程式，據此而得之根值乃具有任何我們所希望的近似程度——要是我們延伸得夠長的話。

按類似方式，我們可以用迭代過程求解許多其它代數方程式。譬如，我們可以把三次方程式 $x^3 - 3x + 1 = 0$ 寫成如下形式

$$x = \frac{1}{3 - x^2},$$

現在我們給 a_1 選取任何一個值，如 $a_1 = 0$ ，並定義

$$a_{n+1} = \frac{1}{3 - a_n^2},$$

於是便可得到序列

$$a_2 = \frac{1}{3} = 0.3333\ldots,$$

$$a_3 = \frac{9}{26} = 0.3461\ldots,$$

$$a_4 = \frac{676}{1947} = 0.3472\ldots,$$

等等。同時也可以證明這個按如此方式而得的序列收斂到極限 $a = 0.3473\ldots$ ，這正是這個三次方程式的一個解。這類迭代過程無論在純數學上或應用數學上都十分重要，它們給前者帶來了關於「存在的證明」，而為後者在求解形形色色的問題方面提供了逼近的方法。

◆練習題:

當 $n \to \infty$ 時，

1) 試證明 $\sqrt{n+1} - \sqrt{n} \to 0$ 。（提示：把這個差寫成 $\frac{\sqrt{n+1} - \sqrt{n}}{\sqrt{n+1} + \sqrt{n}} \cdot (\sqrt{n+1} + \sqrt{n})$ 。）

2) 試找出 $\sqrt{n^2+a} - \sqrt{n^2+b}$ 之極限。

3) 試找出 $\sqrt{n^2+an+b} - n$ 之極限。

4) 試找出 $\frac{1}{\sqrt{n+1} + \sqrt{n}}$ 之極限。

5) 試證明 $\sqrt[n]{n+1}$ 之極限為 1 。

6) 試找出 $\sqrt[n]{a^n + b^n}$ 之極限， $a > b > 0$ 。

7) 試找出 $\sqrt[n]{a^n + b^n + c^n}$ 之極限， $a > b > c > 0$ 。

8) 試找出 $\sqrt[n]{a^n b^n + a^n c^n + b^n c^n}$ 之極限， $a > b > c > 0$ 。

9) 我們將在第VIII章第 §6 之 4 節中獲知 $e = \lim(1 + 1/n)^n$ 。若以此為據，那麼 $(1 + 1/n^2)^n$ 之極限是什麼？

§8. 關於連續的範例

為一個函數的連續性提出一個精確的證明，需要對連續性的定義（見本章第§4節）進行詳盡的核實。這難免是一個冗長的程序，所以當我們在第VIII章認識到連續性是可微性（differentiability）的一個結果時，可真是萬幸之至。因為後者是為了所有的基本函數而系統地被建立起來，讓我們可以遵照連續性的常用程序行事——略去冗長且視個別情況而定的證明。不過作為連續性在廣義定義上的一個進一步說明，我們在此將分析另外一個範例——函數 $f(x) = \frac{1}{1+x^2}$ 。我們可以把 x 限制在一個固定區間 $|x| \leq M$，其中 M 為任一擇定的數，並寫下

$$f(x_1) - f(x) = \frac{1}{1+x_1^2} - \frac{1}{1+x^2} = \frac{x^2 - x_1^2}{(1+x^2)(1+x_1^2)} = (x-x_1)\frac{(x+x_1)}{(1+x^2)(1+x_1^2)},$$

由於 $|x| \leq M$ 和 $|x_1| \leq M$，我們發現

$$|f(x_1) - f(x)| \leq |x - x_1| \cdot |x + x_1| \leq |x - x_1| \cdot 2M,$$

可見只要 $|x - x_1| < \delta = \frac{\epsilon}{2M}$，則上式左邊之差值將小於任一正數 ϵ 。

應該要注意的是，我們的估量頗為寬鬆。讀者不難看出，當 x 和 x_1 取值頗大時，一個大得多的 δ 值就滿足所需。

第VII章

極大與極小

簡介

　　一條線段代表介於它所在直線上的兩個端點之間的最短連接。球面上以球中心為圓心的大圓（great circle）其上的一段弧乃是連接球面上兩點之間的最短曲線。在所有封閉的平面曲線中，當長度相同時，以圓周所圍住的面積為最大；而在所有閉合表面中，當面積相同時，以球面所環繞的體積為最大。

　　這類屬於極大和極小的性質早已為古希臘人所掌握，雖然通常只囿於闡述各種結果而未嘗試圖完成一個真正的證明。在諸多意義最為深長的古希臘發現當中，有一個是出自亞歷山德利亞（Alexandria，位於今埃及北部）的科學家海龍（Heron，約 62AD）之手，時為公元一世紀。人們早已知道，當一縷光線從點 P 射至一平面鏡子 L 之上的 R 點時，光線被反射至另一點 Q 的方向，將使 PR 和 QR 與鏡子所形成的角彼此是相等的。海龍發現如果 R' 是鏡面上的另一點，那麼 $PR' + R'Q$ 的總長度大於 $PR + RQ$ 的總長度。這個我們馬上將要提出證明的定理——把介於 P 與 Q 之間的一縷光線 PRQ 的實際路徑刻劃成從 P 取道鏡子到 Q，從而使一條最短路徑的出現成為可能——可被視為給幾何光學（geometrical optics）理論打下發展基礎。

　　數學家很自然就會對這類問題感到興趣。出現在我們的日常生活中，屬於最大與最小，「最好」與「最壞」的問題屢見不鮮。許多在實作上至為重要的問題就是以這種形式把自身表達出來。譬如，應該如何打造一艘船身，才可能使船在水中受到的阻力最低？既定數量的材料，要用何種圓筒狀的容器才能擁有最大容量？

　　從十七世紀開始，屬於極值（extreme values）——極大與極小——的一般理論已成為科學上各種系統性的整合原理之一。費馬踏出他在微積分的微分部分的第一步，就是希望要研究出極大和極小問題的普遍方法。在接下來的一個世紀，由於「變分法」（calculus of variations）的發明，這類方法的範疇從此大為擴充。自然界的物理學規律最適於用一種極小原理來表達這件事也越來越清楚了，因為極小原理為各種特殊問題的完整解答鋪出一條合乎自然規律的康莊大道。現代數學中最了不起的一個成就是平穩值理論（theory of stationary values）——極值概念在結合分析與拓撲學之下的一個延伸。我們將以一種相當基本的方法對整個主題進行探討。

§1. 基本幾何問題

1. 兩邊邊長為已知的三角形之極大面積

　　三角形有兩邊的長度為既定的 a 和 b；試找出各種以 a 和 b 作為兩邊長度的三角形之中面積最大者。答案無非就是分別以 a 和 b 為兩條垂直邊的直角三角形。考慮任意一個以 a 和 b 為兩邊長的三角形，如圖 176 所示，如果 h 是底邊 a 上的高線，那麼三角形的面積便是 $A = \frac{1}{2}ah$。顯然當 h 是最大時則面積最大，而這將出現在 h 與 b 重合時；也就是一個直角三角形。因此它的面積是 $\frac{1}{2}ab$。

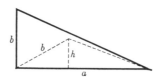

圖 176.

2. 海龍定理／光線之極值性質

令 P 和 Q 兩點位於一已知直線 L 的同一側。試問位於 L 上的哪一點 R，得以使從 P 取道 L 至 Q 的距離 $PR + RQ$ 變得最短？這就是光線的海龍問題。（如果 L 是河流的岸邊，而一個人必須從陸地上的 P 點儘快走到 Q 點，但途中又得取道岸邊 L，把手中的水桶裝滿水，那麼他要解決的正好就是這個問題。）為了找到解答，我們視 L 為一面鏡子，按此點 P 遂被反射而得出點 P'，如此 L 便成為 PP' 的垂直平分線。直線 $P'Q$ 與 L 之交點就是所求的 R 點了。證明 $PR + RQ$ 要比其它在 L 上的任何一點 R' 所形成的 $PR' + R'Q$ 來得短是滿簡單的。由於 $PR = P'R$ 且 $PR' = P'R'$；因此 $PR + RQ = P'R + RQ = P'Q$，而 $PR' + R'Q = P'R' + R'Q$。但 $P'R' + R'Q$ 大於 $P'Q$（三角形中任意兩邊之和大於第三邊），所以 $PR' + R'Q$ 大於 $PR + RQ$，遂得證。在以下的敘述中，我們設定不論 P 或 Q 皆不在 L 上。

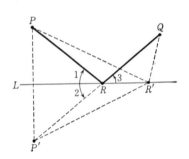

圖 177. 海龍定理

從圖 177 中我們可知 $\angle\,3 = \angle\,2$，以及 $\angle\,2 = \angle\,1$，故 $\angle\,1 = \angle\,3$，換言之，**R 這一點使 PR 以及 QR 分別與 L 所形成的角是相等的**。據此遂得出從 L 反射出來的一縷光線（從實驗中可知，入射角等於反射角）事實上是採取一條從 P 取道 L 至 Q 最短的路徑，正如我們在前面的引言中所說的一樣。

這個問題可以推廣至包括多條直線 $L, M, \cdots$。例如在圖 178 中，兩條直線 L, M 和兩點 P, Q 的情況，考慮的問題是尋求從 P 借道 L，再借道 M，然後到達 Q 的最短路徑。令 Q' 作為點 Q 對 M 的反射，而 Q'' 則為 Q' 對 L 的反

射，連接 PQ'' 因而交 L 於 R，連接 RQ' 則交 M 於 S；那麼 R 和 S 就是使 $PR + RS + SQ$ 成為從 P 開始，先後借道 L 和 M，最後到達 Q 的最短路線所要求的兩點。這個證明與前面的問題十分相似，因此便留給讀者作為一個練習題了。如果 L 和 M 都是鏡子的話，那麼來自 P 的一縷光線，先被 L 反射至 M，再被反射至 Q，這縷光線勢將與 L 交會於 R，以及與 M 交會於 S；因此光線所採取的路徑再度是一條長度最短的路徑。

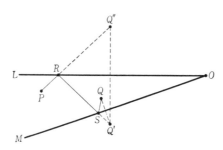

圖 178. 來自兩面鏡子的反射

有人也許要找出從 P 開始先借道 M，然後 L，再走到 Q 的最短路徑。這條如圖 179 所示的 $PRSQ$ 路徑的決定方式與前面的 $PRSQ$ 路徑相似。前者的長度或會大於、等於或小於後者。

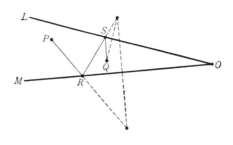

圖 179.

◆練習題：

試證明如果 O 與 R 均位於直線 PQ 的同一側，那麼第一條路徑便短於第二路徑。在什麼情況下，這兩條路徑的長度將會相等？

3. 海龍定理在三角形問題上的應用

下面兩個有關三角形的問題在海龍定理幫助之下，將能順利得到解答。

(a) 三角形的面積 A 以及一條邊長 $PQ = c$ 為已知；試從這類三角形當中，把其它兩邊 a, b 之和為最小者確定出來。指定一個三角形的一條邊長 c 和面積 A，就等同於規定了三角形的一條邊長 c 以及在其上的高 h，因為 $A = \frac{1}{2}hc$。從圖 180 可知，這個問題因此就是找出與直線 PQ 的垂直距離為給定 h 的一點 R，以致使 $a+b$ 為最小。從第一個條件可知，R 必然坐落於與 PQ 距離為 h 的平行線上。答案遂出自海龍定理關於 P, Q 兩點與直線 L 上的 R 點距離相等的特殊情況：基於入射角等於反射角的理由，因此所要求的三角形 PRQ 是一個等腰三角形。

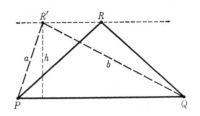

圖 180. 已知一底邊長及面積而周長為最短之三角形

(b) 三角形的一邊邊長 c 以及其它兩邊之和 $a+b$ 為已知，試從這類三角形中，找出面積為最大者。這個問題與 (a) 剛好相反。答案再度是一個 $a = b$ 的等腰三角形。正如我們剛才所證明，這個三角形乃是眾面積相同的三角形中，其 $a+b$ 值為最小者；就是說，其它任何一個以 c 為底邊而面積相同的三角形是有較大的 $a+b$ 值。再者，從 (a) 可知，具有相同底邊而面積大於圖 180 中的等腰三角形的任何一個三角形也具有較大的 $a+b$ 值。因此擁有相同的 $a+b$ 值和底邊 c 的其它任何一個三角形必然有較小的面積，故就既定的 c 和 $a+b$ 值而言，以等腰三角形所提供的面積為最大。

4. 橢圓與雙曲線之切線性質及相應之極值性質

一些重要的幾何定理與海龍問題有關。我們已經證明如果 R 是在直線 L 上的一點，而使 $PR + RQ$ 成為一個極小值，那麼 PR 與 QR 分別與 L 所形成的角是相等的。我們把這個極小的總距離稱為 $2a$。令平面上任何一點分別與 P 和 Q 兩點的距離為 p 和 q，並考慮在平面上分別與 P 和 Q 的距離之和為 $p + q = 2a$ 的**所有點之軌跡**。這個軌跡就是一個以 P 和 Q 為焦點的橢圓，它通過位於直線 L 上的 R 點。再者，**L 必然與橢圓相切於 R**。假如 L 與橢圓相交於有別於 R 的另一點，那便會有一部分的 L 出現在橢圓之內；對於在這一部分的每一點來說，$p + q$ 勢必小於 $2a$，因為不難看出 $p + q$ 在橢圓內是小於 $2a$，而在橢圓外則大於 $2a$。但這是不可能的，由於我們知道位於 L 上的各點只能是 $p + q \geq 2a$ 之故也。因此 L 必然與橢圓相切於 R。然而我們知道 PR 和 QR 分別與 L 所形成的角是相等的；所以我們在偶然中證明了一個重要的定理：一個橢圓的切線和切點分別與兩個焦點的連線所形成的兩個角是相等的。

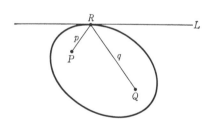

圖 181. 橢圓之切線性質

與上述的討論有密切連繫的是下面的問題：已知一直線 L 以及分別位於 L **兩側**的 P, Q 兩點，試找出在 L 上的一點 R，得以使 $|p - q|$ ——從 P 至 R 的距離（p）與從 Q 至 R 的距離（q）兩者之差的絕對值——成為**最大**。（我們不把 L 當作 PQ 之垂直平分線乃是理所當然；不然的話，對於在 L 上的每一點 R 來說，$p - q$ 將等於零，因而問題便沒有意義了。）求解這個問題的方法是，我們首先把 P 對 L 作反射，得到跟 Q 同在 L 一側的 P' 點（見圖182）。於是就坐落於 L 上

的任何一點 R' 而論，我們取得 $p = R'P = R'P'$，$q = R'Q$。由於 R', Q, P' 三點可
被視為一個三角形的三個頂點，$|p - q| = |R'P' - R'Q|$ 便永遠不可能大於 $P'Q$，因
為在一個三角形中，任何兩邊之差是永遠不會大於第三邊，所以一條通過 P' 和
Q 的直線從而與 L 相交於 R 就是所需要的一點了，蓋一旦當 R', P', Q 三點成為
一直線時，$|p - q|$ 必將**等於** $P'Q$，正如從圖182所見（此時 R' 走到 R 的位置上）。
和前面的情形一樣，不難看出 RP 和 QR 分別與 L 所形成的角兩者是相等的，因
為兩個三角形 RPR' 與 $RP'R'$ 全等。

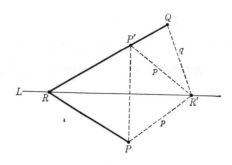

圖 182. $|PR - QR| = $ 極大

這個問題使人聯想到雙曲線的一種切線性質，就像前面關於橢圓的切線性質
一樣。要是 PR 和 QR 兩者之差的最大絕對值等於 $2a$，即 $|PR - QR| = 2a$，而
我們要考慮的是平面上同 P 和 Q 兩點距離之差的絕對值 $|p - q|$ 皆等於 $2a$ 的所有
點之軌跡。這是一個以 P 和 Q 作為焦點且通過 R 點的雙曲線。無疑正如圖 183 所
示，絕對值 $p - q$ 在雙曲線的兩條支線之間的區域內是小於 $2a$，而在每一條支線
焦點所在的一側則大於 $2a$。根據在實質上與橢圓完全一樣的論證，L 一定與雙
曲線相切於 R。至於 L 要和那一條支線相切，則全視 P 或 Q 何者與 L 有較近的
距離而定，如果較近的是 P，那麼環繞著 P 的支線將與 L 相切，不然就是 Q（見
圖 183）。要是 P, Q 與 L 等距，那麼 L 將無法觸及雙曲線的任何一條支線，但卻

成為雙曲線其中的一條漸近線（asymptote）。我們會注意到在這個實例中，上述圖 183 所示的作圖方法不能形成（有限定的） R 點，因為直線 $P'Q$ 與 L 平行；於是 L 乃一條漸近線的結論便更加顯得合理了。

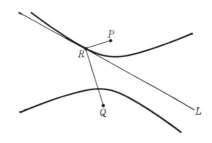

圖 183. 雙曲線之切線性質

　　按照前面相同的方法，這個論點證明了一條著名的定理：在雙曲線上任何一點的切線，平分了切點分別對雙曲線的兩個焦點的連線之間的夾角。

　　也許令人感到奇怪的是，如果 P 和 Q 是在 L 的同一側，我們要解決的是一個極小問題，而如果兩者在 L 的異側，我們所考慮的卻是一個極大問題。不過立刻可看出這是理所當然的。對前者來說，隨著我們沿著 L 的任一個方向直直走，作為與兩者的距離的 p 和 q 會無止境地變得越來越大，因此 p 與 q 的和也會越來越大。所以要為 $p+q$ 找出一個極大值是辦不到的，**極小值**問題成為唯一的可能。至於後者，即 P,Q 兩點分別在 L 的兩側，情況便大不相同了。此時為了避免混淆起見，我們必須把距離差 $p-q$，它的負數值 $q-p$，以及絕對值 $|p-q|$ 區別開來；只有後者才可造就出一個**極大值**。當我們讓一點 R 沿著直線 L 走過 $R_1, R_2, R_3, \cdots$ 等不同位置時，問題便很好理解了。由於代表距離差 $p-q$ 等於零的一點存在，也就是 PQ 的垂直平分線與 L 的相交點，因此給予 $|p-q|$ 一個極小值的正是這一點。然而在這一點的某一側要是 p 大於 q，那麼在另一側便 p 比 q 小；所以該點有一側的 $p-q$ 是正，而另一側是負。對於在其上 $|p-q|=0$ 的一點來說，$p-q$ 本身之既非一個極大值亦非一個極小值乃屬必然。不過使 $|p-q|$

成為一個極大值的一點確確實實使 $p-q$ 成為一個極值。如果 $p>q$，按 $p-q$ 我們便有一個極大值；如果 $q>p$，這便為 $q-p$ 取得一個極大值，也就是給 $p-q$ 取得一個極小值。不論可以從 $p-q$ 得到的是一個極大值或極小值，它是以 P,Q 兩個已知點相對於直線 L 的位置而被決定下來。

我們已經認識到，一旦 P,Q 兩點到直線 L 的距離相等，就不存在給極大問題找答案這回事了，因為這時候在圖 182 中的直線 $P'Q$ 與 L 互相平行。這相當於 $|p-q|$ 是隨著 R 點沿著直線 L 的任一個方向直奔無窮遠而趨向一個極限值。這個極限值等於 P 和 Q 兩點的連線，PQ，垂直投射到 L 上的長度 s（讀者或可為此提出證明，以作為一個練習題）。如果 P 和 Q 兩點與 L 等距，那麼 $|p-q|$ 便始終小於這個極限值，因而不存在一個極大值，因為針對每一點 R，我們都能夠找到更遠的另一點，從而具有較大的 $|p-q|$，但仍然不會完完全全等於 s。

*5. 從一點到一已知曲線的極端距離

首先我們要決定的是從一點 P 到一已知曲線 C 的**最短距離**和**最長距離**。為簡單起見，我們假定 C 是一條簡單的閉合曲線，其上每一點都可以畫出一條切線，如圖 184 所示。（曲線的切線概念在此是在直覺的基礎上而被接納，這個概念將在下一章作分析。）答案十分簡單：對於在曲線 C 上的某一點 R 來說，它與 P 點取得的距離 PR 若為最短或最長，那麼直線 PR 必然與位於 R 點上的 C 的切線互相垂直。證明如下：以 P 為圓心，同時通過 R 的一個圓必然與曲線相切。因為如果 R 是距離最短的一點，C 便必然完全落在圓外，不可能與圓相交於 R 點，同樣如果 R 是距離最長的一點，C 便必然完全落在圓內，一樣不會與圓相交於 R。（這是來自一個明顯不過的事實，即從任何位於圓內的一點到 P 的距離小於 RP；位於圓外的一點到 P 的距離大於 RP。）因此圓與曲線 C 將彼此切觸，而且在 R 點共同擁有一條切線。接著由於 PR 是圓的半徑，垂直於在 R 點的圓切線，因而在 R 點垂直於曲線 C。

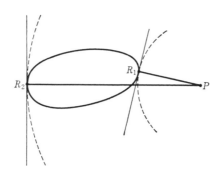

圖 184. 從一點到已知曲線的極端距離

順便提一句，一條像這類的閉合曲線 C 的直徑——也就是 C 的最長的弦——必然在它的兩個端點處垂直於 C。這個證明將留給讀者作為一個練習題了。一個在三維空間方面的類似說明應該可以被構想出來並證明之。

◆練習題：

試證明連接兩條互不相交的閉合曲線的最短和最長線段，分別在其端點處與曲線互相垂直。

　　在上一節關於距離之和或差的問題，現在便能夠被加以推廣了。設想有一條簡單的閉合曲線 C，其上每一點都可以畫出一條切線，而 P 和 Q 則為不在 C 之上的兩點。若 p 和 q 分別表示從曲線 C 上任何一點到 P 和 Q 兩點的距離，那麼我們該如何表現曲線 C 上在 $p+q$ 和 $p-q$ 取得極值的點？我們曾以反射的簡單幾何作圖，在 C 為一條直線的情況下，使問題得解，但這個方法已不能被派上用場。不過我們可以利用橢圓和雙曲線的性質，為目前的問題找到答案。由於 C 是一條閉合曲線，而不是一條延伸至無窮遠的直線，因此會產生極小與極大的問題是合理的，因為在一截長度有限的曲線上，尤其是一條閉合曲線上，$p+q$ 和 $p-q$ 會有最大值以及最小值是理所當然的。（見本章第 §7 節。）

　　就作為對兩點的距離之和的 $p+q$ 而言，假定 R 就是在曲線 C 上代表 $p+q$ 取得極大值的一點，並以 $2a$ 表示這個出現在 R 的極大值 $p+q$。試看以 P 和 Q 兩點為焦點的一個橢圓，它是分別與 P 和 Q 兩點的距離之和，$p+q$，等於 $2a$ 的所有點的軌跡。這個橢圓必然與 C 相切於 R（證明留給讀者）。然而我們已經得知，直線 PR 和 QR 分別與橢圓在 R 點所形成的角是相等的；由於橢圓與曲線 C 相切於 R，所以 PR 和 QR 這兩條直線與 C 在 R 點形成的角必然也相等。當 $p+q$ 是作為 R 點的一個極小值時，依同樣方式，我們可知 PR 和 QR 分別與 C 在 R 處形成相等的角。因此我們得到一個定理：若一條閉合曲線 C 以及位於 C 同側的兩點 P 和 Q 為已知，那麼屬於 C 的某一點 R 在分別與 P,Q 兩點的距離之和 $p+q$ 取得極大值或極小值時，直線 PR 和 QR 分別與曲線 C（也就是與 C 的切線）在 R 點形成相等的角。

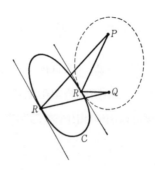

圖 185. PR 和 QR 之極大值與極小值

如果 P 點是在曲線 C 之內而 Q 在 C 之外，這個定理對於 $p+q$ 的極大值來說仍然有效，但極小值卻失去作用，由於此時橢圓退化為一條直線之故。（當 R 與 P,Q 兩點形成一條直線時，$p+q$ 就取得極小值。）

　　當被派上用場的是雙曲線的性質而非橢圓時，按照一個完全類似的程序，讀者便可以證明下面的定理：若一條閉合曲線 C 以及位於 C 不同側的 P,Q 兩點為已知，那麼 C 之上的某一點 R 在分別與 P,Q 兩點的距離之差，$p-q$，取得極大值或極小值時，直線 PR 和 QR 分別與曲線 C 在 R 點形成的角是相等的。我們再度強調，一條閉合曲線 C 的問題不同於一條無限長直線的問題，因為後者所探索的是一個絕對值 $|p-q|$ 的極大值，而現在卻是 $p-q$ 的一個極大值（以及一個極小值）。

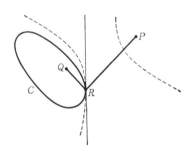

圖 186. $PR-QR$ 之極小值

*§2. 極值問題之基礎：一個普遍原理

1. 原理

上述各個問題皆屬於一個普遍性問題的例子，最適於按照解析語言以公式表達出來。在找尋 $p + q$ 的極值問題中，如果我們以 x, y 代表 R 點的座標，以 x_1, y_1 表示定點 P 的座標，x_2, y_2 表示定點 Q，於是

$$p = \sqrt{(x - x_1)^2 + (y - y_1)^2}, \quad q = \sqrt{(x - x_2)^2 + (y - y_2)^2},$$

而這個問題便變成找尋函數

$$f(x, y) = p + q$$

的極值了。這個函數在平面上的每一處都是連續的，但是以 x, y 為座標的各點是受到已知曲線 C 的約束，而這條曲線則是由一個方程式 $g(x, y) = 0$ 所確立；例如方程式 $x^2 + y^2 - 1 = 0$ 所規範的是一個單位圓。於是我們的問題就是，當 x, y 被限定在 $g(x, y) = 0$ 的條件下，找出 $f(x, y)$ 的極值，同時我們將考慮問題的普遍形式。

為了表現出問題的解的特徵，我們考慮的是隨同方程式 $f(x, y) = c$ 在一起的曲線族（family）；就是說，曲線是以這種形式的方程式表示出來，其中常數 c 可以取任意值，而對於曲線族中任何一條曲線上的每一點來說，c 是一個相同的值。我們假定，如果把範圍限定在曲線 C 的鄰近區，那麼平面上的每一點只有曲線族 $f(x, y) = c$ 中唯一的一條曲線通過。那麼隨著 c 的變化，曲線 $f(x, y) = c$ 將掠過平面上的一部分，而且在這一部分內沒有一點在掃掃過程中被接觸過兩次。（這類的曲線族為 $x^2 - y^2 = c$，$x + y = c$，與 $x = c$ [1]。）特別是在曲線族中，將有一條曲線通過在 C 之上的點 R_1，而 $f(x, y)$ 在點 R_1 取得它在 C 上的最大值，以及另一條曲線通過 R_2，在其上 $f(x, y)$ 取得它的最小值。讓我們稱該最大值為 a，該最小值為 b。位於曲線 $f(x, y) = a$ 某一側的 $f(x, y)$ 值將小於 a，而在另一側將大於 a。既然通過 C 之各曲線為 $f(x, y) \leq a$，C 必然完全座落於

1　譯注：在數學中，直線一向被視為曲線的特例，故也是廣義下曲線的成員。

曲線 $f(x,y) = a$ 的某一側，因此 C 必然在 R_1 點與曲線相切。同理 C 必然與曲線 $f(x,y) = b$ 相切於 R_2。我們從而得到一條普遍定理：**如果一個函數 $f(x,y)$ 在一條曲線 C 的 R 點取得一個極值 a，那麼曲線 $f(x,y) = a$ 在點 R 與 C 相切。**

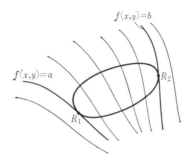

圖 187. 坐落於一條曲線上的函數極值

2. 例題

不難發現在前面第 §1 節所得到的結果，就是這個普遍定理的特殊情況。如果 $p+q$ 注定具有一個極值，那麼函數 $f(x,y)$ 便等於 $p+q$，各條以 $f(x,y)=c$ 為代表的曲線就是以 P,Q 兩點為焦點的共焦（confocal）橢圓。正如普遍定理所預見的，當這些橢圓通過曲線 C 上諸點，同時在交點處 $f(x,y)$ 取得它的極值時，我們理解到橢圓與 C 之交點就是切點。至於尋求的極值若是 $p-q$，此時的函數等於 $p-q$，各條 $f(x,y)=c$ 的曲線則是以 P 和 Q 兩點作為焦點的共焦雙曲線，當通過曲線 C 的雙曲線在交點上取得極值時，這些點就是雙曲線與曲線 C 之切點。

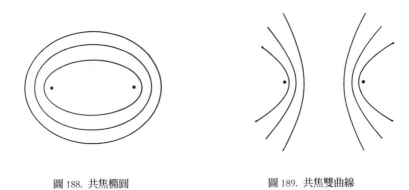

圖 188. 共焦橢圓　　　　　　　　　圖 189. 共焦雙曲線

下面是另外一個例子：某直線線段 PQ 以及不與之相交的某一直線 L 為已知。試問在 L 上的哪一點將與 PQ 形成最大的對向角？

在這裡要找出極大值的函數，是位於 L 上各點對 PQ 所形成的對向角 θ。線段 PQ 對平面上任何一點 R 所形成的對向角 θ 是 R 的座標的函數，$\theta = f(x,y)$。從初等幾何學中我們得知，由於圓內的一根弦在同一側對向於圓周上每一點所形成的圓周角皆相等，所以曲線族 $\theta = f(x,y) = c$ 就是通過 P 和 Q 兩點的圓系。正如圖 190 所示，通常有兩個這類的圓與 L 相切，它們的圓心分別位於 PQ 兩側。其中的一個切點給 θ 帶來一個「絕對」（absolute）極大值，而另一個帶來的則是一個「相對」（relative）極大值，就是說在這一點的一個一定的鄰域之內的 θ 值，要比這一點自身的 θ 值來得小。這兩個極大值中的較大者，即絕對極大值，

是得自坐落於 PQ 延長線與 L 形成一個銳角的一側的切點，而較小者則是來自這兩條直線形成一個鈍角的一側的切點。（θ 的極小值是得自 PQ 延長線與 L 的相交點，此時的 θ 等於零。）

　　作為這個問題的一個廣義化，我們可以用一條曲線 C 去取代 L，從而尋找位於 C 上給線段 PQ（不與 C 相交）帶來最大或最小對向角的一點 R。此時再度是通過 P, Q, R 的圓必然與 C 相切於 R。

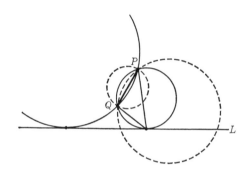

圖 190. 線段 PQ 出現在直線 L 上最大的對向角

§3. 平穩點與微分學

1. 極值與平穩點

在前面的論述中，微積分的微分（differential calculus）技巧都沒有被派上用場．事實上，我們在前面所沿用的基本方法遠較微積分來得簡單，而且更為直接。在科學思維上，就一般而論，與其專心致志地依仗具有普遍性的方法，還不如考慮問題的獨特性來得好，不過個別的努力從來就應該以一個基本原則作為導引，以便澄清用於特殊情況的步驟之意義。這正是微分學在極值問題上所扮演的角色。當今對普遍性的探求只不過代表問題的一面罷了，因為數學的生命力最重要的是來自問題與方法上的獨特性。

微分學的歷史發展過程曾受到來自個別的極大和極小問題的巨大影響。極值問題與微分學的關係形成如下。在第VIII章關於一個函數的導數（derivative）$f'(x)$ 及其幾何意義，我們將提出一個詳細的探討。簡單說來，導數 $f'(x)$ 是曲線 $y = f(x)$ 在 (x, y) 點的切線的斜率（slope）。一條圓滑曲線在它的極大點與極小點的切線必然呈水平，這在幾何學上乃明顯不過，也就是說，它的斜率一定等於零。因此就 $f(x)$ 的極值而言，我們取得 $f'(x) = 0$ 這一個條件。

為了瞭解 $f'(x)$ 等於零的意義所在，讓我們細看圖 191 的曲線。在這條曲線上，水平切線出現在 A, B, C, D, E 五點；在這五點上，令 $f(x)$ 分別取值為 a, b, c, d, e。在圖中的區間裡面，$f(x)$ 的極大值是在 D 點，極小值則是在 A 點。而就所有出現在 B 的**緊接鄰域**（immediate neighborhood）的其它點這個意義上來說，$f(x)$ 小於 b，故 B 點也代表一個極大值，儘管 $f(x)$ 在接近 D 點之處是大於 b。基於這個理由，我們稱 B 點代表 $f(x)$ 的一個**相對極大值**，而 D 點則是一個**絕對極大值**。同理 C 代表一個相對極小值，而 A 則是一個絕對極小值。最後在 E 點的 $f(x)$ 值，既不是一個極大也不是一個極小，雖然 $f'(x) = 0$。據此因而得出的結論是，就一個圓滑函數 $f(x)$ 出現一個極值而論，$f'(x)$ 之等於零乃是一個**必要條件**（neccesary condition）但不是一個**充分條件**（sufficient condition）；換言之，在任何一個相對或絕對的極值之處，$f'(x) = 0$，但是在

$f'(x) = 0$ 的每一點，不見得會有一個極值。在函數的導數消失之處，不管函數在這一點是否有一個極值，我們稱這點為**平穩點** (stationary point)。通過一個較為細緻的分析，我們有可能以 $f(x)$ 的更高階導數為基礎，得到各種多少有點複雜的先決條件，從而把極大，極小，以及其它平穩點的特性完整地表示出來。

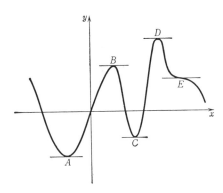

圖 191. 一個函數的平穩點

2. 多個變數的函數之極大與極小 / 鞍點

有一些極大與極小的問題是不能夠以一個單一變數的函數表示出來。屬於這類情況中之最簡單者，就是找出一個包含兩個變數的函數 $z = f(x, y)$ 的極值。

以 x, y 平面為基準，我們可以用 z 來表示一個曲面高度的函數 $f(x, y)$，譬如說，我們也許把它解釋為一個山嶽的形貌。於是一個 $f(x, y)$ 的極大值相當於一個山峰；而一個極小值則相當於一個窪地或一個湖的底部。在這兩種情況中，如果表面是平滑的話，那麼它的切面將是一個呈水平的平面。然而除了山峰和低窪地之外，還有在別的點的切面也是水平的；這是用來說明山隘的點；讓我們較詳細地探討這些點。試看一個山脈中的兩座山 A 和 B，以及位於山脈兩側的 C 和 D 兩點，如圖 192 所示，並假定我們想要從 C 走到 D。讓我們首先只考慮從 C 通向 D 的路徑——藉某個穿過 C 和 D 的平面將表面切開後而得。像這樣被截出來的每一條路徑將有一個最高點。我們改變平面的方位，便改變 CD 的路徑，因而將有那麼一條路徑，它的**最高點**的高度是諸 CD 路徑中之**最低者**。在這條路徑上，高度最高的一點是 E，它是一個山隘，用數學的語言來說，它是一個**鞍點**（saddle point）。顯然 E 既非極大亦非極小，因為我們能夠找到一些與 E 接近至我們認為是適合的點，它們或高於 E 或低於 E。與其把自己侷限在一類用平面切割出來的路徑，我們完全可以考慮各種不在一個平面上的路徑。保持不變的是鞍點 E 的特性。

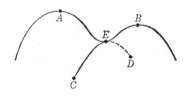

圖 192. 位於 E 的山隘

同樣地，如果我們想要從山峰 A 走到山峰 B，那麼任何一條特定的路徑將有一個最低點；要是我們考慮的橫截面再度只是平面，那麼便只有一條 AB 路徑其

最低點的高度是諸路徑中之最高者，而這條路徑的極小值也是在前面所找到的 E 點上。因此這個鞍點 E 擁有一個最高的極小值或一個最低的極大值的性質；就是說，一個**最大的極小值**（maxi-minimum），或一個**最小的極大值**（mini-maximum）。在 E 點的切平面呈水平狀，由於 E 是 AB 的極小點，與 AB 相切於 E 的切線必然是一條水平線，同理因 E 是 CD 的極大點，與 CD 相切於 E 的切線必然是一條水平線，是以由這兩條線所決定的切平面必然亦呈水平。所以我們找到以水平面作為切面的三種類型不同的點：極大，極小，和鞍點；分別與之相對應的是三種類型不同的 $f(x,y)$ 平穩值。

另外一種用於描述一個函數 $f(x,y)$ 的方式是把等高線勾勒出來，諸如在地圖上用於代表高度的一類曲線（見第Ⅵ章第§1之6節）。等高線是 x,y 平面上的一條曲線，沿著這條曲線的 $f(x,y)$ 值是一個常數；因此諸等高線與曲線族 $f(x,y) = c$ 中的曲線完全相同。通過平面上的一個普通點，只許有一條不折不扣的等高線；各條閉合的等高線環繞著一個極大值或極小值；而在一個鞍點處，則有好幾條等高線交叉通過。圖 193 的等高線是為圖 192 的地貌而製，而 E 點的極大—極小特性乃至為明顯：任何一條把 A,B 連接起來但不通過 E 點的路徑必然走過一個 $f(x,y) < f(E)$ 的區域，而圖 192 中的 AEB 路徑則有一個極小值出現在 E 點。同理我們從連接 C 和 D 的各條路線中，認識到在 E 點的 $f(x,y)$ 值是最小的極大值。

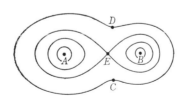

圖 193. 對應於圖 192 的等高線地圖

3. 最小的極大點與拓撲學

平穩點的一般理論與拓撲學的概念之間存在著一個密切的連繫。在此我們只能以一個與這方面的觀念有關的簡單例子，提出一個簡短的表述。

讓我們考慮一個以 C 及 C' 作為邊界，狀如環形的孤島 B 的山區地貌。如果我們以 $u = f(x,y)$ 去表示海拔高度，在 C 和 C' 之上 $f(x,y) = 0$，在 B 的內部 $f(x,y) > 0$，那麼在孤島上必然至少存在著一個山隘，即如圖 194 所示的等高線相交點。在直覺上，這可以從一個嘗試從 C 走到 C' 的人取道那麼一條不高於所需要的高度的路徑來理解。從 C 至 C' 的每一條路徑必然擁有一個最高點，如果我們選擇的路徑是最高點儘可能地低，那麼這條路徑的最高點就是函數 $u = f(x,y)$ 的一個鞍點。（一個例外情況是一個水平面與環形山峰相切於整整的一圈，但這是無關重要的。）一般說來，一個以 p 條曲線為界的區域必然存在著至少 $p - 1$ 個以最小的極大點為形式的平穩點。適用於更高維度的類似關係是由美國數學家莫爾斯（Marston Morse, 1892~1977）所發現，其中出現變化更大的各種拓撲可能性以及形式更多的平穩點。這些關係構成了平穩點的現代理論的基礎。

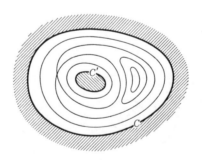

圖 194. 位於一個雙連通（doubly connected）的區域內的平穩點

4. 從一點到一個曲面的距離

　　一點與一條閉合曲線之間的距離（至少）存在著兩個平穩值——一個極小值與一個極大值。如果我們試圖把這個結果延伸至三維空間，只要我們所考慮的曲面 C 在拓撲上是相當於一個球面，例如一個橢圓球面，那麼便不會發生什麼新事物。但是如果曲面是屬於虧格較高的一類，例如一個環面，各種新鮮事便出現了。從一點 P 到一個環面 C 的距離，除了仍然存在著垂直於 C 的一個最短和一個最長的距離之外，我們還發現有不同形式的極值，代表最大的極小值，或最小的極大值。為了要找到它們，我們在環面上繪製一個封閉的「子午」（meridian）圓 L，如圖 195 所示，並尋求在 L 上與 P 最接近的 Q 點。接著我們設法移動 L，從而使距離 PQ 成為：

　　a) 一個極小值——這時所得到的 Q 點純粹是位於 C 之上最靠近 P 的一點。

　　b) 一個極大值——這帶來了另外一個平穩點。

　　同樣我們也可以把位於 L 上與 P 距離最遠的一點找出來，接著找到適當的 L，令如此一個最遠距離成為：

　　c) 一個極大值——這將得自位於 C 之上與 P 距離最遠的一點。

　　d) 一個極小值。

　　因此我們得到的是在距離方面四種不同的平穩值。

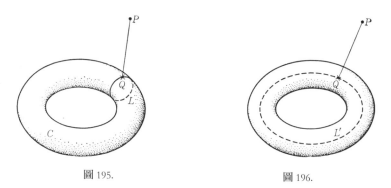

圖 195.　　　　　　　　　　　圖 196.

◆練習題：

根據位於 C 之上的另一類不能夠收縮成一點的閉合曲線 L'，如圖 196 所示，重複上述的推理。

§4. 施瓦茲的三角形問題

1. 施瓦茲的求證方法

　　來自柏林大學的傑出數學家施瓦茲（Hermann Amandus Schwarz，1843~1921）是一個在現代函數理論與分析方面做出重要貢獻的人。他從不因撰寫基本的數學題材而有不屑之感，他所發表的論文其中有一篇是關於下面的問題：已知一銳角三角形，試繪出其內接三角形中，周長最短者。（一個內接三角形是指三角形的頂點皆坐落於已知三角形的每一條邊上。）我們將認識到的確存在這樣一個三角形，而它的頂點就是已知三角形高的垂足。我們將把這個三角形稱為**高線垂足三角形**（altitude triangle）。

　　在得自下面的初等幾何學定理（見圖197）的幫助下，施瓦茲以反射方法證明高線垂足三角形的極小性質：在高線垂足三角形的每一個頂點 P, Q, R 上，高線垂足三角形的兩邊與已知三角形的一邊所形成的兩個角，彼此相等；這個角等於該頂點所對的已知三角形的頂角。例如 $\angle ARQ$ 與 $\angle BRP$ 這兩個角皆等於 $\angle C$，等等。

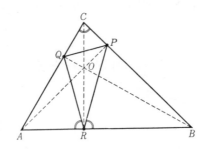

圖 197. 三角形 ABC 的高線垂足三角形 PQR 及其所形成的等角

　　為了證明這個前置的定理，我們注意到四邊形 $OPBR$ 是可以內接於圓，由於 $\angle OPB$ 與 $\angle ORB$ 皆為直角之故。所以 $\angle PBO = \angle PRO$，因為兩者是對向於同一個弧 PO 的圓周角。既然三角形 CBQ 是一個直角三角形，故 $\angle PBO$ 是 $\angle C$ 的餘角（兩個相加為90°的角是彼此的餘角），而 $\angle PBO$ 則是 $\angle PRB$ 的餘角，因此後者遂等於 $\angle C$。同理，利用四邊形 $QORA$，我們便可知 $\angle QRA = \angle C$，等等。（附

帶一起得證的是，三角形的高線平分了高線垂足三角形位於垂足上的頂角。以三角形 ABC 的 AB 邊為例，其上之高線 CR 平分 $\angle QRP$，即 $\angle PRC = \angle QRC$，等等。）

這個結果使我們能夠為高線垂足三角形的反射性質作出如下的詮釋：以高線垂足三角形的頂點 Q 為例，由於 $\angle AQR = \angle CQP$，QR 在 AC 邊上的反射就是 PQ，反之亦然；其它各邊皆以此類推。

我們現在要證明高線垂足三角形的極小性質。在三角形 ABC 中，我們把它的高線垂足三角形與其它任何一個內接三角形 UVW 一併考慮。我們首先以三角形 ABC 的 AC 邊為據，反射出整個三角形，接著把新形成的三角形按其 AB 邊作反射，接著是 BC，接著再度是 AC，而在最後是 AB。如此我們便一口氣得到共六個全等的三角形，包括高線垂足三角形及另一個內接三角形在內，如圖 198 所示。最後得到的三角形其 BC 邊是與原來三角形的 BC 邊互相平行，因為在第一次的反射中，BC 在順時針方向上被轉過的角度是 $2\angle C$，接下來沿著順時針方向再被轉過 $2\angle B$；在第三次的反射中未受影響，接著第四輪的反射則在逆時針方向上被轉過 $2\angle C$，然後在最後的第五輪反射再在逆時針方向上被轉過 $2\angle B$。所以此時的 BC 邊所轉過的總共角度等於零。

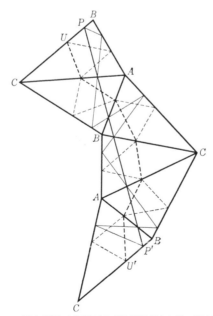

圖 198. 高線垂足三角形具有最短的周長之施瓦茲證明

　　基於高線垂足三角形的反射性質，直線線段 PP' 的長度等於高線垂足三角形周長的兩倍；因為 PP' 是由六條線段所組成，它們依次分別等於該三角形的第一，第二，和第三條邊，而每一邊均出現兩次。同理，圖 198 中從 U 到 U' 的鋸齒形虛折線的長度是另一個內接三角形周長的兩倍。這條折線不可能比直線線段 UU' 來得短。由於 $PP'U'U$ 是一個平行四邊形，PP' 等於 UU'，故從 U 到 U' 的折線不會短於 PP'，因此高線垂足三角形的周邊長短於任何一個內接三角形的周邊長，定理遂獲證。所以我們證明一個極小值是存在的同時，也證明了這個極小值是來自高線垂足三角形。而在目前我們看不出還有其它周長等於高線垂足三角形周長的三角形存在。

2. 不同的證明方法

下面也許是施瓦茲問題最簡單的解決辦法：根據在本章前面所證明的定理，從 P, Q 兩點分別至直線 L 上一點 R 的距離之和的最小值，出現在 PR 與 QR 分別與 L 形成相等的角，條件是 P, Q 兩點皆位於 L 的同一側，而且不在 L 上。假設內接於三角形 ABC 的三角形 PQR 就是極小問題的解答。那麼 R 必然就是 AB 邊上使 $p+q$ 成為一個極小值的一點，故 $\angle ARQ$ 和 $\angle BRP$ 必然相等；同理 $\angle AQR = \angle CQP$，$\angle BPR = \angle CPQ$。所以如果周邊最短的三角形是存在的話，它一定具有用於施瓦茲證明中的等角性質。於是尚待證明的，不過是擁有這項性質的三角形就是高線垂足三角形了。再者，由於這個證明所依據的定理是以 P, Q 兩點皆不位於 AB 邊上作為假設，假使 P, Q, R 三點中有一點是原來三角形的頂點，證明便無所適從了（此時的最小三角形便退化成相對應高線的兩倍）；為了使證明完整，我們必須證明高線垂足三角形的周長是短於任何一條高線的兩倍。

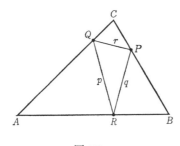

圖 199.

為了處理第一個問題，我們看到要是一個內接三角形具有前面所述的等角性質，那麼在 P, Q, R 三處的角必然分別等於 $\angle A, \angle B, \angle C$。因為假定 $\angle ARQ = \angle C + \delta$，那麼既然一個三角形的內角和為 $180°$，在 Q 點的角必然等於 $\angle B - \delta$，而在 P 點則為 $\angle A - \delta$，為的是要使三角形 ARQ 和 BRP 的內角和可以等於 $180°$。但如此一來，三角形 CPQ 的內角和變成 $\angle A - \delta + \angle B - \delta + \angle C = 180° - 2\delta$；另一方面這個總和必須是 $180°$，因此 δ 等於零。我們早已瞭解到高線垂足三角形擁有這種等角關係的性質。其它任何一個具有這類性質的三角形的各邊將會與高線垂足三角形的對應邊互相平行；換言之，

前者必將與後者相似，而且以相同方位來取向。讀者可從圖 200 證明不可能還有另一個這類的三角形能夠被內接於一個已知的三角形。

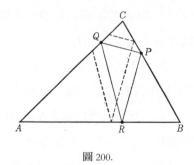

圖 200.

最後，我們將要證明只要原來三角形的三個內角都是銳角，那麼高線垂足三角形的周長短於任何一條高線的兩倍。我們從 B 點分別向 QP, QR, PR 作垂線，並依次相交於 L, M, N 三點，那麼 QL 和 QM 分別是高線 QB 在直線 QP 和 QR 上的投影。由此可得，$QL + QM < 2QB$。由於 $\angle MRB = \angle NRB$，故兩個直角三角形 MRB 和 NRB 是全等，$RM = RN$，因此 $QM = QR + RN$。同理我們可知 $PN = PL$，因此 $QL = QP + PN$。所以我們得出

$$QL + QM = QP + QR + PN + NR = QP + QR + PR = p$$

p 為高線垂足三角形的周長。但我們已經證明 $2QB > QL + QM$。因此 p 是小於高線 QB 的兩倍；同理 p 之小於任何一條高線的兩倍完全可被證實。高線垂足三角形的極小性質的證明遂告完成。

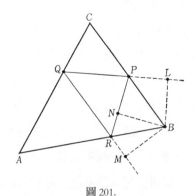

圖 201.

順便一提，上述的作圖方法使 p 值可以藉直接計算而得。我們知道 $\angle PQC = \angle RQA = \angle B$，以及高線 BQ 平分 $\angle PQR$，故 $\angle PQB = \angle RQB = 90° - \angle B$，因此 $\cos(PQB) = \sin B$（在三角函數內，代表角的符號「$\angle$」被省略）。根據初等三角學，$QM = QL = QB\sin B$，而 $p = 2QB\sin B$。同理可以證明，$p = 2PA\sin A = 2RC\sin C$。我們再從三角學可知，$RC = a\sin B = b\sin A$，等等，遂得出

$$p = 2a\sin B\sin C = 2b\sin C\sin A = 2c\sin A\sin B \text{,}$$

最後，由於 $a = 2r\sin A, \quad b = 2r\sin B, \quad c = 2r\sin C$，其中 r 為三角形 ABC 的外接圓的半徑，我們便得出 $p = 4r\sin A\sin B\sin C$，一個對稱的表示式。

3. 鈍角三角形

在前面的兩個證明中，三角形 ABC 的三個內角 A, B, C 皆被視為銳角。譬如說，如果角 C 是鈍角，如圖 202 所示，P 與 Q 兩點將位於三角形之外，因此嚴格說來，高線垂足三角形無法再被認為是**內接**於原來的三角形，除非內接三角形僅僅意指它的頂角坐落於原來三角形的邊上或其延長部分之上。不管怎麼說，高線垂足三角形如今已不能提供周邊最短的三角形了，因為 $PR > CR$ 與 $QR > CR$；因此 $p = PR + QR + PQ > 2CR$。既然在前面最後證明的第一部分的推理已經顯示，假如內接三角形周長的極小值無法由高線垂足三角形來提供，那麼這個極小值一定是一條高線長度之兩倍。我們遂推論出鈍角三角形之「內接三角形」的最短周長就是最短高線長度之兩倍，儘管嚴格說來這並非是一個三角形。但我們仍然可以找到一個適當的三角形，其周長與一條高線長度的兩倍之差小至可令人滿意的程度。對於高線成為一條邊界的直角三角形來說，內接三角形周長最短的兩個解──最短高線長度的兩倍和高線垂足三角形──二者合一。

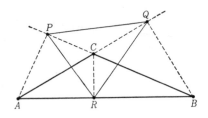

圖 202. 鈍角三角形的高線垂足三角形

鈍角三角形的高線垂足三角形是否具有任何一種極值性質是一個有趣的問題，在此無法加以討論了。也許只能說到這樣的程度：高線垂足三角形所提供的不是三邊長度之和 $p + q + r$ 的一個極小值，而是以 $p + q - r$ 來表示一個採最小的極大形式的平穩值，r 指的是內接三角形中與鈍角對立的一邊。

4. 由光線構成的三角形

如果三角形 ABC 代表一個用反射光的牆壁來構成的密室，那麼密室內唯一可以成為光線的三角路徑的三角形就是高線垂足三角形。其它以多邊形為形式的閉合光線路徑並非被排除在外，如圖 203 所示，但僅有三條邊的這一類多邊形就只有高線垂足三角形這麼一個了。

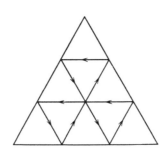

圖 203. 三角鏡中反射光線的閉合路徑

我們或可把這個問題廣義化，尋找一個以一條甚至多條圓滑曲線為界的區域中，可能出現的「光線三角形」；就是說，我們尋求的三角形是頂點位於彎曲邊界上某處的三角形，如此三角形中每兩條相鄰的邊與曲線形成相等的角。正如我們從第 §1 節得知，等角之形成乃是兩邊之總長度為極大或極小的一個條件，因此我們便可以根據情況而找出類型不同的光線三角形。例如，當我們考慮的是單獨一條圓滑曲線 C 的內部時，邊長最大的內接三角形必然是一個光線三角形。或者我們可以考量一個由美國數學家莫爾斯向本書作者提出關於三條圓滑的閉合曲線的外部的例子。一個光線三角形 ABC 由於它的邊長具有的一個平穩值而可以表示出它的特性；該值對 A, B, C 三點來說可能是一個極小值，或對任何兩點，如 A 和 B 的組合，可能是一個極小值，而對第三點 C 可能是一個極大值，或對一點可能是一個極小值，而對其它兩點可能是一個極大值，或最後對所有三點可能是一個極大值。總的來說，我們可以保證為數至少有 $2^3 = 8$ 個光線三角形的存在，因為三點中之每一點都有可能各自出現一個極大值或一個極小值。

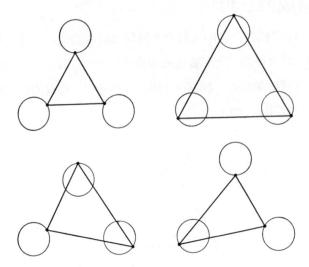

圖 204~7. 光線反射於三個圓之間而形成的四種類型的光線三角形

*5. 反射與遍歷運動的相關問題之論述

在動力學和光學上，一個令人感興趣的主要問題是，描述空間中的一個質點或一條光線，在一段無限長的時間內所遍及的路徑或「軌跡」。如果利用一些物理裝置，把質點或光線約束在空間中某個指定的部分，那麼尤其讓人有興趣要理解的是，它的軌跡是否將以一個近似平均分佈的方式，在這個限制範圍內遍及每一處。這一類的軌跡被稱為具有**遍歷性**（ergodic）。假定遍歷性是存在的，乃當今動力學和原子理論的統計方法之基礎所繫。然而得以被掌握的相關實例——從而能夠為「遍歷假設」（ergodic hypothesis）取得一個嚴密的數學證明——卻少之又少。

平面上被限制在一條封閉曲線 C 範圍內的運動問題，是這一類實例中之最簡單者，作為一面牆的曲線 C 有如一面理想的鏡子，當範圍內某個不受約束的質點碰到如此一條邊界時，便在相同的角度上被反射出去。例如一個長方形的箱狀物——就像一張反射功能完美的理想撞球桌，而一個質點則有如一個理想的撞球——大體上會引出一條具遍歷性的路徑：除了某些個別的起始位置和方向之外，一個永遠在運行中的理想撞球所到之處將遍及桌面上每一點的附近鄰域。對此我們把證明略去，儘管基本上並不困難。

以 F_1 和 F_2 為焦點的橢圓形桌面是一個特別令人感興趣的例子，由於在一個橢圓上的一點至兩個焦點的兩條連線分別與該點的切線形成兩個相等的角，因此通過一個焦點的每一條軌跡經反射而通過另一個焦點，等等。不難理解到，不論初始方向為何，經過 n 次反射之後的軌跡，由於 n 的增加，而傾向於通過兩個焦點的長軸 F_1F_2。如果起始的射線不通過一個焦點，那麼便出現兩種可能性。一是穿越兩個焦點間，此時所有反射出來的軌跡也將穿越於兩個焦點間，而且皆與某一以 F_1 和 F_2 為焦點的雙曲線相切。另一是兩個焦點沒有被起始的射線隔開，那麼反射出來的射線亦復如此，於是皆與某一也是以 F_1 和 F_2 為焦點的橢圓相切。總的來說，橢圓不會把一個具遍歷性的運動引導出來。

◆練習題：

1) 試證明如果起始的射線通過橢圓的一個焦點，那麼起始射線的第 n 次反射將由於 n 的增加而終將趨向於橢圓的長軸。

2) 試證明如果起始的射線穿越兩個焦點間，那麼所有反射出來的射線莫不如是，而且皆與某一以 F_1 和 F_2 為焦點的雙曲線相切；同理，如果起始射線不從兩個焦點之間走過，那麼沒有一條反射出來的射線會從兩個焦點之間穿過，因而皆與某一也是以 F_1 和 F_2 為焦點的橢圓相切。（提示：說明在 R 點上的射線於反射前後分別與直線 RF_1 和 RF_2 所形成的角是相等的，接著證明共焦圓錐曲線的切線是可以用這種方法把特徵表現出來。）

§5. 斯坦納問題

1. 問題與解答

德國數學家斯坦納（Jacob Steiner，1796~1863）是十九世紀初期柏林大學在幾何學方面著名的代表人物，他曾探討過一個極其簡單但富有意義的幾何問題。設想由一個總長度最短的公路系統連接起來的三個村莊 A, B, C。在數學上就是平面上的三點 A, B, C 為已知，要尋求的是平面上的第四點，P，使其與前三者距離之和 $a + b + c$ 是一個極小值，其中 a, b, c 分別代表 P 點與 A, B, C 三點之距離。這個問題的答案是：如果三角形 ABC 各個內角皆小於 $120°$，而 P 點分別與三角形的三邊 AB, BC, CA 的對向角皆等於 $120°$，那麼 P 點就是所求的一點。然而要是三角形 ABC 中的某一角，譬如 $\angle C$，是等於或大於 $120°$，那麼 P 點便恰好與頂點 C 重合。

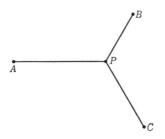

圖 208. 與三已知點最短的距離和

如果我們運用前述有關極值的結果，這個問題的答案便不難到手。假設 P 就是所求的極小點，那麼便出現兩個選項：其一是 P 與其中之一個頂點 A, B, C 重疊，其二是 P 的位置皆不同於這三個頂點。在第一種情況中，顯然 P 必然坐落於三角形 ABC 的最大內角 C 的頂點，因為 $CA + CB$ 小於三角形 ABC 中任何其它兩邊之和。所以我們必須分析第二種情況才算完成我們的證明。令 K 為一個以 C 為中心，c 為半徑的圓，那麼 P 點必然是位於 K 上，使 $PA + PB$ 成為一個極小值的點。如果 A 和 B 是在圓 K 之外，如圖 209 所示，那麼根據第 §1 節的結果，PA 和 PB 必然與圓 K 形成相等的角，因此也就是與垂直於 K 的圓半徑 PC 形

成相等的角。由於相同的推理也可以運用至以 A 為圓心，a 為半徑的圓，以及此時位於該圓上的 P 點，遂得出由 PA, PB, PC 所形成的三個角皆相等的結果，從而推知每個角皆等於 $120°$。這個推理是基於 A 和 B 皆在圓 K 之外的假設，對此因而有待作出證明。此刻如果 A 點和 B 點中至少有一點，譬如 A，是在 K 之上或在 K 之內，那麼根據假定，既然 P 與 A 或 B 的位置是完全不同，我們便得知 $a + b \geq AB$。然而 $AC \leq c$，因為 A 不在圓 K 之外。因此

$$a + b + c \geq AB + AC,$$

這意味著如果 P 與 A 重疊，我們才能得出距離之和的極小值，如此便和我們的假設相反。這證明了 A 和 B 皆位於圓 K 之外。同理可使其它兩個對應的組合得到證明：B, C 兩點對於一個以 A 為中心，a 為半徑的圓，以及 A, C 兩點對於一個以 B 為中心，b 為半徑的圓。

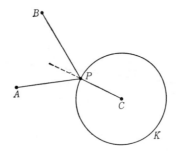

圖 209.

2. 兩種選項的分析

　　為了考察 P 點的位置究竟屬於前述兩個選項裡的哪一種，我們必須細看 P 的構造方法。要找 P，我們只須針對三角形 ABC 的兩條邊，譬如說 AC 和 BC，分別作圓 K_1 和 K_2，從而使這兩邊所對向的圓弧等於 $120°$。那麼由於 AC 把圓 K_1 一分為二，它對向於圓弧較短部分（劣弧）上的任何一點的圓周角皆為 $120°$，而對向於圓弧較長部分（優弧）上的任何一點的圓周角為 $60°$。兩個較短圓弧的相交點，只要實際上有這樣的一個相交點，就是所求的 P 點了，這是由於 AC 和 BC 在 P 點的對向角為 $120°$，而 AB 對向於 P 的角遂為 $120°$，因三者之和為 $360°$ 之故也。

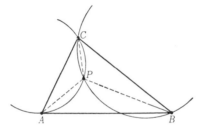

圖 210.

　　從圖 210 顯然可見，要是三角形 ABC 中沒有一個角是大於 $120°$ 的話，那麼兩個較短的圓弧相交於三角形之內。在另一方面，如果三角形 ABC 的某一個角，譬如角 C，是大於 $120°$，那麼如圖 211 所示，分別屬於圓 K_1 和圓 K_2 兩個較短部分的圓弧不可能相交於三角形之內。在這種情況下，對三條邊皆形成 $120°$ 對向角的 P 點並不存在。不過根據 K_1 與 K_2 所確立的相交點 P'，AC 和 BC 兩弦分別在其圓周上對 P' 的對向角皆為 $60°$，而面對鈍角的 AB 邊對 P' 的對向角遂為 $120°$。

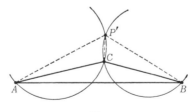

圖 211.

於是對於具有一個大於 $120°$ 內角的三角形 ABC 來說，不存在一點可以使三角形的每一邊對該點都有一個 $120°$ 的對向角。因此極小點 P 必然與一個頂點重疊，因為我們知道只剩這一個選項，而且這個頂點一定是鈍角的頂點。在另一方面，要是一個三角形的每一個內角皆小於 $120°$，我們已得知對向於每一邊皆形成 $120°$ 對向角的 P 點是能夠被構造出來的，然而為了完成我們這個定理的證明，我們還須證明在這一點上的 $a+b+c$ 確實將小於當 P 與任何一個頂點重疊時的長度，因為我們不過只證明了當最短的長度不是得自其中之一個頂點時，P 才提供一個極小值。所以我們必須證明的是，$a+b+c$ 小於任何兩邊之和，如 $AB+AC$。為此我們延長 BP，並把 A 點投射在這條直線上，得點 D（見圖 212）。由於 $\angle APD = 60°$，故投影 PD 之長度為 $\frac{1}{2}a$。既然 BD 是 AB 在一條通過 B 和 P 的直線上的投影，故 $BD < AB$，但 $BD = b + \frac{1}{2}a$，因此 $b + \frac{1}{2}a < AB$。按照完全相同的方法，把 A 投射到 PC 的延長線上，我們便知道 $c + \frac{1}{2}a < AC$。相加後，我們得到一個不等式 $a+b+c < AB+AC$。由於我們已經知道極小值的點若不是屬於 A, B, C 三個頂點中之一個，它便一定非 P 點莫屬了，因此在 P 點之 $a+b+c$ 確實是一個極小值終於得到確認。

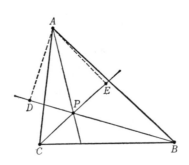

圖 212.

3. 一個補充說明

數學上一些合乎邏輯形式的方法有時延伸到我們原來的意圖之外。例如當三角形 ABC 中的角 C 是大於 $120°$ 時，幾何作圖的程序所顯示的不是 P 點的解（針對這個情況的解是頂點 C 本身），反而是另外一點 P'，據此三角形 ABC 中較大的一邊 AB 是以 $120°$ 的角為對向角，而其它較短的兩邊則是以 $60°$ 的角為對向角。P' 肯定無法解決我們的極小問題，但我們也許會察覺到 P' 與極小問題有某種關係。答案是 P' 解決了下面的問題：P' 使表示式 $a+b-c$ 極小化。證明方法是根據本章第 §1 之 5 節的結果，與用於上述的 $a+b+c$ 的方法完全相似，在這裡便留給讀者作為一個練習題了。此時我們把前面的結果結合起來之後，便得到一個定理：

如果三角形 ABC 的每個內角皆小於 $120°$，從任一點到 A, B, C 的距離分別是 a, b, c，那麼與三角形每一邊均形成 $120°$ 對向角的那一點，就會使 a, b, c 三者的和為最小值，而且 $a+b-c$ 之值在頂點 C 為最小；如果三角形其中的一個角大於 $120°$，譬如角 C，那麼在頂點 C 之處，$a+b+c$ 之和為最小，同時坐落於三角形之外，與三角形之最長邊的對向角為 $120°$，兩條較短邊的對向角皆為 $60°$ 的一點，其 $a+b-c$ 之值為最小。

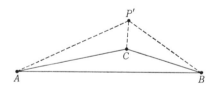

圖 213. P' 點代表 $a+b-c$ 為一極小值

因此用於求解兩個極小問題的方法有二，一個始終是藉著圓的作圖方法而得，另一個則得自一個頂點。就 $\angle C = 120°$ 來說，由於由作圖而得的點剛巧就是頂點 C，所以 $a+b+c$ 的極小問題由兩種方法求出的解是一致的，$a+b-c$ 的極小問題亦然；事實上，這兩個極小問題的解是一致的。

4. 論述和演練

如果在一個等邊三角形 UVW 內，我們從任意一點 P 分別向三邊描繪垂線 PA, PB, PC，如圖 214 所示，那麼 A, B, C 和 P 四點構成了在前面我們所探討的圖形。就以 A, B, C 三點為始，然後找出 U, V, W 看來，這個論述可作為解決斯坦納問題之用。

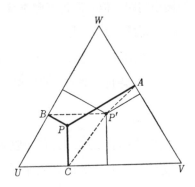

圖 214. 斯坦納問題的另一解決辦法

◆練習題：

1) 利用從一個等邊三角形內部任意一點至三邊的垂直線段長度之和為一常數而且等長於一條高線這一個事實，完成求解斯坦納問題。

2) 利用 P 位於三角形 UVW 之外的相對應情況，試討論這個問題的互補問題。

　　一個在三維空間中的類似問題是：已知 A, B, C, D 四點，尋求致使 $a+b+c+d$ 成為一個極小值的第五點 P。

◆練習題：

試探討此一問題及其互補問題——根據本章第 §1 節的方法，或者利用一個正四面體。

5. 街道網路問題的推廣

在斯坦納問題中，三個定點 A, B, C 為已知。一件再自然不過的事就是把這個問題推廣至 n 個已知點，$A_1, A_2, \cdots, A_n$；我們尋求平面上的一點 P，使得 P 至 n 個已知點的距離之和 $a_1 + a_2 + \cdots + a_n$ 為一極小值，其中 a_i 代表距離 PA_i。（就四點而論，如圖 215 所安排，點 P 就是四邊形 $A_1A_2A_3A_4$ 對角線的交點，讀者或可以此作為練習題而證明之。）這個亦曾被斯坦納探討過的問題，並沒有導致令人關注的結果。這是諸多把問題膚淺地做延伸之一例，在數學文獻中並非罕見。為了找出將斯坦納問題加以延展的真正意義所在，我們必須放棄搜尋單獨的一點 P，而以尋求總長度最短的「街道網路」（street network）代替之。用數學語言來表達就是：**已知 n 個點 $A_1, A_2, \cdots, A_n$，找出一個總長度最短的直線線段連接系統，從而使任何兩個已知點能夠用一個由系統的線段所構成的折線連接起來。**

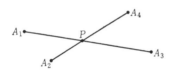

圖 215. 至四點距離之和為極小者

當然，所呈現的答案將取決於各已知點的配置。讀者或可從學習解決斯坦納問題的基礎上獲得裨益。在此我們將僅止於指出圖 216~8 中各種典型的實例之答案。第一種情況的解是由五條線段組成，由三條線段以 120° 角相會在一起的複接交叉點一共有兩個。第二種情況的解則包含三個複接的交叉點。如果各點的配置有異於這兩種情況，那麼也許不會出現像這樣的網路圖形。一個或多個複接的交叉點可能因退化而被一個或多個已知點所取代，如第三種情況所示。

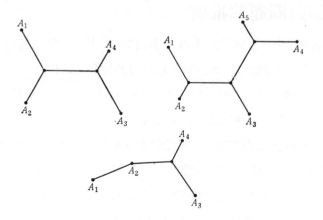

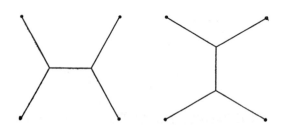

圖 216~8. 連結三點以上總距離最短的網路

就以 n 個已知點的情況來說，複接交叉點的數量最多只能有 $n-2$ 個，每個都有三條線段以 $120°$ 角相會在一起。

這類問題有些不只有一個解。一個由四點 A, B, C, D 組成的正方形就有兩個等價的解，如圖 219~20 所示。如果一個以 $A_1, A_2, \cdots, A_n$ 為頂點的簡單多邊形的各個頂角足夠接近平角（$180°$）的話，那麼多邊形本身將是一個極小值。

圖 219~20. 連結四點總距離最短的兩種網路

§6. 極值與不等式

高等數學有一項典型的特色，就是不等式扮演一個重要的角色。原則上，求解極大問題時我們總會得出一個不等式，這個式子表達了我們求解的變量的值，將小於或等於該解所提供的最大值。在許多實例中，這一類的不等式本身就很令人關注。我們將以一個涉及到算術平均和幾何平均的重要不等式來作為範例。

1. 兩個正值變量的算術平均數和幾何平均數

我們以經常出現在純數學及其應用上的一個簡單的極大問題作為開始。用幾何學的語言來說就是：從所有指定了某一長度為周長的長方形中，找出面積最大者。正如我們所預見的，答案是正方形。為了證明這一點，我們的推理如下。令長方形相鄰兩邊長度分別以 x 和 y 來代表，於是兩者之和，$x + y$，遂等於規定周邊長度的一半，而兩者的乘積 xy 這個變數必須達到最大。令定值 $x + y$ 等於 $2m$，於是 x 和 y 的「算術平均數」（arithmetical mean）就是簡單的

$$m = \frac{x + y}{2},$$

我們引入另一個量

$$d = \frac{x - y}{2},$$

故

$$x = m + d, \quad y = m - d,$$

因此

$$xy = (m + d)(m - d) = m^2 - d^2 = \frac{(x + y)^2}{4} - d^2,$$

由於除了 $d = 0$ 的情況之外，d^2 大於零，我們馬上得到一個不等式

$$(1) \qquad \sqrt{xy} \le \frac{x + y}{2},$$

公式中的等號只適用於 $d = 0$ 的情況，此時 $x = y = m$。

既然 $x + y$ 是一個固定值，所以當 $x = y$ 時，$\sqrt{xy}$，因此也就是作為面積的 xy，成為一個極大值。當我們用表示式

$$g = \sqrt{xy}$$

來指稱正值的平方根，它被稱為正值 x 和 y 的「幾何平均數」（geometrical mean）；不等式 (1) 表達了算術平均數與幾何平均數之間的一個基本關係。

不等式 (1) 也可直接由下述事實導出：

$$(\sqrt{x} - \sqrt{y})^2 = x + y - 2\sqrt{xy},$$

一定不是負值，因為它是一個平方，而只有 $x = y$ 的情況下才等於零。

不等式 (1) 也可以由幾何方式來推導。考慮平面上一條固定的直線 $x + y = 2m$ 與曲線族 $xy = c$，對曲線族中的每一條曲線（雙曲線）來說，c 是一個常數，但它將隨著不同曲線而變化。正如圖 221 所明白顯示的，曲線族中與已知直線有公共點的各條曲線中之 c 值最大者，將是一條與直線相切在點 $x = y = m$ 的雙曲線；因此對這條雙曲線來說，$c = m^2$。故

$$xy \le \left(\frac{x + y}{2} \right)^2$$

應該要重申的是，任何一個不等式 $f(x, y) \le g(x, y)$ 是可以作雙向解讀，所以它引出一個極大性質的同時，也導致一個極小性質。例如，不等式 (1) 也表達了在面積已被規定的所有長方形當中，以正方形的周長為最短。

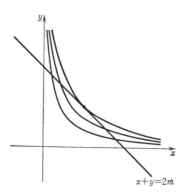

圖 221. $x + y$ 為已知時的最大 xy

2. 推廣至 n 個變量

　　連接兩個正量的算術平均數和幾何平均數的不等式 (1) 可以被延伸到任何數量為 n 的正量，我們以 $x_1, x_2, \cdots, x_n$ 表示之。我們把

$$m = \frac{x_1 + x_2 + \cdots + x_n}{n}$$

稱為這 n 個變量的算術平均數，而把 n 次方根的正值

$$g = \sqrt[n]{x_1 x_2 \cdots x_n}$$

稱為它們的幾何平均數。於是這個取普遍形式的定理遂指明

(2) $$g \leq m,$$

而只有在所有 x_i 皆相等的情況下，才得 $g = m$。

　　我們有各種不同而具獨創性的方法可用來證明這個普遍性的結果。最簡單的證明方法就是設定下面所提出的極大問題，把它約化至符合上述第 1 小節所用的相同推理：把某一給定的正量 C 分割成皆取正值的 n 個部分，$C = x_1 + \cdots + x_n$，如此使乘積 $P = x_1 x_2 \cdots x_n$ 儘可能成為最大。我們的證明過程始自一個假設，儘管看來再明顯不過，但稍後將在第 §7 節加以分析：假設 P 的一個極大值是存在的，而它是得自一批數值

$$x_1 = a_1, \quad x_2 = a_2, \quad \cdots, \quad x_n = a_n,$$

我們需要證明的不過是 $a_1 = a_2 = \cdots = a_n$，因為假使這樣的話，便得 $g = m$。我們首先假設這種情況不成立——以 $a_1 \neq a_2$ 為例。此時我們可以把 a_1 和 a_2 表示如

$$a_1 = s + d, \quad a_2 = s - d,$$

遂有

$$s = \frac{a_1 + a_2}{2}, \quad d = \frac{a_1 - a_2}{2},$$

於是這 n 個變量的乘積為

$$P = (s + d) \cdot (s - d) \cdot a_3 \cdots a_n = (s^2 - d^2) \cdot a_3 \cdots a_n,$$

現在試看下面的 n 個變量

$$x_1 = s, \quad x_2 = s, \quad x_3 = a_3, \quad \cdots, \quad x_n = a_n,$$

換言之，取代原來 a_i 的另一批變量只是把在 a_i 最前面的 a_1 和 a_2 改變，並使兩者相等，在此同時，諸變量之總和 C 仍然保持不變。於是新的乘積為

$$P' = s^2 \cdot a_3 \cdots a_n,$$

因此，除非 $d = 0$，不然顯而易見的是，

$$P < P',$$

此與 P 是一個極大值的假設相反。因此 $d = 0$，而且 $a_1 = a_2$。同理我們可以證明任何一個變量 a_i，皆為 $a_1 = a_i$，從而得到一切 a_i 皆相同的必然結果。由於當所有 x_i 皆相同時就是 $g = m$，而且我們已經證明只有這樣才會產生一個 $d = 0$ 之極大值，除此之外便是 $g < m$ 的結果，如同定理所指出的一樣。

3. 最小平方法

對於毋需採取非正值不可的 n 個數 $x_1, x_2, \cdots, x_n$ 的算術平均數來說，它具有一項重要的極小性質。假定 u 是我們想要從某種測量儀器中把它測定得越準越好的一個未知量。為了達到這個目的，我們取得 n 個數量的讀數，這些是由於種種來源不同的實驗誤差而產生也許稍為有點不同的 n 個結果，$x_1, x_2, \cdots, x_n$。接著問題來了，我們應該認定什麼樣的 u 值才是最可靠的？習慣上我們以算術平均數，$m = \frac{x_1 + x_2 + \cdots + x_n}{n}$，作為對這個「確切」或「最適」值的選擇。當想要證明這個假定的正當性時，我們便不得不著手對機率論進行一個詳細的討論了。但是此時此刻我們至少能夠指出 m 的一項極小性質，因而顯出它是一個合理的選擇。假設 u 是我們所測量的這個未知量的任何可能的值。那麼各個差值 $u - x_1, \cdots, u - x_n$ 就是 u 值與 n 個不同讀數的偏差。這些偏差有些或會是正，有些或會是負，而自然而然會偏向於假設 u 的最適值就是使所有這些偏差在某種意義上加起來儘可能成為最小。習慣上我們仿效高斯，以偏差的平方值 $(u - x_i)^2$，而非偏差的自身，作為對不準確程度的適當判斷標準，於是從一切有可能出現的值中選出一個可作為 u 的最適值，就是要讓它足以使各個偏差的平方值之和

$$(u - x_1)^2 + (u - x_2)^2 + \cdots + (u - x_n)^2$$

儘可能成為最小。**這個 u 的最適值恰好就是算術平均數 m**，正是這個事實構成了重要的高斯「最小平方法」（method of least squares）的出發點。現在我們用一個精緻的方法為這個論據提出證明。按照下面的表示方式

$$(u - x_i) = (m - x_i) + (u - m),$$

我們可得

$$(u - x_i)^2 = (m - x_i)^2 + (u - m)^2 + 2(m - x_i)(u - m),$$

現在把 $i = 1, 2, \cdots, n$ 等所有這些方程式加起來。基於 m 的定義，得自上式中各個最後一項的總和，$2(u - m)(nm - x_1 - \cdots - x_n)$，等於零；於是留下的便成為

$$(u - x_1)^2 + \cdots + (u - x_n)^2 = (m - x_1)^2 + \cdots + (m - x_n)^2 + n(m - u)^2,$$

這便證明了

$$(u - x_1)^2 + \cdots + (u - x_n)^2 \geq (m - x_1)^2 + \cdots + (m - x_n)^2,$$

等號則只適用於 $u = m$，這正是我們所要證明的。

　　廣義的最小平方法就是以這個結果作為一個指導原則，用來對付較為複雜的實例——當問題出現在要從有些不一致的測量值中，擇定一個看似有理的結果。例如，假定我們測得理論上是坐落在一條直線上的 n 個點的座標 (x_i, y_i)，並假定這些測量出來的各點並非剛好是在一條直線上。我們該如何把一條最適合於這些已被測得的 n 個點的直線描述出來？下面的步驟是得自上述結果的啟發，當然它也許會被基於相同推理的其它變體來替代：令代表直線的方程式為 $y = ax + b$，於是問題便變成把 a 和 b 兩個係數找出來。在 y 方向上從該直線至點 (x_i, y_i) 的距離為 $y_i - (ax_i + b) = y_i - ax_i - b$，孰正孰負端視該點是在直線的上方或下方。因此 $(y_i - ax_i - b)^2$ 就是這個距離的平方，而接下來的步驟只不過是要確定 a, b 兩值，以使式子

$$(y_1 - ax_1 - b)^2 + \cdots + (y_n - ax_n - b)^2$$

達到最小值。此時我們這個極小問題便涉及兩個未知數，a 和 b。這個解雖然相當簡單，但在此我們不予以詳細討論了。

§7. 極值之存在 / 狄利克雷原理

1. 緒論

上述某些極值問題的解直接顯示出它所提供的結果較優於其它任何一個解。三角形問題中出自施瓦茲的解就是一個明顯的例子，我們一眼就能看出，沒有任何一個內接三角形的周邊長是短於高線垂足三角形的周邊長。其餘的例子是極小或極大問題，它們的解取決於一個明確的不等式，像涉及算術平均數與幾何平均數之間的不等式。但是在某些問題中，我們則採用一條不一樣的路線。我們以假設一個解已經被找到作為起步；接著我們分析這個假設，並形成一個最終使一個解的描述及幾何構造成為可能的結論。例如斯坦納問題的解和施瓦茲問題的第二個處理方式就是屬於這種情況。這兩種方法在邏輯上是不同的。第一種方法在某種程度上較為理想，因為它多少為問題的解提供了一個在構造上的論證。第二種方法看來較為簡單，正如我們在三角形問題的例子中所見。不過它並不是那麼直接，尤其是它在構造上是有條件的，那是由於它是以問題**實際上有解**這樣的一個假設作為起步。只有假設被認可或得到證實，問題的解才會產生。 沒有了假設，這個方法只不過顯示**如果**有一個解，那麼它一定具有某些特色[1]。

由於實際上有一個解這樣的一個前提在表面上看來是明顯不過，故數學家遲至十九世紀晚期仍未曾注意到涉及邏輯層面上的觀點，而且認定極值問題之存在一個解乃是理所當然的一件事。十九世紀一些最偉大的數學家——高斯、狄利克雷（Peter Gustav Lejeune Dirichlet，1805~1859），和黎曼——把這個假設作為在數學物理和函數理論上一些深奧難解的定理的基礎，而不加區別地予以利用。1849 年當黎曼發表博士論文討論複變函數理論的基礎時，決定性的時刻終於到來。這篇以簡練筆法完成的論文——現代數學上一項先驅性的偉大成就——以完全非傳統的方式，著手處理一個許多人可能會樂於去忽略的問題。這給當時在柏林大學的傑出數學家，同時也是公認在建構一個縝密函數理論方面的帶頭人維

---

1 在邏輯上我們必須確認極值的確存在，這可以用下面的謬論來說明：1是最大的整數。讓我們以 x 代表最大的整數，如果 $x>1$，那麼便有 $x^2>x$，故 x 便不可能是最大的整數。因此 x 必須等於 1。

爾斯特拉斯，留下了深刻的印象，但維爾斯特拉斯卻帶著幾分猶豫，因為他很快便發現論文中有一個邏輯上的缺口，而作者卻不想傷腦筋去填補。維爾斯特拉斯令人震驚的批評儘管未嘗給黎曼帶來困擾，卻一馬當先地導致對他的理論幾乎是普遍性的忽視。黎曼在數年之後因罹患肺結核而英年早逝，他那流星般的數學生涯也戛然而止。然而他的見解往往隨手可從某些熱情的追隨者身上找到，而在這篇論文發表後五十年，希爾伯特終於成功地為黎曼遺下有待解決的問題，打開了一條通往完整解答的道路。這個在數學和數學物理上的完整發展，遂成為現代數學在分析方面的一個偉大里程碑。

在黎曼的論文中，受到公開批判的重點是關於一個極小值的存在問題。黎曼所提出的理論，極大部分是以他稱之為狄利克雷原理（Dirichlet's principle）的方法作為基礎。（狄利克雷是黎曼在哥庭根的老師，曾講授過但從未在書面上發表過這個原理。）例如，讓我們假定一個平面或任何一個表面的某個部分以錫箔紙覆蓋起來，接著將錫箔紙上的某兩點連接到一個電池的兩極，錫箔紙上遂產生一道穩定的電流。這個物理實驗無疑將會導致一個肯定的結果，然而相對應的數學問題又如何呢？畢竟這對函數理論與其它領域來說是最重要的。根據電學方面的理論，這個物理現象是以一個「偏微分方程的邊界值問題」來詮釋。我們所關心的正是這個數學問題；它之所以可解，是因為我們視其為相當於一個物理現象，但是這般說理決非來自數學上的證明。黎曼用兩個步驟去解決數學上的疑問。首先他證明這個問題相當於一個極小問題：相較於其它在相同指定條件下有可能出現的電流，實際出現的電流將會把反映電流能量的某種變量減至最低。接著他便明確指出，「狄利克雷原理」使這個極小問題有一個解。然而黎曼對第二個論斷的數學證明則連一個最微不足道的步驟都沒有採取，這正是遭受維爾斯特拉斯批判的缺點。極小之存在不僅僅完全沒有憑據，而且正如日後所見，這是一個極需審慎處理的問題，而當時的數學條件仍未對它準備就緒，唯有經過數十年深入細微的研究後，才終於把問題解決。

2. 例題

我們將以兩個與這一類難題直接有關的例子作為說明：

1)我們在直線 L 上標出距離為 d 的 A, B 兩點，尋求始自 A 點，沿著垂直於 L 的方向，而以 B 點為末端的一個最短長度的折線。既然一切連接 A, B 兩點之間的路徑是以直線線段 AB 為最短，我們遂可以肯定，任何一條有資格成為考慮對象的路徑所擁有的長度是大於 d，因為長度值為 d 的路徑只有直線線段 AB，而 AB 則有違加諸於 A 點在方向上的限制，所以在問題規定的條件下，AB 的資格不符。另一方面，試看在圖 222 中有可能被採納的路徑 AOB。如果我們把充分接近 A 點的 O' 點取代 O，便會得到一條可被採納的路徑，它的長度與 d 的區別可小至隨心所欲的程度；因此如果實際上有一條長度**最短**而可被考慮的路徑，那麼它的長度不可能超過 d，因而長短必然要與 d 絲毫不差。但是正如我們所見，以 d 為長度的路徑是唯一的一條不可能被採納的路徑。所以能夠被採納的最短路徑並不存在，而這個被提出來的極小問題便不會有解。

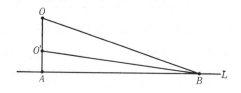

圖 222. 例題 (1)

2)如圖 223 所示，位於平面上一個圓 C 正上方的 S 點與圓心的距離為一個單位長度。試看所有位於 C 的上方，通過 S 點以 C 之周邊為界的一類表面，如此沒有兩相異點在圓 C 所在平面上取得相同的垂直投射。那麼這類表面中，哪一個面積最小？這一個問題看來好像很自然，但卻沒有解：不會獲得一個面積最小可被接納的表面。假如通過 S 點不是一個先決條件的話，那麼顯然以 C 為界的圓盤平面就是這個問題的解了。讓我們以 A 去表示它的面積，其它任何一個以 C 為界的表面，其面積一定大於 A。然而我們可以找到一個可被接受的表面，其面積之超出於 A 是可以小至我們希望的程度。為了這個目的，我們利用一個高度為一個單位

長度的細長圓錐體的表面，其面積是如此之小，小於任何可能已被指定的界限。我們把這個圓錐體置於圓盤的中心之上，並使其頂點在 S 處，接著細看一個由圓錐體表面與圓盤在圓錐體底面之外的部分所組成的總面積。我們馬上明白，這個在接近圓心之處才脫離平面的表面，其面積之超出於 A 的差值是可以比既定的還要小。由於這個被選中的差值可小至任君滿意的程度，於是結果再度是，表面面積的極小值——如果有的話——不可能不同於面積為 A 的圓盤。但是在所有以 C 為界的表面中，只有圓盤自己本身才等於這個面積，既然圓盤無從通過 S 點，因而違反了可被接受的條件，遂得出問題沒有解的結論。

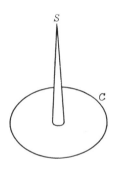

圖 223. 例題（2）

對於維爾斯特拉斯所提出的較為複雜的例子，我們可以不用再討論了。我們剛剛考慮的兩個例子已足以指出，一個極小值之存在並非是一個數學證明中無關緊要的部分。讓我們以較為廣義和抽象的詞語，把這個問題表達出來。試看由我們的單元所形成的某特定類別，例如屬於曲線的一類或屬於表面的一類，每一個單元都被賦予某一定數值作為它的一個函數，譬如長度或面積。如果同類中的單元只是為數有限的話，那麼顯然與各單元相對應的數值當中，一定有一個極大值和一個極小值。但是如果屬於同一類的物件有無數多個，那麼就不見得要有一個極大值或極小值，即使所有這一類數值是被包含在固定的界限之間亦然。一般說來，這一類的數形成了數軸上點的一個無窮集合。為了簡單起見，我們假定所有這些數都是正數。於是這一個集合便有一個「最大的下界」（greatest lower bound），就是說，集合中沒有一個可代表某點 α 以下的數，它要麼本身就是集合中之一員，要麼就是集合所屬成員以儘可能精確的程度去接近的一點；假如 α 屬於這個集合，那麼它就是數值最小的成員了；不然的話，集合根本不包含一個數值最低的成員。例如由諸數 $1, 1/2, 1/3, \cdots$ 組成的集合並沒有把一個數值最小的成員包含在內，因為作為下界的 0 不屬於集合的一分子。這些例子是以一種抽象的方式，說明關乎存在的問題在邏輯上的困難。在我們以明顯或隱含的方式提出一個證明——證實一個和問題連繫在一起的數的集合包含一個數值最小的成員——之前，一個極小問題在數學上的解還不算完整。

3. 初等極值問題

　　初等的極值問題所要求的不過是一個與基本概念直接有關的周全分析，以解決實際上是否有一個解的疑問。在第 VI 章第 §5 節，我們曾討論過一個緊緻集合（compact set）的一般觀念，說明界定一個緊緻集合所屬成員的一個連續函數，始終在集合內某處具有一個最大值和一個最小值。在前面所討論的每一個初等的極值問題中，進行大小比較的數值可被視為一個函數——含有一個或多個變數——在某個域內的數值，而該域要麼是緊緻域，要麼能夠在不會使問題的本質出現改變的情況下，容易地變成緊緻域。在這樣的一種情況下，一個極大值或極小值的存在便有了保證。譬如在斯坦納問題中，考慮的量是三個距離之和，而這是持續取決於一個可動點的位置。由於這一點的所屬域是整個平面，因此如果我們用一個夠大的圓把圖形包圍起來，並把可動點限制在圓的內部及周邊上，可考量的點並未因此而告消失。因為只要可動點與三個已知點的距離足夠遠，它與三者距離之和肯定超出其中一個可被接受的函數值 $AB + AC$。所以被約束在一個夠大的圓內的點，如果實際上有一個極小值，那麼對於一個沒有被加上限制的問題來說，該極小值一樣存在。然而證明一個由圓周加上圓的內部所組成的域是一個緊緻域卻不費力，因此極小值之於斯坦納問題是存在的。

　　自變數域是一個緊緻域的假設，其重要性可以從下面的例子顯現出來。在已知的兩條閉合曲線 C_1 與 C_2 上，一定分別有兩點 P_1, P_2 彼此之間的距離最短，也一定有兩點 Q_1, Q_2 彼此之間的距離最長。對於 C_1 上一個 A_1 點與 C_2 上一個 A_2 點之間的距離來說，它是一個在緊緻集合上的連續函數，而這個集合則是由我們所考慮的 A_1, A_2 點之配對所構成。然而如果這兩條曲線沒有界限，而且還擴展至無窮遠，那麼問題也許不會有解。這種情況一如圖 224 所示，介於兩條曲線之間的一個最短或最長的距離皆不可得；就距離而言，它的下界是零，而上界則為無窮大，且兩者皆不可得。在某些情況中，一個極小值是存在的，但極大值則否。雙曲線的兩條分支是這方面的一個實例，在第 II 章之圖 17 所示的雙曲線中，唯一的一個極小距離是得自 A 與 A' 之間的距離，因為顯然沒有兩點之間的距離是極大距離。

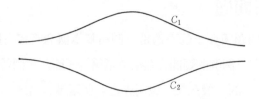

圖 224. 彼此之間不存在最長或最短距離的兩條曲線

　　對這種藉人為限制變數域而造成的差異，我們要為此提出說明。選擇一個任意的正數 R，令 $|x| \leq R$ 作為限制 x 的條件。那麼在上一段的兩個問題中，都存在一個極大值和極小值。在第一個例子中，以如此一種方式給邊界設限，遂保證了一個極大距離和一個極小距離的存在，兩者皆可從邊界上獲得。如果 R 增大，出現極值的點再度在邊界上獲得。因此隨著 R 越來越大，這些點便無邊際地愈走愈遠而告消失。在第二個例子中，最短的距離出現在受限範圍的內部，而不管 R 增至多大，給出最短距離的兩點位置始終不變。

4. 較高層次的難題

極值是否存在的疑問對初等問題而言——不論涉及的自變數是一個，兩個或任何有限數量——是完全不需要認真對待的，然而面對狄利克雷原理或甚至同類型較簡單的問題時卻並非如此。原因乃在於這些實例中，要麼是自變數域無法變得緊緻，要麼就是函數不能成為連續。在第 2 小節的第一個例題中（圖 222），由於點 O' 趨於點 A，我們取得一個由各條 $AO'B$ 路徑組成的序列。序列中的每一條路徑在資格上皆符合要求的條件。但是諸 $AO'B$ 路徑趨向直線線段 AB，而這個極限無法存在於這個被承認的集合裡面。在這個著眼點上，各條可被接納的路徑的集合有如區間 $0 < x \leq 1$ 一樣，對此，論及極值的維爾斯特拉斯定理無法適用（見第 VI 章第 §5 之 3 節）。而在第 2 個例題中（圖 223），我們發現一個類似情況：如果圓錐體變得越來越細長，那麼由各個可被接納的相關表面所構成的序列將趨向一個圓盤平面再加上一條通達 S 點的垂直線段。然而這一個作為極限的幾何實體並不在可被考慮的表面之列，於是一個由各可被考慮的表面所構成的集合亦非緊緻集合。

我們可以把一條曲線的長度視為一個不連續的依從關係的例子。這個長度不再是有限個數值變量形成的函數，因為整條曲線的特色無法藉數量有限的「座標」值來表現，且長度並非是曲線的一個連續函數。為了明白這一點，讓我們把距離為 d 的 A, B 兩點用一個鋸齒形的線條 P_n 連接起來，P_n 則與線段 AB 一起形成 n 個等邊三角形。從圖 225 顯然可知，P_n 的總長度對每一個 n 值來說，都剛巧等於 $2d$。現在試看一個由多邊形 $P_1, P_2, \cdots$ 構成的序列。在這些多邊形中，單個鋸齒形的起伏幅度是隨著等邊三角形在數量上的增加而減低，而且清楚看到線條 P_n 趨於極限為直線線段 AB 的狀態下，崎嶇不平的鋸齒形已消失殆盡。不管作為線條指標的 n 值如何，P_n 的長度始終等於 $2d$，然而極限曲線的長度，即直線線段 AB 的長度，只不過是 d。因此長度並非連續地被曲線所決定。

所有這些例子都肯定了一個事實，那就是在一個結構比較複雜的極小問題中，小心處理它的一個解是否存在是全然有必要的。

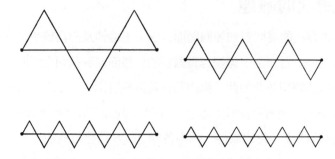

圖 225. 以邊長兩倍於已知線段長度的線條去逼近該線段

§8. 等周問題

在周邊長度已被規定的所有閉合曲線中，以圓周所包圍的面積為最大，這是一個數學中的「明顯」事實，卻只能藉現代的數學方法才得到一個嚴格縝密的證明。斯坦納曾設計出各種巧妙的方法來證明這個定理，現在我們將細看其中之一個。

我們從實際上有一個解這個假設開始。倘若閉合曲線 C 就是所要求的解，這個假設遂承認它是以指定長度 L 為周長而擁有最大的面積。接著，我們可以輕易地證明 C 一定呈凸形，也就是說，連接任何屬於 C 的兩點的直線線段，必然完全在 C 的內部或與 C 重合。因為如果 C 不呈凸形，如圖 226 所示，那麼我們便有可能畫出一條位於 C 的外部，並把 C 的某兩點 O 和 P 連接起來的線段 OP 了。由於弧形段 $OQ'P$ 是弧形段 OQP 對直線 OP 的反射，因此弧形段 $OQ'P$ 加上弧形段 ORP，遂形成了一條長度為 L 的閉合曲線，其所包含的面積比原來曲線 C 所擁有的還要大，因為它把另外兩個面積 I 和 II 包括在內。這與 C 所容納的面積為長度等於 L 的封閉曲線中之最大者的假設發生矛盾，因此 C 必然呈凸形。

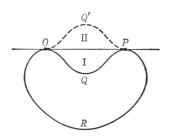

圖 226.

現在我們在曲線 C 上挑出 A, B 兩點，把這條作為解的曲線分成兩段等長的弧。那麼直線 AB 必然把 C 的面積等分，因為不然的話面積較大的部分可藉 AB 反射（圖 227），如此形成另一條長度同樣是 L 而卻有一個大於 C 所包含的面積，違反了原來的假設。於是解的曲線 C 的一半必須解決下面的問題：尋求長為 $L/2$，端點為直線上 A, B 兩點的弧形，從而使包圍在弧形與直線之間的是一個極大面積。現在我們將要證明，這個新問題的解是一個半圓，因此作為等周長問題的解的曲

線 C 就是一個圓了。如圖 228 所示，假設弧 AOB 是這個新問題的解，因此證明每一個內接角，如圖 228 中的 $\angle AOB$，都是一個直角便行，因為這就證明 AOB 是一個半圓了。我們首先從相反方向去假定 $\angle AOB$ 不等於 $90°$。於是在圖 228 中，屬於陰暗部分的面積及弧長 AOB 維持不變的情況下，我們可以使 $\angle AOB$ 變成或至少更接近 $90°$，如圖 229，此時三角形的面積較原來的三角形增加（理由見本章第 §1 之 1 節）。因此圖 229 的面積要比原來的大。但是由於我們是以圖 228 作為問題的解如此一個假設開始，因此圖 229 的面積不可能比原來的大。這一個矛盾證明了對 O 點的每一個位置來說，$\angle AOB$ 必須是一個直角，這個證明遂告完成。

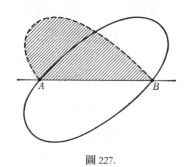

圖 227.

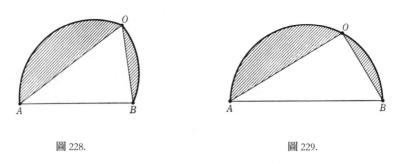

圖 228.　　　　　　　　　　圖 229.

關於圓的等周（isoperimetric）性質是可以用一個不等式的形式表示出來。如果 L 為圓周長，它的面積是 $L^2/4\pi$，因此在任何封閉曲線的面積 A 與周長 L 之間，我們必然取得一個等周不等式，$A \le L^2/4\pi$，而等號只適用於圓。

如同從第 §7 節的討論中所示的一樣，斯坦納對等周問題的證明是有附帶條件的：「如果有那麼一條長度為 L 的曲線，而其面積為最大者，那麼它必然是一

個圓。」為了確立這個假設的前提，我們需要一個在本質上是全新的論據。我們首先要證明的是一條基本定理，那是關於一個邊數為偶數 $2n$ 的閉合多邊形 P_n：在所有這類周邊長度相同的 $2n$ 邊形中，以正 $2n$ 邊形的面積為最大。這個證明是仿效斯坦納的推理模式，兼備若干下述的修改。在這裡有關存在的疑問並未帶來難題，因為一個 $2n$ 邊形——連同它的周長及面積——乃連續地取決於它的頂點的 $4n$ 個座標值，而在不失去一般性的情況下，這些座標值是可以被約束在 $4n$ 維空間中一個緊緻的點集合裡面。於是在這個針對多邊形的問題中，我們可以確實無疑地設定某一個多邊形 P **就是解**，以此開始，接著在這個基礎上分析 P 的性質。隨之得出 P 必然呈凸形的結果，與斯坦納的證明完全一模一樣。我們現在證明如果 P 包含一個最大的面積，那麼它的 $2n$ 邊的每一邊必然有相同的長度。對此我們假設相鄰的 AB 與 BC 兩邊有不同的長度，於是我們從 P 把三角形 ABC 切下，並在 $AB' + B'C = AB + BC$ 的情況下，以一個等腰三角形 $AB'C$ 作為替代，根據本章第 §1 之 3 節，這個等腰三角形擁有較大的面積。所以我們將得到一個周長相同而面積較大的多邊形 P'，違反了 P 是 $2n$ 邊形中之面積最大者的假設。因此 P 的每一條邊的長度必然都是一樣，還有待證明的就是 P 是一個正多邊形；對於這一點我們只須明白，所有 P 的頂點皆位於一個圓周上就足夠了。我們根據斯坦納的推理模式，首先證明任何一條連接兩個對向頂點的對角線，譬如第一個與第 $n+1$ 個，把 P 的面積切開成兩個相等的部分，接著證明其中之一個部分的所有頂點皆在一個半圓上。詳情完全與上述的斯坦納模式相同，現在便留給讀者作為一個練習題了。

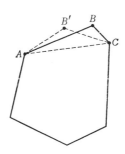

圖 230.

關於等周問題實際上有一個極值的證明，以及它的解，現在便可以憑一個推向極限的過程而得，在這個過程中，多邊形的頂點數目向無窮大延伸，而面積最大的正多邊形則趨於一個圓。

對於在三維空間中相對應的球面等周問題的證明來說，斯坦納的推理完全無法適用。一個適合於三維空間而同時也可用於平面的處理方法——多少有點不同且較為複雜——也是由斯坦納提出，但是由於這方法不能被即刻改寫以作為存在的證明，所以在此就把它省略了。事實上，證明球面的等周性質是一件苦差事，遠比圓要困難得多；確切說來，一個完整嚴密的證明是在很晚之後才出現在一篇來自施瓦茲頗為深奧的論文。三維空間的等周性質是可以用下面的不等式表達

$$36\pi V^2 \le A^3,$$

其中的 A 和 V 分別代表任何一個封閉的三維立體的面積和體積，而等號則只適用於球面。

*§9. 結合邊界條件的極值問題／斯坦納問題與等周問題的關聯

當變數域受到邊界條件的約束時，極值問題便產生有趣的結果。敘述在一個緊緻域的連續函數取得極大值和極小值的維爾斯特拉斯定理，並未排除在變數域之邊界取得極值的可能性。一個簡單而幾近平凡的例子可以用函數 $u = x$ 來說明。假如 x 沒有受到限制，可以從 $-\infty$ 遊走至 $+\infty$，那麼自變數所屬的域 B 就是整個數軸；因此可以理解，函數 $u = x$ 無論在何處都沒有一個最大值或最小值。但是如果域 B 受到邊界的限制，例如 $0 \leq x \leq 1$，那麼在右端點處便出現一個極大值 1，而在左端點處則有一個極小值 0。然而這一類的極值都不能用函數曲線上一個頂峰最高點或一個窪坑最低點來代表，因為相對於一個完整的雙側鄰域，這些函數值都不是極值。由於它們始終是端點，區間一旦被延伸，它們馬上就得改變。對一個函數名副其實的頂峰最高點或窪坑最低點來說，它的極值特性始終適用於取得該值的一點的整個鄰域，它不因邊界的輕微改變而受影響。這樣的一個極值，即使在域 B 的自變數出現某種不受拘束的變動，也仍然不會改變，至少在一個範圍奇小的鄰域內是如此。這一類「無拘無束」的極值與得自邊界上的極值之間的差異，讓我們在許多顯然相當不同的脈絡中得到啟發。當然對單一變數的函數來說，它有的只不過是單調與非單調函數之間的區別而已，因此不會導致特別引人興趣的觀測結果。但是在多個變數的函數方面卻有許多意義重大的例證，顯示出極值得自可變域（domain of variability）的邊界上。

舉例來說，這種情況在施瓦茲的三角形問題中是會出現的。此處屬於三個自變數的可變域是由所有以三點為一組的三元組所構成，每個三元組內的每一點分別坐落於三角形 ABC 的一邊之上。問題的解有兩種可能：要麼極小值得自 P, Q, R 三個變動點坐落於三角形中各自所屬邊的情況下，此時極小值得自高線三角形；要麼極小值得自 P, Q, R 三點中的兩點，與各自所屬的區間的共同端點重疊在一起的情況下，此時「內接」三角形的最短周邊長就是這個頂點的高線長度的兩倍。因此端視所出現的是那一種可能，得出的解的特性便有相當不同。

在斯坦納提出的三個村莊的問題中，屬於點 P 的可變域遍及整個平面，其中 A, B, C 三個已知點（村莊）可以被視為邊界點。由於可能的選擇有兩種，因而帶來兩個完全不同形式的解：極小值要麼得自三角形 ABC 的內部，此時 P 點與三角形頂點形成三個相等的角；要麼就在邊界點 C 處獲得。類似的兩個可能也存在於斯坦納問題的補充問題。

讓我們探討改造過的等周問題，加入具約束性的邊界條件，作為最後一個例子。我們因此而得到的是一個出人意外的等周問題與斯坦納問題之間的關聯，而同時這也許是一種新型的極值問題中之最簡單者。在原來問題中的自變數——長度為已知的閉合曲線——可以從圓的形狀開始隨意地被改變，而任何如此一條變形的曲線所圍住的面積都可加以考慮，以便我們取得一個名副其實不受約束的極小值。現在讓我們考慮下面被改造過的問題：我們所考慮的閉合曲線 C 將把三個已知點 P, Q, R 包括在曲線的內部，或者穿過這三點，曲線所圍住的面積 A 已被指定，而曲線長度 L 則為極小值。這就代表了一個名副其實的邊界條件。

顯然如果被指定的面積 A 足夠大，那麼 P, Q, R 三點將完全不會影響到問題。每當一個三角形 PQR 外接的圓擁有的面積是小於或等於 A 時，答案就是一個包含三點在內面積為 A 的圓。但是如果 A 變小將會怎麼樣？在此我們只把答案做出說明，而把詳細的證明從略，儘管這並非意味著我們眼下能力有所不逮。讓我們從一個由逐步遞減至零的 A 值所組成的序列中，把相對應的解的特色表現出來。當 A 值一旦低於三角形外接圓的面積時，原來的等周圓遂分裂成三個半徑相同的圓弧，形成了以 P, Q, R 為頂點一個凸出的弧形三角形（圖 232）。這個三角形就是我們的解，它的大小可以按已知的 A 值來決定。如果 A 值進一步遞減，三段圓弧的半徑也就遞增，於是圓弧將變得越來越近似直線，直至當 A 完全等於三角形 PQR 的面積時，三角形本身便是這個問題的解了。此時如果 A 甚至變得更小，那麼答案再度是一個由三個半徑相同，以 P, Q, R 為隅角的圓弧所組成的三角形。不過此時圓弧是在一個凹形的三角形 PQR 之內（圖 233）。由於 A 持續遞減而來到一個時刻，其時相交於隅角 R 的兩條凹形圓弧，就某一個 A 值而言，彼此變成相切。而隨著 A 值的進一步遞減下去，上述那種弧形三角形已無法被構造出來。

一個全新的現象出現了：這個解仍然是一個凹的弧形三角形，但它有一個隅角 R' 從它相對應的隅角 R 分離出來，如今所得到的解乃構成自一個弧形三角形 PQR' 加上被算上兩次的直線線段 RR'（因為這個解要從 R' 走到 R，然後再回頭），這條線段與兩個相切在 R' 的圓弧相切。要是 A 值進一步遞減，這種分離過程將也會在其它頂點開始出現。如今我們得到的解是一個由半徑相同，彼此相切的三條圓弧所組成的弧形三角形，外加三條被算上兩次的直線線段 $P'P, Q'Q, R'R$（圖234）。最後如果 A 值縮減至零，那麼弧形三角形便將縮成一點，而我們便回到斯坦納問題的解；因此這一個最後的狀況被視為經過改造後的等周問題的一個極限。

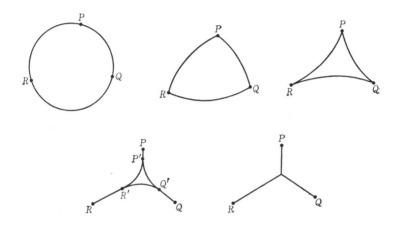

圖 231. ~235.

要是 P, Q, R 三點形成一個鈍角三角形，而其中的鈍角大於 $120°$，那麼遞減過程便帶來斯坦納問題的對應解，因為此時圓弧朝著鈍角的頂點縮減下去。至於廣義化的斯坦納問題（見本章第 §5 之 5 節中之圖 216~218）的解，可以從各個在本質上是相似的推向極限的過程而得。

§10. 變分法

1. 簡介

當 1696 年瑞士數學家約翰．伯努利（Johann Bernoulli，1667~1748）透過一大堆重要的數學問題而喚起大眾的注意時，等周問題可能是其中一個最為古老的例子。伯努利在當時一份主要科學期刊 *Acta Eruditorum* 上，提出下面的「最速降線」（brachistochrone）問題：設想一個質點受限於要沿著一條連接 A 點與高度較低的 B 點的曲線，在沒有摩擦力的情況下滑行。如果質點只准在重力支配下從 A 下降至 B，那麼它需要沿著哪一種像這樣的曲線，使下降所需時間成為最短？我們不難看出，對不同的路線質點所需要的時間長短各有不同。直線絕對不是行程最快的，答案也不是來自圓弧或任何其它的簡單曲線。伯努利自誇他有一個令人驚奇的答案，但為了刺激當時最卓越的數學家，以測試他們在這個新型數學問題上的技巧，他不會馬上把它發表出來。他尤其要向他的哥哥雅格（Jacob）提出挑戰，當時兩人間正進行一場激烈爭吵，他公開形容他的哥哥沒有能力解決這個問題。數學家馬上認識到最速降線問題的罕見特質。直到當時，在各種利用微積分的微分學來處理的問題中，我們所欲極小化的變量只須視單個或多個用數字來表示的變數而定，而在這個問題中，所考慮的變量——下降時間——是取決於**整條曲線**，這正是造成本質上不同之處，從而把問題帶到就當時在微分學或其它任何一個方法的知識所能及的範圍之外。

當最後證明問題的解竟然是在當時才剛被發現的擺線（cycloid）時，這個問題的新奇性更是格外迷住當時的數學家——顯然還沒有認識到本質上它與圓的等周性質相同。（我們可記得擺線的定義：當一個圓在沒有滑動的情況下，沿著一條直線滾動時，位於圓周上某一點的軌跡，如圖 236 所示。）這條曲線過去曾在機械方面的一些有趣問題得到討論，特別是關於如何製造一個理想的單擺。荷蘭科學家惠更斯（Christiaan Huygens，1629~1695）發現，一個理想的質點，在一條豎立的擺線上因重力影響而發生無摩擦力振盪時，它的振盪週期與振幅無關。在一條圓形的路徑上，例如由一個普通的單擺所規定的路線，上述的獨立性只不過接近真實而已，因而成為利用單擺作為精確計時的一項障礙。擺線曾被譽為等時曲線（tautochrone）；如今它已取得最速降線這個新名稱了。

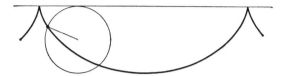

圖 236. 擺線

2. 變分法 / 光學的費馬原理

伯努利兄弟和其他人為求解最速降線問題發現了各種不同的方法，我們現在將詮釋其中一個最為原創的解。各種最早提出的方法多少為了要適應問題的特殊性而呈現出特有的性質。然而不用多久，尤拉和法國數學家拉格朗日（Joseph-Louis Lagrange，1736~1813）為了解決極值問題，便逐步把一個更為廣義化的方法發展出來，這個方法不再把自變數視為單個或多個用數值來表示的變數，而是整條曲線，或函數，甚至是一個函數系統。解決這類問題的新方法就是所謂的**變分法**（calculus of variations）。

在此若要對數學這一分支在技術細節上做一番描述，或者對特定問題進行更深入的討論都是不可能的。變分法在物理學上有許多用途。人們很久以前就察覺到，自然現象往往遵循某種極大和極小模式。就如我們所知，古代亞歷山德利亞的海龍已認識到光線在一個平面鏡面上的反射問題，它是可以用一個極小原理去敘述。十七世紀的法國數學家費馬走出接下去的一步：他注意到光的折射（refraction）定律一樣能夠用一個極小原理來陳述。光線從一個均勻的介質走到另一個均勻介質的路徑會在兩者的共同邊界處彎折，這個現象如今已廣為人知。因此在圖 237 中，光線將沿著一條 PQR 的路徑穿過兩種介質，首先在上層的介質以速度 v 從 P 點走到 Q 點，然後在下層的介質以速度 w 走到 R 點。按荷蘭科學家斯涅耳（Willebrord Snell van Royen，1591~1626）所發現的經驗定律，指明這條路徑是由兩條直線線段 PQ 和 QR 所構成，在邊界分別與垂直線形成的角 α 和角 α' 乃是按照 $\sin\alpha / \sin\alpha' = v/w$ 這個條件來決定。費馬用微積分方法證明：這條路徑使得從 P 點走到 Q 點的光線用上最短的時間，即花費的時間比起沿著任何一條連接相同的 P, Q 兩點的路線都要短。因此海龍的光線反射定律在一千六百年後，以一條類似而同等重要的光線折射定律得到補充。

費馬使這個定律的陳述推廣到包括連接兩種介質的彎曲表面在內，像是使用於各種透鏡的圓球表面。在這種情況下，這個陳述仍然有效：光線循著一條花費最短時間的路徑而行——相對於其它任何一條介於相同的兩點之間，有可能形成的路線所需要的時間。最後費馬考慮了，在任何一個光學系統中，光從一點走到

另一點的速度是在一個規定方式下變化，如同它在大氣層的情況一樣。他把在空間中不斷延伸的非均勻介質劃分成許多薄層，在每一個薄層裡面，光的速度大致不變，並想像此介質被彼介質取代，而在彼介質的每一層裡面，光的速度實際上不變。那麼他便能夠再度把他的原理派上用場，從一層緊接著到下一層。當層的厚度變得越來越薄，乃至趨近於零，便成就了廣義的**幾何光學的費馬原理**（Fermat principle of geometrical optics）：在一個不均勻的介質中，來往於兩點之間的光線是沿著一條——相對於所有連接這兩點的路徑來說——所需時間為最短的路徑。這一向是一個在幾何光學上最重要的原理，不僅只在理論上，而且遍及於實用之中。把變分法的技巧應用於這一個原理，遂為計算透鏡系統提供了基礎。

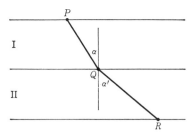

圖 237. 光線之折射

極小原理在物理學的其它分支同樣佔得優勢。人們已認識到一個力學體系的穩定平衡是以一種使它的「位能」（potential energy）被安排成最低值的方式而獲得。試以一條柔韌的均質鏈條為例，它的兩端被懸掛起來之後便完全聽任重力的擺佈。於是鏈條呈現出來的是使它的位能成為一個極小值的形式。在這個實例中，位能是以鏈條的重心距離其下方某一定軸（例如一條在地面上的水平軸線）的高度而被確定下來。鏈條的兩端被懸掛起來後，呈現出來的曲線被稱為一條懸鏈線（catenary），表面上看來類似一條拋物線。

極大和極小原理不僅僅對平衡定律來說舉足輕重，對運動定律也是如此。尤拉是對於這類原理最早擁有若干清晰看法的人，至於像法國數學家莫佩爾蒂（Pierre-Louis Moreau de Maupertuis, 1698~1759）等具哲學和神秘主義傾向的推理者，則無法把數學的陳述和「上帝意圖以一種最完美的普遍原則去規範物

理現象」這類模糊不清的見解加以區分。經過愛爾蘭數學家漢米爾頓（William Rowan Hamilton，1805~1865）的重新發現和擴展，尤拉的物理學變分原理已經證明是力學、光學和電動力學上，最為有效的利器之一，而且兼備許多在工程學方面的應用。近年來物理學的重大發展——相對論和量子力學——多的是各種充分展現變分法強大威力的例子。

3. 伯努利對最速降線問題的處理方式

幾乎不需要任何專門知識，我們便可以明白雅格・伯努利（Jacob Bernoulli, 1654~1705）為求解最速降線問題所發展的早期方法。我們從得自力學的事實開始，當一個在靜止狀態的質點沿著任何一條曲線 C 從 A 點下降到任一點 P 時，質點擁有的速度 v 是與 $\sqrt{h}$ 成正比，其中 h 為從 A 到 P 的垂直距離；即 $v = c\sqrt{h}$，其中 c 是一個常數。現在我們以一個稍為有點不同的近似問題去取代這個問題。我們把空間分成許多狀如平板的水平薄層，每一個的厚度為 d，並暫時假定下降中的質點其速度不是連續地進行改變，而是以跳躍的方式越過一層接一層，因此在與 A 點毗連的第一層中，質點的速度是 $c\sqrt{d}$，在第二層是 $c\sqrt{2d}$，而在最後的第 n 層則為 $c\sqrt{nd} = c\sqrt{h}$，其中 h 就是從 A 到 P 的垂直距離（見圖 238）。如果我們只考慮這個近似問題，那麼便只有為數有限的變數。在每一層裡面，點的路徑必須是一條直線的線段，不會有存在的問題出現，而解必然是一個多邊形，現在唯一的問題是如何確定多邊形的彎角。根據簡單折射定律的極小原理，在每一對相繼的兩層中，質點取道 Q 從 P 到 R 的運動——在 P, R 兩點為固定的情況下——必定是沿著一條由 Q 所提供，如此時間有可能成為最短的路徑。因此下面的「折射定律」必然適用：

$$\frac{\sin\alpha}{\sqrt{nd}} = \frac{\sin\alpha'}{\sqrt{(n+1)d}},$$

重複運用這個推理，便帶來一連串的等式

(1) $$\frac{\sin\alpha_1}{\sqrt{d}} = \frac{\sin\alpha_2}{\sqrt{2d}} = \cdots,$$

其中 α_n 是多邊形在第 n 層中與垂直線所形成的夾角。

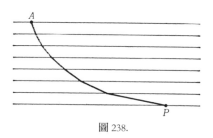

圖 238.

　　此時伯努利想像厚度 d 因變得越來越小而趨近於零，因此得自這個近似問題的解的多邊形便接近原來問題想要得到的解了。在這個向極限推移的過程中，等式 (1) 未受影響，所以伯努利便斷定作為問題的解必然是一條擁有下面性質的曲線 C：如果 α 是位於 C 之上任何一點 P 的切線與垂直線之間的夾角，而 h 是從通過 A 點的水平線起至 P 點的垂直距離，那麼對於所有在 C 上的各點 P 來說，$\sin\alpha / \sqrt{h}$ 是一個常數。擺線就是以這個性質為其特徵，而且證明方法可以說十分簡單。

　　伯努利的「證明」是一個典型範例，一個說明精巧而富有價值的數學推理，但同時又完全不嚴謹。在這個論據中有好幾個心照不宣的假定，而證明它們的正當性可能比證明論據本身還更為複雜和冗長。例如，曲線 C 這個解是否存在，以及近似問題的解是否接近實際上的解，這兩者均來自假設。關於這一類啟發式思考的本質價值，當然是值得去討論的問題，然而這將導致我們離開主題太遠了。

4. 球面的測地線 / 測地線與最大的極小值

本章開始時，我們曾提出尋求在一個球面上連結兩個已知點之間最短弧長的問題。正如在初等幾何學中所示，所謂的「測地線」（geodesics）指的就是球面上大圓的圓弧。令 P, Q 為坐落於圓球某個大圓上的兩點（彼此不位於直徑的兩端），大圓上連接 P 和 Q 兩點較短部分的弧長為 c。那麼問題就來了：屬於在同一個大圓上較長部分的弧 c' 究竟代表什麼？當然它既不是連接 P 和 Q 兩點最短的弧長，也不是連接 P 和 Q 諸曲線中長度之最長者，因為介於 P 和 Q 之間可以畫出任意長度的曲線。答案是 c' 是一個最大極小值（maxi-minimum）的問題的解。試看位於一個把 P 和 Q 兩點隔開的固定大圓上的某點 S；我們要找出在球面上連接 P 和 Q 而同時通過 S 的最短連線。這個極小值當然就是由兩個大圓上的短弧 PS 和 QS 所組成的一條曲線（圖 239）。接著我們要找出為了使這個最短距離 PSQ 變得儘可能最大時的 S 點所在位置。答案是：S 必然位於 PQ 大圓的長弧之上，這樣 PSQ 就成為大圓的長弧 c' 了。現在讓我們把這個問題做一個修改，首先在球面上尋找一條從 P 到 Q 而同時通過被指定的 n 個點 $S_1, S_2, \cdots, S_n$ 的最短途徑，接著回過頭來確定這 n 個點的位置，使這條最短路徑儘可能變得最長。這個問題的解答是這條路徑必須是連接 P, Q 兩點的大圓，不過由於這 n 個點坐落於與 P, Q 兩點截然相對的球面上，因此這條通過 $S_1, S_2, \cdots, S_n$ 諸點的路徑便必須不折不扣地繞過球面 n 次。

針對變分法的各種問題，美國數學家莫爾斯和其他人發展出來的研究方法已取得重大成果，而這個最大極小值的例子乃其中的一個典型。

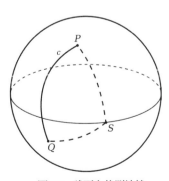

圖 239. 球面上的測地線

§11. 極小問題的實驗解法 / 肥皂膜實驗

1. 簡介

　　想要套用明顯的公式或者包括若干簡單的已知單元的幾何作圖來解決變分問題往往十分困難，有時也不可能做到。於是我們經常轉而只求證在一定條件下一個解的存在，然後審查這個解的各項性質便心滿意足了。在許多實例中，當如此一個關乎存在的證明最後變得多少有點困難的時候，如果我們透過相應的物理實驗來了解這些問題的數學條件——說得確切一點，就是把數學問題視為對一個物理現象的詮釋——那著實令人精神為之一振。物理現象的實際存在象徵數學問題的解答。當然，這只不過是一個貌似有理的考量，並非一個在數學上的證明，因為用於物理事件的數學詮釋是否在嚴謹的意義上屬於適當，或者它給物理事實所提供的是否只不過是一個不合宜的意象，這都是仍然有待解決的問題。有時這類實驗即使只是在想像中完成，連數學家也不得不信服呢。在十九世紀，許多黎曼所發現的在函數理論方面的基本定理，就是從想像電流在金屬薄面上的簡單實驗中而得。

　　我們將在本節以來自實驗上的論證為基礎，討論變分法中一個比較深奧的問題。這個被稱為柏拉托的問題是由於比利時物理學家柏拉托（Joseph Plateau，1801~1883）在這個主題上進行一些有趣的實驗而得名。這是一個年代甚為久遠的老問題，可追溯到變分法的開始階段。下面是它的最簡單表達形式：尋求在空間中以閉合的周線（contour）為界，而面積為最小的表面。我們還要討論一些若干相關問題的實驗，最後不僅將大大地有助於了解某些我們先前所得的結果，同時也有助於理解一種全新類型的數學問題。

2. 肥皂膜實驗

就數學上來說，柏拉托問題關係到一個「偏微分方程」（partial differential equation）或一組這一類方程式的解。尤拉證實所有（非平面）極小表面必然是鞍形，而在其上的每一點的平均曲率[1]必須等於零。十九世紀期間，許多特殊情況的解已被證明是存在的，但是就廣義上的解而言，證實它的存在是直到近年來才由美國數學家道格拉斯（Jesse Douglas, 1897~1968）和匈牙利數學家拉多（Tibor Rado, 1895~1965）所提出。

對一般的周線來說，柏拉托的實驗馬上就有物理學上的解。把任何一條用鐵絲繞成的閉合周線浸入一種低表面張力的液體然後再抽出，一張延展於周線之間，以面積最小的極小表面為形式的薄膜遂告成形。（由於表面張力，薄膜的面積必須儘可能小，才能讓位能儘量低，以達到穩定平衡位置；對於干擾這個傾向的重力和各種作用力我們可以不予考慮。）這一類的液體可按照下面適宜的處方而得：把10克的去水純油酸鹽（sodium oleate）溶於500克的蒸餾水，然後把15個立方單位的此溶液混合到11個立方單位的甘油（glycerin）中而成。從這種溶液以及由銅線製成的框架中，可得到比較穩定的薄膜，框架的大小以直徑不超過五或六英寸為宜。

我們只要把銅線定形成所想要的形狀，便很容易藉此方法得到柏拉托問題的「解」了。從一個正多面體一連串的邊線所組成的多條邊金屬線狀框架中，可得出多種美麗的模型。其中以整個正立方體的框架浸入這類溶液尤其饒有趣味。首先得到的結果是一個由不同表面組成的體系，它們沿著相交線互相以120°相遇在一起。（如果小心地把框架從溶液中抽出，便幾乎都會出現一個由十三個平面組成的體系，如圖240所示。）接著我們可以刺穿不同的表面，因而得以把這些表面破壞至最後只剩下一個以一個閉合的多邊形為界的表面。按照這種方式可以塑造出好幾種漂亮的表面。同樣的實驗也可以用一個四面體來進行。

---

[1] 表面上一點 P 的平均曲率被定義如下：設想在表面的 P 點上的垂線，以及所有包含這條垂線的平面。這些平面與表面的相交處所形成的曲線通常在 P 點處各自有不同的曲率。現在只考慮分別具有極小和極大曲率的曲線。（通常包含這一類曲線的平面彼此互相垂直。）這兩個曲率之和的一半就是表面在 P 點的平均曲率。

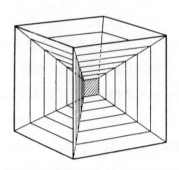

圖 240. 從正立方體框架中形成一個含有 13 個近乎平面的肥皂膜體系

3. 關於柏拉托問題的新型實驗

比起這些原先由柏拉托提出的實驗論述，具有最小表面的肥皂膜實驗的範圍更為廣泛。近年來在研究極小表面的問題上，被指定的周線不僅只有一條且可以是任意多條，同時還有在拓撲結構上更為複雜的表面。例如可能是只有一個面的單側表面或虧格異於零的表面。這些較具一般性的問題產生了各種令人驚奇的幾何現象，都能夠藉肥皂膜實驗展示出來。由於這種實驗連結，採用易於彎曲的金屬線形框架是十分有效的，而且亦有利於研究既定邊界的變形對於問題的解所帶來的影響。

我們將以若干例子做說明：

1) 如果周線是一個圓，我們便得到一個平面的圓盤。要是我們持續使邊界圓變形，我們或會預料到一個始終保留圓盤的拓撲特性之極小面。然而情況卻非如此。如果使邊界變成如圖 241 所示的外形，我們得到的已不是一個像圓盤那樣的單連通極小面，而是只有一個面的繆畢烏斯帶。我們也可以逆向操作，從這一個附著肥皂膜外形為繆畢烏斯帶的框架開始。把接合在框架上的把手向外拉，便可以使框架變形，在這個過程中我們來到某一瞬間，此時薄膜的拓撲特性突然改變，以致表面再度成為屬於單連通圓盤的類型（圖 242）。我們把變形逆轉回去，便又一次得到繆畢烏斯帶。在這個逆向變形的過程中，單連通的表面變形成繆畢烏斯帶是發生在較晚的階段。這顯示出一定存在著一個在周線輪廓方面的形狀系列，而來自其中的繆畢烏斯帶與單連通表面皆屬穩定，即提供了相對的極小面。不過當繆畢烏斯帶的面積比單連通表面要小得多的時候，後者的成形便會極不穩定。

2) 我們可以把一個極小的旋轉曲面張成於兩個圓之間。當如此一個金屬線形框架從溶液中抽出之後，我們得到的不是一個簡單的表面，而是三個表面以 120° 相交在一起的結構，其中之一是一個與規定的邊界圓平行的簡單圓盤（見圖 243）。把這個居中的盤面戳穿之後，便衍生出一個典型的懸鏈曲面（catenoid）。（懸鏈曲面得自前面第 §10 之 2 節的懸鏈線，繞著一條垂直於它的對稱軸的直線來旋轉而產生的曲面。）如果把兩個邊界圓拉開，那麼雙連通的極小懸鏈曲面便開始變得不穩定。這個時候，懸鏈曲面會不連續地一躍而變成兩個分離的圓盤。當然

這是一個不可逆的過程。

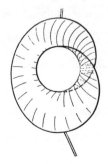

圖 241. 單側表面（繆畢烏斯帶）

圖 242. 雙側表面

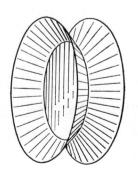

圖 243. 三個表面的體系

3) 另外一個有意義的例子是由圖 244~6 的框架所提供，從中可得出三種不同的極
小面，每一個都是以同一條簡單的閉合曲線為界；圖組中只有圖 244 是一個虧格
為 1 的極小面，而其它兩者則為單連通的極小面，同時從某方面來講彼此是對稱
的。如果周線具有完整的對稱性，後兩者便擁有相同的面積。然而如果情況並非
如此，而且還要以在單連通表面當中找出面積最小者為條件，那麼一個絕對最小
的面積只能來自其中一個，而另一個則是相對的最小面積。虧格為 1 的解出現的
可能性取決於一項事實，即容許虧格屬於 1 的表面可使我們得到一個較小的面積，
比求取單連通表面的面積還要小。由於我們把框架變形，要是框架的形狀變得
夠徹底，我們必然來到一個上述事實不再為真的關鍵時刻，此時虧格為 1 的表面

開始變得越來越不穩定，而突然以不連續的方式轉換成一個穩定的單連通表面的解，如圖 245 或 246 所示。如果我們從其中一個像圖 246 這種穩定的單連通的解開始，以如此一種令其變形的方法，以致使另一個如圖 245 所示的單連通的解變得較為穩定，那麼帶來的結果是，在過程中的某一刻發生一種非連續性的過渡，表面從其中一個變成另一個。而通過緩慢的逆向過程倒轉回去，我們把框架回復至原來位置，不過此時張附在框架上的已是另一個解。我們可以在反方向上重複這個過程，並以此方式藉著不連續的轉變而來回擺盪於兩種模式的表面之間。通過小心操作，兩個單連通的解之中的任何一個也可能不連續地轉變成虧格為 1 的解。為達到這個目的，我們必須使兩個圓盤形狀的部分彼此十分靠近，因此使虧格為 1 的表面明顯地變得有較大的穩定性。在這個過程中，有時首先出現的是一些過渡形式的薄膜，於是不得不在虧格為 1 的表面出現之前，把這些薄膜戳破。

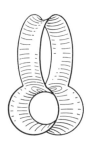  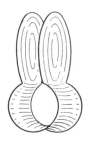

圖 244.　　　　　　　圖 245.　　　　　　　圖 246.
相同的框架但張成三種以 0 和 1 為虧格的不同曲面

　　這一個實例不僅顯示出相同的拓撲類型存在不同的解的可能性，而且還證明在同一個框架中，可能出現另一個屬於不同拓撲類型的解；而且這個例子再度說明，以連續方式對問題條件施以改變的同時，出現從一個解以非連續方式過渡到另一個解的可能性。建構各種較為複雜而同樣種類的模型，從而在實驗中研究它們表現出來的狀況並不困難（如圖 247）。

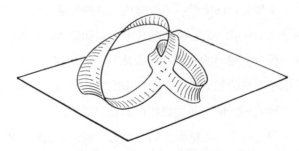

圖 247. 張成於來自一條單一周線的一個高階拓撲結構的單側極小表面

　　一些以兩條或多於兩條聯鎖閉合曲線為界的極小表面，在外觀上是一個有趣的現象。在圖 248 中的表面是張成於兩個聯鎖在一起的圓。在這個例子中，如果兩個圓彼此垂直，而且兩個平面的交線就是兩者的直徑，那麼這個表面便存在著兩種面積相同而彼此是對稱的相對形式。如果我們接下來把兩個圓彼此就對方的位置而稍作移動，表面所取的形式便持續改變——儘管對於每一個定位，只有一個形式是絕對極小，而另一個則屬於相對極小。當圓被挪動至一個使相對的極小表面得以成形的時候，那麼在某一瞬間它將會突然轉變成絕對的極小面。在這個問題上，兩個有可能出現的極小表面具有相同的拓撲特性，就像圖 245~6 的表面一樣：由於框架的輕微改變，可使其中一個突然轉變成另外一個。

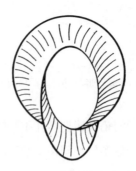

圖 248. 聯鎖圓

4. 其它數學問題的實驗解答

基於表面張力的作用，一張出自液體的薄膜只有當它的面積是一個極小值時，才會處於穩定的平衡狀態之中。對於具有重大數學意義的實驗來說，這是一個用之不竭的源泉。如果讓薄膜邊界上的某些部分可以在諸如平面等一類已知的表面上移動，因而使該部分擺脫邊界的約束，那麼在這些邊界上的薄膜將垂直於被指定的表面。

我們可以把這一個事實用來為斯坦納問題及其推廣（見第 §5 節）提出一些令人驚奇的實驗說明。將兩面平行的玻璃或透明的塑膠板用三個或更多個桿條在垂直方向上連接起來，浸入肥皂溶液之後再抽出，一個由垂直平面組成的薄膜體系遂告形成，這些平面介於兩面平行板間，並與固定的垂直桿條連在一起。它出現在玻璃板上的投影就是我們在第 §5 之 5 節中所討論的問題的解，如圖 249、250 所示。

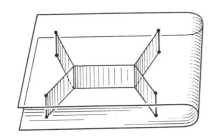

圖 249. 四點之間的最短連接之例證

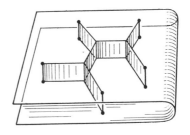

圖 250. 五點之間的最短連接

如果兩面平板彼此不平行，桿條便無法垂直於板面了，或者如果兩個板面皆呈彎曲，那麼薄膜在板面上所形成的曲線將不會是直線，不過這個情況卻啟迪了全新的變分法問題。

一個三片平板的極小表面以 120° 角相會在一起所形成的直線外觀，可以被視為一個與斯坦納問題有關的現象——斯坦納問題在更高維度上的推廣。如果我們以三條與空間中 A, B 兩點交會的曲線為例，那麼情況便會變得更為清楚，也可供我們研究對應的肥皂膜穩定體系。作為一個最簡單的情況，我們取其中一條曲線

為直線線段 AB，而取其它兩條曲線為完全等同的圓弧。結果就如圖 251 所示。
如果兩個圓弧所在平面形成的夾角小於 $120°$，我們得到的是三個分別以 $120°$ 角
相會在一起的表面；如果我們把兩個圓弧往外翻轉，從而逐步增大它們的夾角，
這個解便不斷連續地起變化，而最後變成兩個平面的圓弓形。

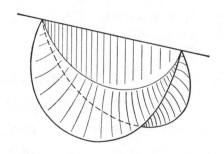

圖 251. 跨越連接於兩點的三條線之間的三個分別以 $120°$ 相遇在一起的表面

現在讓我們以三條較為複雜的曲線把 A, B 兩點連接起來。作為一個例子，
我們可以取三條不同的折線來表示，每一條折線都是由同一個正立方體的三條稜
線——把兩個在對角線上的頂點連接起來的稜線——所組成：我們便得出三個相
遇在立方體這條對角線上完全等同的表面。（我們在圖 240 的立方體中，把毗鄰
於被選為折線的三條邊的薄膜戳破，從而得到這一個表面的體系。）如果我們
可以使連接 A, B 的折線移動，我們會看到作為三個表面的相交線開始變彎，而
$120°$ 的交角仍將維持不變（圖 252）。

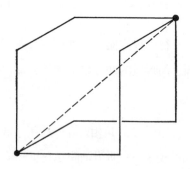

圖 252. 連接兩點的三條折線

凡是三個極小表面相遇於某直線上的現象，基本上都是出自一種相似的本質。它們是以最短的直線系統連接 n 個點的平面問題的推廣。

最後，我們要談一談有關肥皂泡的問題。球狀肥皂泡顯示出在所有把一個既定體積（視其內部的空氣量而定）圍住的閉合表面中，以球面擁有的面積最小。如果我們考慮的肥皂泡體積已被指定，它們的面積傾向於收縮至一個極小值，但又受到某些條件的限制，那麼得到的表面將不必一定是球面，而是平均曲率保持不變的曲面，圓球和圓柱體的表面都是這類曲面的特殊例子。

舉例來說，我們向兩塊平行玻璃板之間吹出一個肥皂泡。由於事前已用肥皂液把平面蘸濕，當肥皂泡碰到其中一片平板時，它突然呈現出一個半圓球形；一旦又碰到另一面時，它突然轉變成一個圓柱面的形狀，所以它是以一種最為突出的方式把圓的等周性質表露無遺。肥皂膜自身垂直地調整以適合外圍的表面，此乃這個實驗之關鍵所在。通過把一個肥皂泡吹向兩片由垂直的桿條連接起來的平板之間的實驗，我們便可以給第 §9 節所討論的問題作出說明。

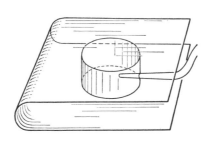

圖 253. 在既定面積中以圓周的周長為最短之實驗證明

利用一根細小的通氣管，使肥皂泡裡面的空氣增加或減少，我們便可以研究等周問題解的變化。然而把肥皂泡內的空氣吸走，我們卻得不到在第 §9 節的圖 234 中所出現的圓弧彼此相切的情況。圓弧狀三角形的三個內角（在理論上）將不會由於包含在體積內空氣量的降低，以致小於 120°。我們得到的形狀如圖 254~5 所示，與圖 235 的情況一樣，三角形也隨著面積趨於零而走向直線。在數

學推理上，肥皂膜無法形成相切的圓弧是由於一旦肥皂泡脫離頂點，連接的直線必然不能被算上兩次。圖 256 和 257 說明了相對應的實驗。

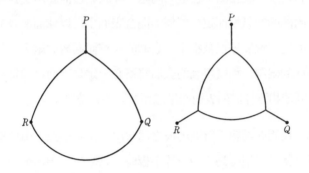

圖 254~5. 受邊界限制的等周長圖形

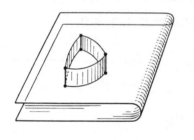

圖 256.

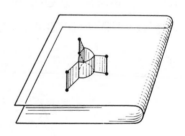

圖 257.

◆練習題

試研究一個相對應的數學問題：一個圓弧狀三角形的面積為已知，它的周長再加上三條分別連接三個頂點至三個已知點的線段具有一個最短的長度，試找出此三角形。

我們把一個肥皂泡吹向一個正立方體框架的內部，如果使肥皂泡從框架中凸出，這個以正方形為基座的框架便給我們提供各種平均曲率保持不變的表面。隨著我們用吸管把肥皂泡裡面的空氣吸走，我們得到的是一連串如圖 258 所示的美妙結構。肥皂泡的穩定性以及各種不同的平衡狀態之間的過渡現象是各種實驗的

根源，而出自數學上的觀點，這些實驗十分富有啟發性。這類實驗也彰顯出平穩值理論（theory of stationary values），因為我們能夠使過渡發生，以致把一個意味著「平穩狀態」（stationary state）的不穩定平衡完全誘導出來。

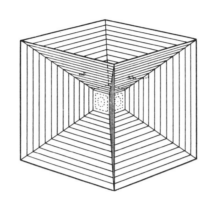

圖 258.

以圖 240 的正立方體結構為例，只要一個在中央的垂直表面把十二個由周邊發出的表面連接起來，它顯現出來的是一種對稱性。因此必然至少還有其它兩個的平衡位置，一個直立的中央正方形，一個是水平的中央正方形。實際上通過一根細小通氣管，向著圖 240 的正方形的周邊吹，我們便能夠迫使整個結構的狀態變成在立方體中心的正方形縮成一點；這個呈現不穩定平衡的位置將立刻轉變到另外一穩定的位置上——把原來立方體旋轉 90° 而得出的一個位置。

一個相似的實驗可以用肥皂薄膜來完成，藉此說明關於形成一個正方形的四點的斯坦納問題（圖 219~20）。

如果我們基於這類問題是等周問題的極限情況，而想要得到它們的解——譬如說，我們想要從圖 258 去獲得圖 240 ——我們便必須把肥皂泡內的空氣吸走。現在圖 258 是完全對稱的，整個結構的極限，隨著在肥皂泡內空氣量逐漸消失，將出現一個有十二個平面相會在中心的對稱體系。實際上這是可以看到的。然而這個得自一個作為極限的位置並非處於穩定的平衡狀態之中；它反而將轉變成如圖 240 所示的其中一個平衡位置。如果使用比上述處方更有高黏性的液體，便很

容易把整個現象看得一清二楚。這個例子說明了一個事實，那就是即使在有形的問題中，一個問題的解不見得需要持續取決於各種數據；因為對體積為零的極限情況來說，它的解，如圖 240 所提供，並不等於圖 258 所提供的解的極限——由於肥皂泡的體積趨於零的緣故。

第VIII章

微積分

簡介

在一個滑稽可笑和過度簡化的情況下，微積分（calculus）的「發明」有時被歸功於兩個人，牛頓與萊布尼茲。其實微積分是一個經過長時間演化過來的產物，它的創始與完成都不是出自牛頓和萊布尼茲之手，只不過在過程中兩人都扮演了具有決定性的角色。在整個十七世紀期間，有一群散佈在歐洲各地的科學家——大部分在學術界之外——生氣勃勃地矢志要把伽利略和刻卜勒所開創的數學工作繼續下去。通過彼此之間的交往和通信，這一群人一直保持密切接觸。縈繞在他們心中有兩大中心主題。首先是**切線問題**（problem of tangents）：確定與一條已知曲線相切的直線，即切線，屬於微積分的微分部分的基本問題。接下來是**求面積問題**（problem of quadrature）：確定在一條已知曲線範圍內的面積，屬於微積分的積分部分的基本問題。牛頓與萊布尼茲的巨大功勞乃在於他們清楚確認到**這兩個問題彼此之間的密切聯繫**。於是在他們手中，將兩者統一起來的各種新方法遂成為科學上強大的利器。許多了不起的成績應歸功於萊布尼茲在符號標誌上不可思議的發明。而萊布尼茲的成就絕對不會因為與一些模糊且站不住腳的觀念連在一起而失色。正是這些觀念使人們易於在思想上永遠缺乏一種對微積分的精確理解，造成人們寧可附會虛構的信念而不願把疑問澄清。在科學上顯然是較為精通的牛頓，看來主要是受到他在劍橋大學的老師和前輩巴羅（Isaac Barrow, 1630~1677）的激勵。萊布尼茲則比較像是科學界的局外人，作為他那個世紀最有頭腦和博學多聞的聰明人當中的一員，萊布尼茲是一個卓越的律師、外交官、哲學家。在一次因從事外交任務而造訪巴黎時，他在一段短得難以置信的時間內，從物理學家惠更斯那兒把新數學學到手，之後很快他便把包含現代微積分核心的各種結果發表出來。牛頓做出這方面的發現要早得多，但卻不願意發表。此外，儘管在他的曠世巨著《**自然科學的數學原理**》（*Philosophiae Naturalis Principia Mathematica*）一書中，他的許多發現原來就是藉微積分的方法而得，他卻寧可用古典幾何學的方式表達出來，使《原理》在表面上看來幾乎完全沒有明顯的微積分痕跡。後來在他所發表的學術論文中才有「流數」（fluxions）方法的出現。（「流數」是函數變化率的舊稱，也就是微分。）很快他的仰慕者開始與萊布尼茲的朋友對於誰最早「發明」微積分一事進行一場長期激烈的爭吵。

萊布尼茲被控剽竊別人的成果，雖然在一種到處瀰漫著為新理論諸要素而準備的氛圍中，同步和有獨立見解的發現是再也自然不過的事情。出於對地位先後和知識所有權等問題的過分強調，為了誰先「發明」微積分而造成爭吵，的確樹立了一個令人遺憾的榜樣，而這正足以使科學上正常接觸的氛圍備受傷害。

在十七世紀和大部分十八世紀間，作為古希臘理想的清晰和縝密的推理方法在數學的分析工作上似乎已被拋棄，在許多重要的事例中，皆以「直覺」（intuition）和「本能」（instinct）作為取代。結果只是助長了「新方法具有超凡的力量」這一未具批判性的信念而已。於是當時普遍認為，不僅沒有必要而且也不可能把微積分的結果清晰地呈現出來。要不是經過一小群能力極強的行家之手，這門新科學有可能產生嚴重的錯誤，甚至走上土崩瓦解之途。這些先驅們為一種出於天性的強烈使命感所導引，因而使他們免於偏離正途。然而當法國大革命已為學問向較高層次無限擴展打開了通路之際，當有志參與科學活動的人數大量增加之時，針對這個全新的數學分析方法進行關鍵性的修訂已不能再拖延下去了。在十九世紀終於成功地達到這個挑戰的目標，從而使微積分在今天能夠帶著完整的嚴謹性，在毫無一絲神秘性的情況下被傳授。如今再也找不到任何理由可以說，這個科學的基礎工具不應該為每一個受過教育的人所理解了。

我們打算使本章足可作為基礎微積分的入門，內中所強調的是對一些基本概念的理解，而不在乎形式上的巧妙處理。屬於直覺上的表達方式到處可見，但始終與精準的概念和清楚的步驟相一致。

§1. 積分

1. 面積: 一個極限

為了計算一個平面圖形的面積，我們選擇一個正方形作為面積的單位，而這個正方形是以單位長度作為邊長。如果長度的單位是英寸，那麼相對應的面積單位便是平方英寸；就是說，邊長為一英寸的正方形。在這個定義的基礎上，計算一個長方形的面積是十分容易。如果 p 和 q 分別是相鄰兩邊按照單位長度測得的長度，那麼長方形的面積是以 pq 個平方單位為值，或者簡言之，面積就是等於乘積 pq。不論 p 和 q 是否為有理數，這個面積的計算方式是普遍適用的。對於皆為有理數的 p 和 q 來說，這個結果可經由 p 和 q 分別用 $p = m/n$, $q = m'/n'$ 來表達而得，其中 m, n, m', n' 皆為整數。接著我們找到一個屬於這兩邊的公測度（common measure）$1/N = 1/nn'$，因此 $p = mn' \cdot 1/N$, $q = nm' \cdot 1/N$。最後，我們把長方形細分為許多邊長為 $1/N$，面積為 $1/N^2$ 的小正方形。這些小正方形的數量為 $nm' \cdot mn'$，而總面積遂等於

$$nm' \cdot mn' \cdot \frac{1}{N^2} = \frac{nm' \cdot mn'}{n^2 n'^2} = \frac{m}{n} \cdot \frac{m'}{n'} = pq,$$

如果 p 和 q 皆為無理數，我們首先以近似的有理數 p_r 和 q_r 分別取代 p 和 q，接著再使 p_r 和 q_r 分別向 p 和 q 趨近，所得到的是相同的結果。

一個三角形的面積等於一個以三角形的底邊 b 及其上的高 h 作為相鄰兩邊的長方形的面積的一半，這在幾何上是明顯不過的；因此一個三角形的面積大小可得自大家熟知的式子 $\frac{1}{2}bh$。平面上任何一個以一個或多個多邊形的邊線為界的區域是可以被分解成若干個三角形，所以它的面積是等於這些三角形面積的總和。

當我們要求的面積是一個不是以多邊形，而是以**曲線**為界的幾何圖形，這時就需要一個較為普遍的面積計算方法。我們將如何確定，譬如說，一個圓盤平面或者以一段拋物線為界的面積？早至公元前第三世紀，這個作為積分學基石的關鍵問題就已被阿基米德探討過，他用一種名為「窮舉」（exhaustion）的流程來計算這一類的面積。我們也許可以和阿基米德以及直到高斯那個時代之前的許多

偉大的數學家一樣，採取「天真」的態度，即看待曲線面積為直覺上既存的實體，因此問題不在於給它們下**定義**，而是把它們**計算**出來（不過屬於原則性的問題將在本章第 §8 之 2 節討論）。在一個以曲線為界的區域裡面，我們內接一個以多邊形為界的近似區域，因此它的面積可以明白地算出來。接著選擇另外一個把剛得到的近似區域包含在內的多邊形區域，而我們得到的面積就更加近似於已知曲線的區域了。依此方式進行下去，我們便可以逐步地勘盡整個已知區域的面積，於是我們得到的面積有如是一個面積序列的極限，這是一個由邊數持續增加且經過適當選擇出來的一些內接多邊形的面積所構成的序列。一個半徑等於 1 的圓面積是可以按照這個方法計算出來；它的數值是以符號 π 來表示。

阿基米德把這一個普遍性的策略落實到以圓和以拋物線的一段為界的面積計算。在十七世紀間，許多實例都有效地被處理過。在每一個實例中，極限值的實際計算是依靠一個特別適用於此特定問題的巧妙設計。微積分的一個主要成就是在面積的計算上，以一個普遍且效力強大的方法去取代這些特殊而有局限性的程序。

2. 積分

微積分的第一個基本概念是來自積分。在本節中，我們將把積分理解為利用
一個極限把**一條曲線下方的面積**表達出來的方式。如果一個取正值的連續函數
$y = f(x)$ 為已知，例如 $y = x^2$ 或 $y = 1 + \cos x$，接著我們要考慮的區域是它的下
方以 x 軸的一部分——從座標值 a 到較大的座標值 b——為界，左右兩邊以 a, b
兩點在 x 軸上的垂線為界，而上方則以曲線 $y = f(x)$ 為界，如圖 259 所示。我們
的目標是要把這個區域的面積 A 計算出來。

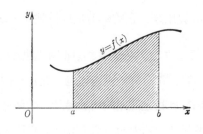

圖 259. 作為一個面積的積分

由於像這一類的區域通常是不可能被分解成若干個長方形或三角形，因此對
顯式計算方法來說，屬於這個面積 A 的直接表示式無從可得。然而我們可以為 A
找出一個近似值，從而按照下面的方法，使 A 等同於一個極限：我們把從 a 到 b
的區間劃分成許多細小的次區間，在每一個分割點上豎立垂線，接著把位於曲線
下方的每一個狹條用一個長方形去取代，長方形的高度取在介於曲線在該狹條內
最高和最低之間的某處。這些長方形面積之總和，S，所表示的乃是在曲線下方
的實際面積的一個近似值。這個近似值的準確度將隨著數量越多的長方形——也
就是每一個個別長方形的寬度越窄——而變得更高。因此我們便能夠把真正的面
積以一個極限來表現：如果我們建立一個在曲線下方面積的近似值的長方形序列，

(1) $$S_1, S_2, S_3, \cdots,$$

如此隨著 n 的增加，在 S_n 裡面的長方形寬度也就趨向於 0，於是序列 (1) 便接近
極限值 A，

(2) $$S_n \rightarrow A,$$

這一個極限 A，也就是曲線下方的面積，與選擇序列 (1) 所使用的特有方式沒有關係，只要向實際面積靠攏的各個長方形寬度趨於零便行。（舉例來說，得自 S_{n-1} 的 S_n，是可以從已被界定的 S_{n-1} 內再添加新的一個細分點或多點而得，或者選擇如何細分 S_n 與選擇如何細分 S_{n-1} 可以完全無關。）我們根據定義，把位於曲線下方的區域的面積 A——以這個逼近極限的過程來表示——稱為**函數 $f(x)$ 從 a 到 b 的積分**。它是以一個特設的「積分標誌」來表示，被寫作

(3) $$A = \int_a^b f(x)dx$$

萊布尼茲引進了積分代號 $\int$，「dx」，以及「積分」之名，以示取得極限的方法。我們將把逼近面積 A 的過程較為詳細地重述一遍，以解釋這個自成一套的標誌法。與此同時，推向極限的過程在分析上的公式化表述將有可能使有約束性的假設—— $f(x) \geq 0$ 和 $b > a$ ——被拋棄，從而最終把作為我們的積分定義基礎的先行直覺觀排除。（關於積分的定義，我們將在第 §8 節作處理。）

我們把從 a 到 b 的區間劃分為 n 個小區間，只是為了簡單起見，我們將假設每個小區間的寬度皆等於 $(b-a)/n$。於是我們便可以把細分出來的各點表示如

$$x_0 = a, \quad x_1 = a + \frac{b-a}{n}, \quad x_2 = a + \frac{2(b-a)}{n}, \quad \cdots, \quad x_n = a + \frac{n(b-a)}{n} = b,$$

我們給兩個前後 x 值之間的差值 $(b-a)/n$ 引進一個記法，Δx（唸作「delta x」），

$$\Delta x = \frac{b-a}{n} = x_{j+1} - x_j,$$

Δ 這個符號僅僅把一個「差額」表示出來。（它代表一個「算子」（operator）的符號，不可以錯誤地視之為某個數的代表。）我們可以挑選在小區間的右方端點處的函數值 $y = f(x)$，作為每個近似長方形的高度。那麼這些長方形的總面積將等於

(4) $$S_n = f(x_1) \cdot \Delta x + f(x_2) \cdot \Delta x + \cdots + f(x_n) \cdot \Delta x,$$

通常可縮寫為

(5)
$$S_n = \sum_{j=1}^{n} f(x_j) \cdot \Delta x,$$

代號 $\sum_{j=1}^{n}$ （唸作「從 $j=1$ 到 $j=n$ 的 sigma」）代表所有按 j 依次採取 $1, 2, 3, \cdots, n$ 為值之下，所得到的 n 個式子之和。

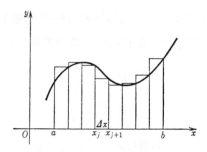

圖 260. 用小長方形去逼近面積

使用 $\sum$ 這個符號把一個總和的結果以簡明的方式表達出來，是可以用下列例子作為說明：

$$2 + 3 + 4 + \cdots + 10 = \sum_{j=2}^{10} j,$$

$$1 + 2 + 3 + \cdots + n = \sum_{j=1}^{n} j,$$

$$1^2 + 2^2 + 3^2 + \cdots + n^2 = \sum_{j=1}^{n} j^2,$$

$$aq + aq^2 + \cdots + aq^n = \sum_{j=1}^{n} aq^j,$$

$$a + (a+d) + (a+2d) + \cdots + (a+nd) = \sum_{j=0}^{n} (a+jd)$$

現在我們構造一個利用這形式去逼近面積的序列 S_n，其中 n 是無限地增加下去，因此序列中表示如 (5) 的每一個 S_n 所包含的項數隨著 n 值越大而越多，直到每一個單項 $f(x_j)\Delta x$ 由於因子 $\Delta x = (b-a)/n$ 的關係而最終趨於 0。所以當 n

增大時，這一個總和遂趨向面積 A，

(6)
$$A = \lim \sum_{j=1}^{n} f(x_j) \cdot \Delta x = \int_a^b f(x)dx$$

　　萊布尼茲把這一個從近似的總和 S_n 向極限 A 推移的經過用符號來表示，辦法是以標誌積分的代號 $\int$ 去取代作為總和的記號 $\sum$，而在差額的代號上以 d 去取代 Δ。（在萊布尼茲的年代，總和 $\sum$ 通常被寫成 S，而 $\int$ 這個符號只不過是一個書法體的 S。）雖然萊布尼茲的符號體系使人想到積分是名符其實地得自一個有限的面積總和的極限，我們必須倍加留心，不可對它的重要性著墨過多，因為就該如何去表示一個極限來說，這畢竟純然是一種約定俗成的認可而已。處於起始階段的微積分，極限的概念還沒有完全被充分理解，而當然也就不會老是把它牢記心頭，積分的意義便被解釋為「非無限小之差的 Δx 被無限小之量的 dx 所取代，而積分本身就是無限多個無限小的 $f(x)dx$ 之總和。」儘管無限小對於好思索的心靈有一定的吸引力，它在現代數學中卻沒有地位。以一套令人困惑的無意義空話把積分的清晰概念團團圍住畢竟不利於建設性決斷。然而即使是萊布尼茲，有時也會被他自己引進的符號那種引發遐想的威力所吸引；這些符號所起的作用**彷彿**它們就是代表諸「無限小的」量的一個總和，隨即仍然能夠如普通的量一樣，在一定程度上來運作。其實積分一詞之鑄出無非是為了表明整個面積，即積分的面積 A，是由多個「無限小的」$f(x)dx$ 部分所組成。不管怎麼說，人們在牛頓和萊布尼茲之後差不多一百年，才清楚認識到極限的概念是積分定義唯一真正的基礎。只要堅定地立足在這個基礎上，我們便可以避開一切出現在微積分發展初期的混沌，困難，和沒有意義的東西了。

3. 積分概念的一般說明和定義

按照我們視積分為一個面積的幾何定義，我們明確地假定 $f(x)$ 在整個積分所屬的區間 $[a, b]$ 之中永遠不會為負值，就是說函數的圖形沒有哪一部分是低於 x 軸。不過我們把積分的解析定義視為總和 S_n 的極限時，這假定卻屬多餘。我們只不過取得各個微小量 $f(x_j) \cdot \Delta x$，使它們的總和成形，最後過渡到極限；如果部分或全部的 $f(x_j)$ 值為負，那麼這個過程仍然有完整的意義。如果從幾何學角度以面積來做詮釋，我們發現 $f(x)$ 的積分就是各個以函數的圖形和 x 軸為界的面積的**代數**和，而位於 x 軸下方的面積算作負，另一方則為正（圖 261）。

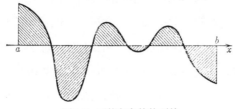

圖 261. 正值和負值的面積

在應用上致使積分 $\int_a^b f(x)dx$ 出現 b 比 a 小的情況也許會發生，因此 $(b - a)/n = \Delta x$ 是一個負數。按照積分的解析定義，假如 $f(x_j)$ 是正而 Δx 是負，我們便取得負值的 $f(x_j) \cdot \Delta x$，等等。換言之，從 a 到 b 的積分值就是從 b 到 a 的積分值的負值。因此我們得到一條簡單的規律

$$\int_a^b f(x)dx = -\int_b^a f(x)dx$$

我們必須強調，即使我們不使自己受到細分出來的諸等距離點 x_j 的限制，即相同的 x 差 $\Delta x = x_{j+1} - x_j$，積分值仍然不變。我們可以用別的方式去挑選 x_j，致使各個差 $\Delta x_j = x_{j+1} - x_j$ 並不相等（而且必須藉不同的下標以示區別）。即使是下面的總和

$$S_n = f(x_1)\Delta x_0 + f(x_2)\Delta x_1 + \cdots + f(x_n)\Delta x_{n-1}$$

以及

$$S_n' = f(x_0)\Delta x_0 + f(x_1)\Delta x_1 + \cdots + f(x_{n-1})\Delta x_{n-1}$$

都趨向相同的極限，即積分值 $\int_a^b f(x)dx$，只要我們注意到，所有的差距，$\Delta x_j = x_{j+1} - x_j$，是以下面的方式隨著 n 的增加而趨近於零：對一個設定的 n 值來說，即使是一個最大值的 Δx_j 也一樣隨著 n 的增加而趨於零。

據此，在 $n \to \infty$ 的情況下，**積分的終極定義**（final definition of the integral）表示如下

$$(6a) \qquad \int_a^b f(x)dx = \lim \sum_{j=1}^n f(v_j)\Delta x_j, \qquad （當 n \to \infty），$$

在這個極限中，v_j 所表示的可能是區間 $x_j \le v_j \le x_{j+1}$ 中的任何一點，而在細分上唯一的限制就是最長的區間 $\Delta x_j = x_{j+1} - x_j$ 必須隨著 n 的增加而趨於零。

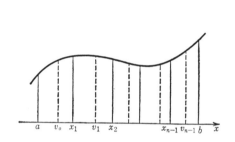

圖 262. 在積分的普遍性定義中的隨意細分

如果我們對於在一條曲線下方的面積的概念，以及按照細長之長方形的總和去逼近面積的可能性認為是理所當然的話，那麼極限 (6a) 的存在便不必有求於一個證明了。然而正如隨後在第 §8 之 2 節中的討論所見，為了使積分概念有一個符合邏輯的完整描述，以證明任何一個連續函數 $f(x)$ 的積分——在沒有涉及一個以面積的幾何觀為前提的情況下——實際上有一個極限，一個較為仔細的分析便會顯得不僅僅是值得的，而且甚至是必要的。

4. 積分的實例 / x^r 的積分

　　直至目前，我們在積分方面的討論僅止於理論層次。在具體情況中，從形成一個 S_n 的和的常規模式開始，接著過渡到一個極限，這樣是否真真正正會帶來實際的結果乃是問題之關鍵所在。為了要找到積分，這當然需要一些適合於特定函數的額外推理。二千年前，當阿基米德找到在拋物線的某一段下方的面積時，他所根據的是一個十分巧妙的設計，完成當今我們稱之為函數 $f(x) = x^2$ 的積分。十七世紀時期的現代微積分先驅者也是藉著特定的設計，成功地解決了諸如 x^n 一類簡單函數的積分問題。唯有經歷過許多獨特的問題之後，一個處理積分問題的普遍方法才得以在微積分的各種系統化方法中成形，從而使有望得解的個別問題的範圍大為擴展。在這一節，我們將討論屬於「前微積分」（pre-calculus）時期若干有啟發性的特殊問題，因為再也沒有什麼比它們更能夠把積分作為一個推向極限的過程說明得更好。

　　a)　我們以一個再也平凡不過的例題作為開始。如果 $y = f(x)$ 是一個常數，譬如 $f(x) = 2$，那麼把積分 $\int_a^b 2dx$ 理解為一個面積的情況下，它顯然就是 $2(b-a)$，因為一個長方形的面積等於底長和高度的乘積。我們將以這個結果與作為一個極限的積分定義 (6) 相比較. 我們把作為所有 j 值的 $f(x_j) = 2$ 代入 (5)，因此對每一個 n 來說，我們可得

$$S_n = \sum_{j=1}^n f(x_j)\Delta x = \sum_{j=1}^n 2\Delta x = 2\sum_{j=1}^n \Delta x = 2(b-a),$$

此乃由於

$$\sum_{j=1}^n \Delta x = (x_1 - x_0) + (x_2 - x_1) + \cdots + (x_n - x_{n-1}) = x_n - x_0 = 2(b-a)$$

　　b)　一個差不多與前者一樣簡單的問題是 $f(x) = x$ 的積分。此時 $\int_a^b xdx$ 是一個梯形的面積（見圖 263），根據初等幾何學，這個面積等於

$$(b-a)\frac{b+a}{2} = \frac{b^2 - a^2}{2},$$

這一個結果可在沒有運用幾何圖形下，藉觀察一個走向極限的真實過程而得，這再度與積分定義 (6) 相符：如果我們把 $f(x) = x$ 代入 (5)，那麼總和 S_n 便成為

$$S_n = \sum_{j=1}^{n} x_j \Delta x = \sum_{j=1}^{n} (a + j\Delta x)\Delta x$$
$$= (na + \Delta x + 2\Delta x + 3\Delta x + \cdots + n\Delta x)\Delta x$$
$$= na\Delta x + (\Delta x)^2(1 + 2 + 3 + \cdots + n),$$

利用第 I 章第 §2 之 2 節的公式 (1) 所表示的算術級數（即等差級數）$1 + 2 + 3 + \cdots + n$ 之和，我們便得

$$S_n = na\Delta x + \frac{n(n+1)}{2}(\Delta x)^2,$$

由於 $\Delta x = (b-a)/n$，S_n 遂相當於

$$S_n = a(b-a) + \frac{1}{2}(b-a)^2 + \frac{1}{2n}(b-a)^2,$$

現在如果我們使 n 趨於無限大，最後一項便趨於零，我們便得到

$$\lim S_n = \int_a^b x\,dx = a(b-a) + \frac{1}{2}(b-a)^2 = \frac{1}{2}(b^2 - a^2),$$

此與把積分作為一個面積的幾何詮釋相符。

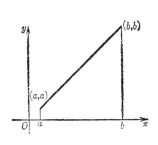

圖 263. 梯形之面積

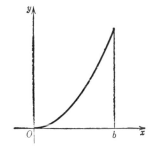

圖 264. 位於一條拋物線下方的面積

c) 一個較為不平凡的積分是來自函數 $f(x) = x^2$。阿基米德利用幾何方法

解決了等同於找出位於一段拋物線 $y = x^2$ 下方的面積問題。我們將在定義 (6a) 的基礎上以分析方法入手。為了簡化計算形式，我們選擇 0 作為積分的「下限」 a；於是 $\Delta x = b/n$。由於 $x_j = j \cdot \Delta x$，同時 $f(x_j) = j^2 (\Delta x)^2$，我們便得到 S_n 的式子

$$S_n = \sum_{j=1}^{n} f(j\Delta x)\Delta x$$
$$= [1^2 \cdot (\Delta x)^2 + 2^2 \cdot (\Delta x)^2 + \cdots + n^2 \cdot (\Delta x)^2] \cdot \Delta x$$
$$= (1^2 + 2^2 + \cdots + n^2)(\Delta x)^3,$$

現在我們可以實際地把極限計算出來。利用在第Ⅰ章第 §2 之 4 節中所建立的公式 (4)

$$1^2 + 2^2 + \cdots + n^2 = \frac{n(n+1)(2n+1)}{6},$$

接著把 $\Delta x = b/n$ 代入 S_n，遂得

$$S_n = \frac{n(n+1)(2n+1)}{6} \cdot \frac{b^3}{n^3} = \frac{b^3}{6}\left(1 + \frac{1}{n}\right)\left(2 + \frac{1}{n}\right),$$

這一個初步的變換使得推向極限的過程變得容易，因為 $1/n$ 是隨著 n 的無限增大而趨於零。因此我們得到的極限就簡單如 $\frac{b^3}{6} \cdot 1 \cdot 2 = \frac{b^3}{3}$，隨之而得的結果是

$$\int_0^b x^2 dx = \frac{b^3}{3},$$

把這個結果應用到從 0 到 a 的面積，我們得到

$$\int_0^a x^2 dx = \frac{a^3}{3},$$

通過把兩個面積相減，遂得

$$\int_a^b x^2 dx = \frac{b^3 - a^3}{3}$$

◆練習題

按照相同的方法，並利用第Ⅰ章第 §2 之 4 節中的公式 (5)，試證明

$$\int_a^b x^3\, dx = \frac{b^4 - a^4}{4}$$

　　通過發展出一個從 1 到 n 的各個整數的第 k 次乘方之和 $1^k + 2^k + \cdots + n^k$ 的一般公式，我們便能夠獲致下面的結果

(7)
$$\int_a^b x^k\, dx = \frac{b^{k+1} - a^{k+1}}{k+1}, \quad k \text{ 為任意一正整數。}$$

　　若利用我們在前面所詮述以不等距的各點形成細分作為計算積分的方法來取代，我們便可以獲得較為簡單甚至更有普遍性的結果。我們要確立的公式 (7) 不僅僅是針對任何一個正整數 k，而是對一個任意正或負的有理數

$$k = u/v,$$

其中 u 是一個正整數，而 v 則是一個正或負的整數。唯一被排除的 k 值是 -1，因為它使公式 (7) 變成沒有意義。我們也將假定 $0 < a < b$。

　　為了要得到積分公式 (7)，我們構造 S_n 的方法是從**幾何級數**中把細分點 $x_0 = a, x_1, x_2, \cdots, x_n = b$ 選擇出來。我們設定 $\sqrt[n]{\frac{b}{a}} = q$，因此 $\frac{b}{a} = q^n$，並確定了 $x_0 = a, x_1 = aq, x_2 = aq^2, \cdots, x_n = aq^n = b$。正如我們將會看到的，根據這個設計，推向極限的過程變得十分容易。因為我們發現作為「長方形之和」的 S_n，由於 $f(x_j) = x_j^k = a^k q^{jk}$，以及 $\Delta x_j = x_{j+1} - x_j = aq^{j+1} - aq^j$，

$$S_n = a^k(aq-a) + a^k q^k(aq^2 - aq) + a^k q^{2k}(aq^3 - aq^2) + \cdots + a^k q^{(n-1)k}(aq^n - aq^{n-1}),$$

既然每一項都含有 $a^k(aq-a)$ 這一個因子，S_n 便可以被寫成

$$S_n = a^{k+1}(q-1)[1 + q^{k+1} + q^{2(k+1)} + \cdots + q^{(n-1)(k+1)}],$$

我們以 t 代替 q^{k+1}，就會發現在方括號內的式子是一個幾何級數 $1 + t + t^2 + \cdots + t^{n-1}$，它的總和是 $\frac{t^n - 1}{t - 1}$，如第 I 章第 §2 之 3 節之公式 (3) 所示。然而 $t^n = q^{n(k+1)} = \left(\frac{b}{a}\right)^{k+1} = \frac{b^{k+1}}{a^{k+1}}$。所以

(8)
$$S_n = (q-1)\left(\frac{b^{k+1} - a^{k+1}}{q^{k+1} - 1}\right) = \frac{b^{k+1} - a^{k+1}}{N},$$

其中

$$N = \frac{q^{k+1} - 1}{q - 1},$$

到此為止，n 一直是一個固定值。現在我們要讓 n 增加，並要確定 N 的極限。隨著 n 的增加，n 次方根 $\sqrt[n]{\frac{b}{a}} = q$ 便趨於 1（見第VI章第 §6 之 3 節），因此 N 的分子和分母都趨向零，對此必須要小心謹慎。首先假設 k 是一個正整數，那麼分子便可以被分母給除盡，於是 $N = q^k + q^{k-1} + \cdots + q + 1$（見第 I 章第 §2 之 3 節）。此時如果 n 增加，q 遂趨近於 1，因此 $q^2, q^3, \cdots, q^k$ 也將向 1 逼近，所以 N 趨近於 $k+1$。而這就證明 S_n 趨向於 $\frac{b^{k+1} - a^{k+1}}{k+1}$，如前面所證明的一樣。

◆練習題

對於 $k \neq -1$ 的任何一個有理數來說，相同的極限公式，$N \to k+1$，因此也就是 (7) 的結果，是持續有效的，試證明之。提示：根據我們的數學模型，首先給 k 的負整數提出證明。接著如果 $k = u/v$，令 $q^{1/v} = s$，得出

$$N = \frac{s^{(k+1)v} - 1}{s^v - 1} = \frac{s^{u+v} - 1}{s^v - 1} = \frac{s^{u+v} - 1}{s - 1} / \frac{s^v - 1}{s - 1},$$

如果 n 增加，s 和 q 皆趨向於 1，因此上式右端的兩個商分別趨向 $u+v$ 和 v，於是再一次得到 N 的極限值為 $\frac{u+v}{v} = k+1$。

　　這種既冗長又有點矯揉造作的討論，如何可以被微積分中較為簡單而且較為有威力的方法所取代，將可見於第 §5 節。

◆練習題

1) 試對 $k = \frac{1}{2}, -\frac{1}{2}, 2, -2, 3, -3$ 等情況，核證上述 x^k 的積分。

2) 試找出下列各積分值：

　　a) $\int_{-2}^{-1} x \, dx$　b) $\int_{-1}^{+1} x \, dx$　c) $\int_{1}^{2} x^2 \, dx$　d) $\int_{-1}^{-2} x^3 \, dx$　e) $\int_{0}^{n} x \, dx$

3) 試找出下列各積分值：

　　a) $\int_{-1}^{+1} x^3 \, dx$　b) $\int_{-2}^{+2} x^3 \cos x \, dx$　c) $\int_{-1}^{+1} x^4 \cos^2 x \sin^5 x \, dx$　d) $\int_{-1}^{+1} \tan x \, dx$

　　（提示：考慮在積分範圍內的函數圖形，估及它們對 $x=0$ 的對稱性，從而把積分詮釋為面積。）

4) 利用在本書附錄第 (14) 題的公式，分別以 $\triangle x = h$ 代入，找出 $\sin x$ 和 $\cos x$ 從 0 至 b 的積分。

5) 通過分別把面積細分為相等部分以及按公式 (6a) 把 v_j 設定為 $v_j = \frac{1}{2}(x_j + x_{j+1})$，試找出 $f(x) = x$ 與 $f(x) = x^2$ 從 0 到 b 的積分。

6) 利用公式 (7) 的結果以及以相同的細分值 $\triangle x$ 之積分定義，試證明隨著 $n \to \infty$：

$$\frac{1^k + 2^k + \cdots + n^k}{n^{k+1}} \to \frac{1}{k+1}$$

（提示：令 $\frac{1}{n} = \triangle x$，並證明這個極限等於 $\int_0^1 x^k \, dx$。）

7) 試證明隨著 $n \to \infty$：

$$\frac{1}{\sqrt{n}} \left(\frac{1}{\sqrt{1+n}} + \frac{1}{\sqrt{2+n}} + \cdots + \frac{1}{\sqrt{n+n}} \right) \to 2(\sqrt{2} - 1)$$

（提示：將這個總和的極限以一個積分形式寫出。）

8) 按照拋物線 $y = ax^2$ 上兩點 P_1, P_2 的座標值 x_1, x_2，計算以弧 $P_1 P_2$ 及弦 $P_1 P_2$ 為界的弓形面積。

5. 「積分」規則

在微積分的發展過程中採取了相當重要的一步，那就是某些一般規則被寫成公式，而利用這些公式，複雜的問題可以化約成形式較為簡單的若干問題，從而藉一個幾乎是機械化的制式程序而得解。這個在演算上的特徵尤其被萊布尼茲的標誌法所突出。然而，對求解問題的技術性細節過分專注，可能會使微積分的教學退化成一種毫無意義的解題演練。

一些簡單的積分規則是馬上隨著定義 (6) 或視積分為面積的幾何詮釋而來。

兩個函數和的積分等於兩個函數的個別積分之和。一個常數 c 與一個函數 $f(x)$ 的相乘積的積分等於 c 與 $f(x)$ 的積分的相乘積。將這兩條規則結合起來後，便可用公式表示如

$$(9) \qquad \int_a^b [cf(x) + dg(x)]dx = c\int_a^b f(x)dx + d\int_a^b g(x)dx,$$

根據積分的定義——示如公式 (5) 的有限和的極限——公式 (9) 的證明便馬上隨之可得，因為對應於一個有限和 S_n 的公式顯然是成立的。這個規則可馬上擴展到兩個以上的函數和。

我們以一個多項式來說明這一個規則的用途，

$$f(x) = a_0 + a_1 x + a_2 x^2 + \cdots + a_n x^n,$$

其中係數 $a_0, a_1, \cdots, a_n$ 皆為常數。我們建立 $f(x)$ 從 a 到 b 的積分，

$$\int_a^b f(x)dx = \int_a^b (a_0 + a_1 x + \cdots + a_n x^n)dx,$$

根據公式 (9) 的規律，我們逐項進行，並利用公式 (7)，遂得

$$\int_a^b f(x)dx = a_0(b-a) + a_1 \frac{b^2 - a^2}{2} + \cdots + a_n \frac{b^{n+1} - a^{n+1}}{n+1},$$

另一個同時從解析定義與幾何詮釋中顯然可見的規則可用下面公式來說明，

$$(10) \qquad \int_a^b f(x)dx + \int_b^c f(x)dx = \int_a^c f(x)dx,$$

再者，當 b 等於 a 時，積分等於零乃是明顯不過。而在前面第 3 小節提出的規則

$$(11) \qquad \int_a^b f(x)dx = - \int_b^a f(x)dx$$

則與上面兩個規則是一致的，因為它相當於公式 (10) 中的 $c = a$ 的情況。

　　由於積分值一點也不依賴 x 這一個被挑選為 $f(x)$ 的自變數的特定名字，這個事實有時在用途上自有方便之處；例如

$$\int_a^b f(x)dx = \int_a^b f(u)du = \int_a^b f(t)dt, \quad \text{等等},$$

我們察覺到，若只把函數圖形所參照的定位系統的座標名目更改，那麼在曲線下方的面積是不會改變的。即使把座標系統本身作一定的改變，我們仍然可用上同樣的論述。例如在圖 265 中，我們把原點 O 移到右方距離為一個單位長度的 O' 點，因此 x 被一個新座標 x' 取代，而有 $x = 1 + x'$。以方程式 $y = f(x)$ 表示出來的曲線在新座標系統中的方程式變成 $y = f(1 + x')$。（例如 $y = 1/x = 1/(1 + x')$。）在曲線下方一個已知的面積 A，例如在 $x = 1$ 與 $x = b$ 之間，處於新的座標系統中，這個面積遂坐落於 $x' = 0$ 與 $x' = b - 1$ 之間的曲線下方。我們因此而得

$$\int_1^b f(x)dx = \int_0^{b-1} f(1+x')dx',$$

或者把 x' 改稱為 u，

$$(12) \qquad \int_1^b f(x)dx = \int_0^{b-1} f(1+u)du,$$

舉例來說，

$$(12a) \qquad \int_1^b \frac{1}{x}dx = \int_0^{b-1} \frac{1}{1+u}du,$$

而對於 $f(x) = x^k$ 來說，

(12b)
$$\int_1^b x^k dx = \int_0^{b-1} (1+u)^k du,$$

同理，

(12c)
$$\int_0^b x^k dx = \int_{-1}^{b-1} (1+u)^k du, \quad (k \geq 0),$$

由於（12c）的左邊等於 $\frac{b^{k+1}}{k+1}$，我們可得

(12d)
$$\int_{-1}^{b-1} (1+u)^k du = \frac{b^{k+1}}{k+1},$$

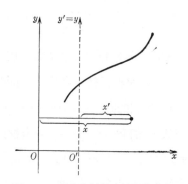

圖 265. y 軸向右平移一個單位長度

◆練習題

1) 試計算 $1+x+x^2+\cdots+x^n$ 從 0 到 b 的積分值。

2) 試證明當 $n>0$，函數 $(1+x)^n$ 從 -1 到 z 的積分為 $\frac{(1+z)^{n+1}}{(n+1)}$。

3) 試證明函數 $x^n \sin x$ 從 0 到 1 的積分值小於 $1/(n+1)$。（提示：$1/(n+1)$ 是等於 x^n 的積分值。）

4) 試直接利用二項式定理，證明 $\frac{(1+x)^n}{n}$ 從 -1 到 z 的積分為 $\frac{(1+z)^{n+1}}{n(n+1)}$。

　　最後我們要提出兩個以不等關係為形式的重要規則。這兩個規則可以使我們對於積分值作出初步但有用的評估。

　　我們假定函數 $f(x)$ 在 a 到 b（$b>a$）的區間中的值沒有一處是大於另外一個函數 $g(x)$。那麼我們按圖 266 或從積分的解析定義中，顯然立即可得

$$(13) \qquad \int_a^b f(x)dx \leq \int_a^b g(x)dx,$$

特別是如果 $g(x)$ 等於一個常數 M，我們得知 $\int_a^b g(x)dx = \int_a^b Mdx = M(b-a)$。
同時如果各個 $f(x)$ 值不大於 M，我們隨之可知

$$(14) \qquad \int_a^b f(x)dx \leq M(b-a),$$

　　假如 $f(x)$ 不等於負值，那麼 $f(x) = |f(x)|$。要是 $f(x) < 0$，那麼 $|f(x)| > f(x)$。因此，在 (13) 中，令 $g(x) = |f(x)|$，我們便得到一個實用的公式

$$(15) \qquad \int_a^b f(x)dx \leq \int_a^b |f(x)|dx,$$

由於 $|-f(x)| = |f(x)|$，我們同時獲得

$$-\int_a^b f(x)dx \leq \int_a^b f(x)dx,$$

這個公式與 (15) 連結起來，便得到一個更強的不等式

$$(16) \qquad \left| \int_a^b f(x)dx \right| \leq \int_a^b |f(x)|dx$$

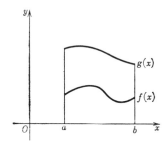

圖 266. 積分值之比較

§2. 導數

1. 導數：一個斜率

　　積分的概念是源自遠古年代，但微積分的另外一個基本概念，導數（derivative），則只不過在十七世紀才由費馬及其他人用公式表述出來。而介乎這兩個看來似乎相當分歧的概念之間的一個不可分割的相互聯繫性，正是來自牛頓和萊布尼茲的發現，從而開啟了數學這門科學一項空前的發展。

　　費馬所關心的是，如何決定一個函數 $y = f(x)$ 的極大值與極小值。在一個函數的圖形中，一個極大值相當於一個高於其它鄰近點的頂峰，而一個極小值則相當於一個低於其它鄰近點的谷底。在第Ⅶ章第 §3 之 1 節的圖 191 中，B 點有一個極大值而 C 點則有一個極小值。為了表現極大點和極小點的特性，自然會利用一條曲線的切線概念。我們假定這是一個沒有尖銳的轉角或其它奇點（singularity）的圖形，同時圖形上的每一點乃根據一條切線來表明它所具有的一定方向。在極大點或極小點之處，圖形的切線必然平行於 x 軸，因為不然的話，曲線將經由這些點再向上升或往下降。這一個特徵間接地表明了一個觀點，那就是對圖形 $y = f(x)$ 的任何一點 P，我們應就最一般的情況來通盤考慮曲線的切線方向。

　　為了表現 x, y 平面上一條直線的方向特徵性，習慣上我們以直線的**斜率**（slope）來顯示，即 x 軸正向與直線之間的夾角 α 所屬的三角正切函數。如果 P 是直線 L 的任意一點，我們從 P 點沿 x 軸方向向右走到 R 點，然後沿著 y 軸方向上升或下降到直線 L 上的 Q 點；那麼 L 的斜率 $= \tan \alpha = \frac{RQ}{PR}$。長度 PR 為正，而 RQ 呈正或呈負，則端視從 R 到 Q 的方向是上升或下降，因此當我們沿直線從左而右時，斜率遂基於水平方向規定了單位長度的上升或下降值。在圖 267 中，第一條直線的斜率為 $2/3$，而第二條直線的斜率則為 -1。

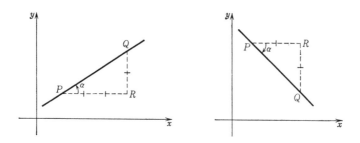

圖 267. 直線之斜率

　　就位於一條**曲線**上的點 P 的斜率來說，我們指的是曲線在 P 點的切線的斜率。只要我們認為一條曲線的切線是直覺上一個正確的數學概念而加以接受，那麼剩下的問題不過是**尋求一個計算斜率的程序**罷了。目前我們將會接受這一個觀點，把各種牽扯在內的問題推延至第 §8 節再作一個較為仔細的分析。

2. 導數：一個極限

要計算曲線 $y = f(x)$ 上某一點 $P(x, y)$ 的斜率，我們不能單靠曲線在 P 上這一點，而一定得要訴諸於推向一個極限的過程，與計算在曲線下方的面積十分相像。這一個推向極限的過程是微分學的基礎。試看圖 268 之曲線其上靠近 P 點的另一點 P_1，它的座標為 x_1, y_1。我們把連接 P 和 P_1 的直線稱為 t_1；它是曲線的一條割線，當 P_1 靠近 P 時便接近於在 P 點的切線。從 x 軸到 t_1 間的夾角，我們稱之為 α_1。接著我們令 x_1 向 x 靠近，於是 P_1 將沿著曲線向 P 移動，而割線 t_1 則行將以曲線在 P 點的切線 t 作為它的一個極限位置。如果 α 代表 x 軸與 t 之間的夾角，那麼隨著 $x_1 \to x$ [1]，

$$y_1 \to y, \quad P_1 \to P, \quad t_1 \to t, \quad \alpha_1 \to \alpha,$$

於是切線是割線的極限，而切線的斜率則是割線斜率的極限。

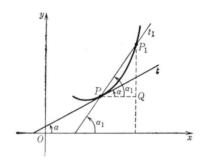

圖 268. 作為一個極限的導數

雖然我們還沒有給切線 t 本身備有明確的表示式，但割線 t_1 的斜率是用下面公式來表明

$$t_1\text{的斜率} = \frac{y_1 - y}{x_1 - x} = \frac{f(x_1) - f(x)}{x_1 - x},$$

1　我們此時的符號標誌方式與在第VI章中基於 x_1 是一個定值，而有 $x \to x_1$ 的用法稍為不同。這種在符號使用上出現的交替情況應該不致引起混淆。

或者，如果我們再度用符號 $\triangle$ 作為形成一個差的運算標記，

$$t_1\text{的斜率} = \frac{\triangle y}{\triangle x} = \frac{\triangle f(x)}{\triangle x},$$

割線 t_1 的斜率代表一個「差商」（difference quotient）：函數值的差 $\triangle y$ 被自變數的差 $\triangle x$ 除。此外

$$t\text{的斜率} = t_1\text{之斜率的極限} = \lim\frac{f(x_1) - f(x)}{x_1 - x} = \lim\frac{\triangle y}{\triangle x},$$

其中的極限值是隨著 $x_1 \to x$ 而求得，即隨著 $\triangle x = x_1 - x \to 0$。**曲線之切線 t 的斜率是差商 $\triangle y/\triangle x$ 的極限，隨著 $\triangle x = x_1 - x$ 接近於零而得。**

　　原來的函數 $f(x)$ 在 x 處給曲線 $y = f(x)$ 提供了一個**高度**（height）。於是我們可以把曲線上以 $x, y\{= f(x)\}$ 為座標的某一變動點 P 的斜率看作是一個 x 的全新函數，我們以 $f'(x)$ 表示之，並給它命名為函數 $f(x)$ 的**導數**（derivative）。這個推向極限的過程——藉此而得到導數——被稱為函數 $f(x)$ 的**微分**（differentiation）。這個過程屬於一種運算程序，按照一個明確的規律，把已知函數 $f(x)$ 連接到另一個函數 $f'(x)$，如同函數 $f(x)$ 之被界定的情況一樣，乃是根據一個規律把變數 x 的每一個值連接到一個 $f(x)$：

$$f(x) = \text{曲線 } y \text{ 的高度} = \text{在 } x \text{ 點的 } f(x) \text{ 值},$$
$$f'(x) = \text{曲線 } y \text{ 的斜率} = \text{在 } x \text{ 點的 } f'(x) \text{ 值},$$

「微分」一詞乃基於一個事實，那就是 $f'(x)$ 代表函數差 $f(x_1) - f(x)$ 除以變數差 $x_1 - x$ 的極限：

(1) $$f'(x) = \lim\frac{f(x_1) - f(x)}{x_1 - x} \quad \text{（當 } x_1 \to x\text{）},$$

通常使用的另一個標示方式是

$$f'(x) = Df(x),$$

「D」就是「所屬的導數」的簡寫；還有一個標示是來自萊布尼茲，他給 $y = f(x)$ 的導數賦予一個不同的記法

$$\frac{dy}{dx} \quad \text{或} \quad \frac{df(x)}{dx},$$

它表明了導數之作為差商 $\Delta y / \Delta x$ 或 $\Delta f(x) / \Delta x$ 極限的特性，對此我們將於第 §4 節再討論。

　　當我們是按照 x 值增加的方向而對曲線 $y = f(x)$ 作描述時，那麼在一點上一個**正導數**，$f'(x) > 0$，表示**遞升曲線**的意思，一個**負導數**，$f'(x) < 0$，表示**遞降曲線**，而 $f'(x) = 0$ 是指曲線在 x 處呈水平方向。如圖 269 所示，在曲線的極大點或極小點，其斜率必然為零。因此，正如費馬率先所做的一樣，我們從求解方程式

$$f'(x) = 0,$$

所得到的 x 值，便可以找到極大值和極小值的位置了。

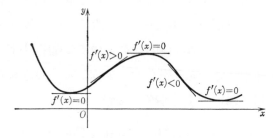

圖 269. 導數之正負號

3. 例題

我們考慮斜率之後寫下導數的定義 (1)，此點看來似乎不可能有實際價值。一個問題被另一個問題取代了：我們本來被要求去找出在曲線 $y = f(x)$ 上某一點的切線斜率，如今我們被要求以定義 (1) 來求取一個極限值，而定義 (1) 在乍看之下，似乎是同樣難以對付。然而一旦我們放棄考慮一般性，而只著眼於特定的函數，我們就會得到明確的結果了。

這一類函數中最簡單的就是 $f(x) = c$，其中 c 是一個常數。函數 $y = f(x) = c$ 的圖形是一條水平直線，與它所有的切線完全重疊，對於所有的 x 值來說，

$$f'(x) = 0,$$

乃至為明顯。這個關係也可得自定義 (1)，由於

$$\frac{\Delta y}{\Delta x} = \frac{f(x_1) - f(x)}{x_1 - x} = \frac{c - c}{x_1 - x} = \frac{0}{x_1 - x} = 0,$$

因此，並不意外地，

$$\lim \frac{f(x_1) - f(x)}{x_1 - x} = 0 \quad (\text{當 } x_1 \to x)。$$

我們再看一個簡單的函數 $y = f(x) = x$，它的圖形是一條穿過原點平分第一象限的直線。從幾何學清楚看出，對於所有的 x 值來說，

$$f'(x) = 1,$$

而按解析定義 (1)，再一次得到

$$\frac{f(x_1) - f(x)}{x_1 - x} = \frac{x_1 - x}{x_1 - x} = 1,$$

因此

$$\lim \frac{f(x_1) - f(x)}{x_1 - x} = 1 \quad (\text{當 } x_1 \to x)。$$

一個重要但形式最為簡單不過的例子，當屬下面函數的微分，

$$y = f(x) = x^2,$$

就是說要找出一條拋物線的斜率。這是一個最簡單的實例，它所傳授給我們的，乃是當答案從開始就不見得明顯時，該如何去落實一個極限的推移過程。我們得知

$$\frac{\Delta y}{\Delta x} = \frac{f(x_1) - f(x)}{x_1 - x} = \frac{x_1^2 - x^2}{x_1 - x}$$

要是我們想要從分子和分母直接延伸到極限，我們該會得到一個沒有意義的式子 0/0。然而通過把差商改寫，並**在延伸到極限之前**，把令人感到困惑的因子 $x_1 - x$ 消去，我們便能夠避開這個僵局了。（在求取差商極限值的過程中，我們考慮的只是 $x_1 \neq x$ 的一類數值，因此消去 $x_1 - x$ 是可被允許的；見第Ⅵ章第§3之2節關於極限概念的詮述。）因此我們得到下面的式子：

$$\frac{x_1^2 - x^2}{x_1 - x} = \frac{(x_1 - x)(x_1 + x)}{x_1 - x} = x_1 + x$$

現在，當 $x_1 - x$ 被消去**之後**，任何由於 $x_1 \rightarrow x$ 而給極限帶來的難題已不復存在了。極限遂以「代入」方式而得；因為差商的 $x_1 + x$ 新形式是連續的，而一個連續函數在 $x_1 \rightarrow x$ 的情況下，其極限純粹是該函數在 $x_1 = x$ 的值，在我們這個例子裡，就是 $x + x = 2x$，因此就函數 $f(x) = x^2$ 來說，

$$f'(x) = 2x$$

用類似的方式，我們可以證明 $f(x) = x^3$ 的導數為 $f'(x) = 3x^2$。因為差商

$$\frac{\Delta y}{\Delta x} = \frac{f(x_1) - f(x)}{x_1 - x} = \frac{x_1^3 - x^3}{x_1 - x}$$

是能夠按公式 $x_1^3 - x^3 = (x_1 - x)(x_1^2 + x_1 x + x^2)$ 從而消去分母 $x_1 - x$ 而被簡化，我們得到一個呈連續的式子

$$\frac{\Delta y}{\Delta x} = x_1^2 + x_1 x + x^2,$$

於是如果我們使 x_1 向 x 靠近，這個式子便單純地接近 $x^2 + x^2 + x^2$，我們遂得到極限 $f'(x) = 3x^2$。

大體上，以任何一個正整數 n 作為自變數 x 的指數的函數 $f(x) = x^n$ 的導數是

$$f'(x) = nx^{n-1}$$

◆練習題

試運用下面的代數公式求證上述結果：

$$x_1^n - x^n = (x_1 - x)(x_1^{n-1} + x_1^{n-2}x + x_1^{n-3}x^2 + \cdots + x_1x^{n-2} + x^{n-1})$$

運用簡單設計，使導數有可能以顯式被確定的進一步的例子是下面的函數

$$y = f(x) = \frac{1}{x},$$

我們知道

$$\frac{\Delta y}{\Delta x} = \frac{y_1 - y}{x_1 - x} = \left(\frac{1}{x_1} - \frac{1}{x} \right) \cdot \frac{1}{x_1 - x} = \frac{x - x_1}{x_1 x} \cdot \frac{1}{x_1 - x},$$

再一次經過消去分子和分母後，我們找出 $\frac{\Delta y}{\Delta x} = -\frac{1}{x_1 x}$ ，這表示在 $x_1 = x$ 之處是連續的；因此我們得到的極限為

$$f'(x) = -\frac{1}{x^2},$$

當然，對於 $x = 0$ 來說，函數自身及其導數都無法被定義。

◆練習題

試以類似方式，證明
$f(x) = \frac{1}{x^2}$ 的導數為 $f'(x) = -\frac{2}{x^3}$ ；
$f(x) = \frac{1}{x^n}$ 的導數為 $f'(x) = -\frac{n}{x^{n+1}}$ ；
$f(x) = (1+x)^n$ 的導數為 $f'(x) = n(1+x)^{n-1}$ 。

現在我們要對函數

$$y = f(x) = \sqrt{x}$$

進行微分，我們知道這個函數的差商是

$$\frac{y_1 - y}{x_1 - x} = \frac{\sqrt{x_1} - \sqrt{x}}{x_1 - x},$$

根據公式 $x_1 - x = (\sqrt{x_1} - \sqrt{x})(\sqrt{x_1} + \sqrt{x})$，我們便能夠把一個因子消去後，得到一個有連續性的式子

$$\frac{y_1 - y}{x_1 - x} = \frac{1}{\sqrt{x_1} + \sqrt{x}},$$

推移到極限時便得

$$f'(x) = \frac{1}{2\sqrt{x}}$$

◆練習題

試證明

$f(x) = \frac{1}{\sqrt{x}}$ 的導數為 $f'(x) = -\frac{1}{2(\sqrt{x})^3}$;

$f(x) = \sqrt[3]{x}$ 的導數為 $f'(x) = -\frac{1}{3\sqrt[3]{x^2}}$;

$f(x) = \sqrt{1-x^2}$ 的導數為 $f'(x) = -\frac{x}{\sqrt{1-x^2}}$;

$f(x) = \sqrt[n]{x}$ 的導數為 $f'(x) = \frac{1}{n\sqrt[n]{x^{n-1}}}$ 。

4. 三角函數之導數

現在我們探討一個十分重要的題目：三角函數的導數。在這裡，角度的度量是完全以弧度（radian）為單位。

為了求得函數 $y = f(x) = \sin x$ 的微分，我們令 $x_1 - x = h$，因此 $x_1 = x + h$ 而 $f(x_1) = \sin x_1 = \sin(x + h)$。根據三角函數 $\sin(A + B)$ 的公式，

$$f(x_1) = \sin(x + h) = \sin x \cos h + \cos x \sin h,$$

因此，

$$(2) \quad \frac{f(x_1) - f(x)}{x_1 - x} = \frac{\sin(x + h) - \sin x}{h} = \cos x \left(\frac{\sin h}{h} \right) + \sin x \left(\frac{\cos h - 1}{h} \right),$$

現在如果我們讓 x_1 走向 x，於是 h 便趨於 0，於是 $\sin h$ 趨於 0，而 $\cos h$ 則趨於 1。再者，我們根據第VI章第 §3 之 3 節的結果，

$$\lim \frac{\sin h}{h} = 1$$

且

$$\lim \frac{\cos h - 1}{h} = 0,$$

因此公式 (2) 之右邊趨向於 $\cos x$，我們得到的結果是：

函數 $f(x) = \sin x$ 的導數為 $f'(x) = \cos x$，或扼要地表示如

$$D \sin x = \cos x$$

◆練習題

試證明 $D \cos x = - \sin x$。

為了求得函數 $f(x) = \tan x$ 的微分，我們把 $\tan x$ 表示如 $\tan x = \frac{\sin x}{\cos x}$，遂有

$$\begin{aligned}
\frac{f(x + h) - f(x)}{h} &= \left(\frac{\sin(x + h)}{\cos(x + h)} - \frac{\sin x}{\cos x} \right) \cdot \frac{1}{h} \\
&= \frac{\sin(x + h) \cos x - \cos(x + h) \sin x}{h} \cdot \frac{1}{\cos(x + h) \cos x} \\
&= \frac{\sin h}{h} \cdot \frac{1}{\cos(x + h) \cos x}
\end{aligned}$$

（根 據 公 式 $\sin(A - B) = \sin A \cos B - \cos A \sin B$， 以 $A = x + h$ 和 $B = h$ 代入，因而得到最後的等式。）現在如果我們讓 h 趨於 0，$\frac{\sin h}{h}$ 遂趨近於 1，$\cos(x + h)$ 趨近於 $\cos x$，於是我們推論出：

函數 $f(x) = \tan x$ 的導數為 $f'(x) = \frac{1}{\cos^2 x}$，或

$$D \tan x = \frac{1}{\cos^2 x}$$

◆練習題

試證明 $D \cot x = -\frac{1}{\sin^2 x}$。

*5. 微分與連續性

　　一個函數的可微性意味著函數的連續性。因為如果作為極限的 $\Delta y/\Delta x$ 是隨著 Δx 走向零而存在，那麼不難明白函數 $f(x)$ 的變化，Δy，必然隨著 Δx 這一個差之趨於零而變得小至任意程度。因此每當我們能夠求得一個函數的微分，它的連續性必然同時得到保證；所以我們對出現在本章中有關可微分函數之連續性將沒有必要為其細說從頭，或為其提出證明，除非為了某種特殊理由則另當別論。

6. 導數與速度 / 二階導數與加速度

在前面關於導數的討論是與一個函數圖形的幾何概念連結在一起。然而導數概念的重要性絕非侷限於尋求一條曲線的切線斜率的問題。在自然科學方面，估算某一隨著時間 t 而改變的量 $f(t)$ 的**變率**（rate of change）的問題甚至更為重要。牛頓正是從這個角度著手探討他的微分問題。牛頓尤其想要分析在速度方面的現象——運動中的質點的時間與位置被視為變化單元，也就是牛頓以「流動的量」（fluent quantities）來表示的量。

如果一個質點沿著 x 軸這條直線在走動，那麼只要提出它在任何時刻 t 的位置 x，也就是一個時間函數 $x = f(t)$，質點的運動便完整地被描述出來。一個線性函數 $x = a + bt$ 說明了一個質點以不變的速度 b 沿 x 軸的「均勻運動」，其中 a 則為質點在時間 $t = 0$ 的座標位置。

一個質點在一個平面上的運動是根據兩個函數來描述，

$$x = f(t), \quad y = g(t),$$

表現出作為時間函數的兩個座標值。尤其對均勻運動來說，它相當於一對線性函數，

$$x = a + bt, \quad y = c + dt,$$

其中 b 與 d 是一個不變的速度的兩個「分量」，而 a 與 c 則是質點在 $t = 0$ 的起步時刻的位置座標；質點的軌跡是一條直線，其方程式為 $(x - a)d - (y - c)b = 0$，根據上面兩個線性關係把時間 t 消去而得。

如果一個質點在一個垂直的 x, y 平面上受到重力的單獨影響下走動，那麼正如在初等物理學中所示，對這種運動的描述是依照下面兩個方程式，

$$x = a + bt, \quad y = c + dt - \frac{1}{2}gt^2,$$

其中 a, b, c, d 四個常數端視質點的初始狀況而定，g 代表重力加速度，大約取值為 32——此處衡量時間的單位是秒，而距離為英尺。質點的運動軌跡可從兩個方程式中把 t 消去而得，如果 $b \neq 0$ 就是一條拋物線

$$y = c + \frac{d}{b}(x - a) - \frac{1}{2}g\frac{(x - a)^2}{b^2},$$

若 $b = 0$ 則變成垂軸 $x = a$ 的一部分。

　　如果質點運動被限制在平面上一條既定曲線上（像火車之沿著鐵軌走動），那麼我們可以將這種質點運動形式描述為質點沿曲線走過的弧長 s，而弧長乃是按質點從固定的起始點 P_0，經過 t 時間後到達 P 點位置時，沿曲線所量的長度，此為時間的一個函數，$s = f(t)$。例如在一個單位圓 $x^2 + y^2 = 1$ 上，函數 $s = ct$ 所描述的是一個質點以等速 c 沿圓周作均勻轉動。

◆練習題

試繪製下列各種平面運動的軌跡：

1) $x = \sin t, y = \cos t$　2) $x = \sin 2t, y = \sin 3t$　3) $x = \sin 2t, y = 2\sin 3t$

4) 在上述各種拋物線運動中，假定質點在出發時，$t = 0$，位置是在原點，且 $b > 0, d > 0$。試找出運動軌跡的最高點的座標。試找出運動軌跡與 x 軸的第二個相交點的時間 t 以及 x 值。

　　牛頓的首要目標是要確定一個非均勻運動的速度。為了簡單起見，我們考慮的質點運動是質點沿著一條直線，根據一個已知函數 $x = f(t)$ 來進行。如果運動是屬於等速的均勻運動，那麼速度便可以藉選取兩個時間值 t 和 t_1，以及相對應的位置值 $x = f(t)$ 和 $x_1 = f(t_1)$，從而形成兩者之差商：

$$v = 速度 = \frac{距離}{時間} = \frac{x_1 - x}{t_1 - t} = \frac{f(t_1) - f(t)}{t_1 - t},$$

例如，若時間與距離分別以小時和英里而量得，那麼 $t_1 - t = 1$ 的意思是在 1 小時內走過的英里數是 $x_1 - x$，而 v 所代表的速度便以每小時的英里數為單位。於是速度不變的運動純粹是指差商

(3)
$$\frac{f(t_1) - f(t)}{t_1 - t}$$

對所有的 t 和 t_1 值來說是一成不變的。然而當運動不再是等速度時，像一個自由落體的運動形式，它的速度是隨著下降而遞增，於是公式 (3) 的差商所指出的不

是**在某一時刻** t 的速度，而僅僅是在 t 到 t_1 整段時間內的**平均速度**而已。為了得到正在某一個時刻 t 的速度，我們必須採用 t_1 趨近於 t 時，平均速度的極限。因此像牛頓一樣，我們把在某一時刻 t 的速度 v 定義為

(4)
$$\text{時刻 } t \text{ 的瞬時速度} = \lim \frac{f(t_1) - f(t)}{t_1 - t} = f'(t),$$

換句話說，速度就是距離座標對時間的導數，或距離關於時間的「瞬時變化率」（有別於表示如 (3) 的**平均變化率**）。

　　至於**速度的變化率**本身則被稱為**加速度**（acceleration）。它純粹是導數的導數，通常以 $f''(t)$ 來表示，被稱為 $f(t)$ 的**二階導數**。

　　根據伽利略的觀測，一個自由落體在整段時間 t 的垂直下降距離 x 是得自下面的公式

(5)
$$x = f(t) = \frac{1}{2}gt^2,$$

其中 g 為重力常數。物體在某時刻 t 的速度 v 乃是對 (5) 微分而得的結果，

(6)
$$v = f'(t) = gt,$$

於是加速度 α 為

$$\alpha = f''(t) = g,$$

g 是一個常數。

　　假如我們在高處把物體放開，並且要在物體下降兩秒後找出它的速度。從 $t = 2$ 到 $t = 2.1$ 這一段時間，物體的**平均速度**為

$$\frac{\frac{1}{2}g(2.1)^2 - \frac{1}{2}g(2)^2}{2.1 - 2} = \frac{16(0.41)}{0.1} = 65.6 \quad (每秒的英里數)，$$

但是以 $t = 2$ 代入 (6) 之後，我們得到在 2 秒末的**瞬時速度**為 64。

◆練習題

從 $t=2$ 到 $t=2.01$ 這一段時間內自由落體的平均速度為何？從 $t=2$ 到 $t=2.001$ 又是多少？

就平面運動而論，兩個函數 $x = f(t)$ 和 $y = g(t)$ 的導數 $f'(t)$ 和 $g'(t)$ 分別確定了速度的分量。對於沿著一條固定曲線的運動，其速度則根據函數 $s = f(t)$ 的導數而被確定，其中 s 為弧長。

7. 二階導數的幾何意義

二階導數在分析上和幾何上同樣重要，因為 $f''(x)$——表示曲線 $y = f(x)$ 的斜率 $f'(x)$ 之變化率——給曲線的彎曲走向提供了一個標示。函數的變化率若為正，乃表示函數值是隨著 x 的增加而增加。所以在一個區間內 $f''(x) > 0$，那麼 $f'(x)$ 之變化率為正，就是指斜率 $f'(x)$ 是隨著 x 的增加而增加，因此如圖 270 所示，在曲線的正斜率之處，曲線上升轉急，而在斜率為負之處則下降趨緩。我們稱此時的曲線呈**凹向上**（concave upward）。

同樣地，當 $f''(x) < 0$ 時，曲線呈**凹向下**（concave downward）的形狀（圖 271）。

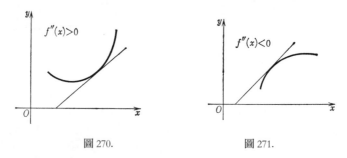

圖 270.　　　　　　　　圖 271.

拋物線 $y = f(x) = x^2$ 到處皆呈凹向上，因為 $f''(x) = 2$ 始終是正值。曲線 $y = f(x) = x^3$ 對 $x > 0$ 呈上凹，而對 $x < 0$ 則呈下凹（圖 153），出於 $f''(x) = 6x$ 之故，這個證明該不會有困難。順便一提的是，在 $x = 0$ 這一點上，我們得到 $f'(x) = 3x^2 = 0$（卻非極大值或極小值！）也得出 $f''(x) = 0$。這一點被稱為**反曲點**（point of inflection）。在曲線的反曲點上的切線與曲線相交，而在這個例子中，切線就是 x 軸。

如果 s 表示沿著曲線的弧長，而 α 則是曲線某點的切線與 x 軸的夾角，那麼 α 將是 s 的一個函數，$\alpha = h(s)$。隨著我們循曲線走動，$\alpha = h(s)$ 也就跟著起變化。函數 $h(s)$ 的變化率 $h'(s)$ 遂被稱為在弧長為 s 的一點上的曲線**曲率**（curvature）。在此我們在不經證明的情況下，指出曲線 κ 是可以用界定曲線的函數 $y = f(x)$ 的一階和二階導數表示出來：

$$\kappa = \frac{f''(x)}{(1 + (f'(x))^2)^{\frac{3}{2}}}$$

8. 極大值與極小值

為了找出一個已知函數 $f(x)$ 的極大值和極小值，我們首先從 $f'(x)$ 入手，得到 $f'(x)$ 之後，再找出使其成為零的 x 值，最後審查哪些 x 值提供函數的極大值和極小值。關於後面的問題，我們可以從二階導數 $f''(x)$ 的正負值標示圖形呈凹向上或凹向下而做出判斷，而當 $f''(x)$ 等於零時，則通常表示一個反曲點，在此點上函數不會出現極值。藉由觀察 $f'(x)$ 與 $f''(x)$ 的正負符號，我們不僅可以決定函數的極值，而且還可以找出函數的形狀。這個方法給我們提供了函數出現極值之處的 x 值，而為了找到相對應的函數值 $y = f(x)$，也就是極值本身，我們把 x 值代入 $f(x)$ 便行。

作為一個例題，試看下面的多項式

$$f(x) = 2x^3 - 9x^2 + 12x + 1,$$

它的一階及二階導數分別為

$$f'(x) = 6x^2 - 18x + 12, \quad f''(x) = 12x - 18,$$

二次方程式 $f'(x) = 0$ 的兩個根是 $x_1 = 1$ 和 $x_2 = 2$，我們便得

$$f''(x_1) = -6 < 0, \quad f''(x_2) = 6 > 0,$$

因此 $f(x)$ 的極大值是 $f(x_1) = 6$，極小值是 $f(x_2) = 5$。

◆練習題

1) 試繪出上述函數的圖形。
2) 試討論 $f(x)=(x^2-1)(x^2-4)$ 的圖形並繪製之。
3) 試分別找出 $x+\frac{1}{x}$，$x+\frac{a^2}{x}$，$px+\frac{q}{x}(p>0,q>0)$ 三個函數的極小值？又這些函數是否有極大值？
4) 試分別找出 $\sin x$ 與 $\sin(x^2)$ 之極大值與極小值。

§3. 微分的技巧

到目前為止，我們的全部工作都專注於求出各種特定函數的微分，通過轉變差商的方式，為過渡到極限作準備。通過萊布尼茲，牛頓和他們的繼承者的工作成果，當這些個別的手法被各種強有力的普遍方法取代的時候，微分終於跨出了決定性的一步。依照這些方法——只要掌握若干簡單規則，以及辨識到它們的可適用性——差不多可以自動地取得任何通常出現在數學上的函數的微分。因此微分學擁有在計算（calculation）方面一個「演算法」（algorithm）的特性，而正是這個面貌使這個理論以「微積分」（calculus）而得名。

我們不可能深入這種技巧的細節。我們僅僅對若干簡單的規則作簡短的陳述。

(a) **一個和的微分**。如果 a 和 b 皆為常數，而已知函數 $k(x)$ 可表示如

$$k(x) = af(x) + bg(x),$$

那麼讀者可以容易地證明

$$k'(x) = af'(x) + bg'(x),$$

不論項數有多少，對於相似的情況這條規則仍然適用。

(b) **一個乘積的微分**。對一個乘積

$$p(x) = f(x)g(x)$$

來說，它的微分是

$$p'(x) = f(x)g'(x) + g(x)f'(x),$$

我們從建構函數的差商入手，同時加上和減去相同的一項，便滿容易證實這個微分結果：

$$p(x+h) - p(x) = f(x+h)g(x+h) - f(x)g(x)$$
$$= f(x+h)g(x+h) - f(x+h)g(x) + f(x+h)g(x) - f(x)g(x),$$

把前兩項和後兩項結合起來之後便有

$$\frac{p(x+h) - p(x)}{h} = f(x+h)\frac{g(x+h) - g(x)}{h} + g(x)\frac{f(x+h) - f(x)}{h},$$

現在我們令 h 趨於零, $f(x+h)$ 圖形遂趨近於 $f(x)$, 如上所示的乘積的微分遂馬上得到證實。

◆練習題

試證明函數 $p(x)=x^n$ 的導數為 $p'(x)=nx^{n-1}$。（提示：把 $p(x)$ 表示如 $x^n=xx^{n-1}$, 並利用數學歸納法。）

利用規則 (a) 和 (b), 對任何一個多項式 $f(x)$

$$f(x) = a_0 + a_1 x + \cdots + a_n x^n$$

來說, 它的導數為

$$f'(x) = a_1 + 2a_2 x + 3a_3 x^2 + \cdots + na_n x^{n-1}$$

利用這個方式, 我們可以證明二**項式定理**。（試比較在第 I 章第 §2 之 6 節所用的證明方法。）這一個定理是與 $(1+x)^n$ 經展開而成為一個多項式有關：

(1) $\qquad f(x) = (1+x)^n = 1 + a_1 x + a_2 x^2 + a_3 x^3 + \cdots + a_n x^n,$

它指出係數 a_k 是得自下面的公式

(2) $$a_k = \frac{n(n-1)\cdots(n-k+1)}{k!},$$

當 $k = n$ 時, $a_n = 1$ 乃屬當然。

我們從上面第 §2 之 3 節的練習題中獲知, 對公式 (1) 左邊的 $(1+x)^n$ 微分便得到 $n(1+x)^{n-1}$。因此根據前面一段, 我們可得

(3) $\qquad n(1+x)^{n-1} = a_1 + 2a_2 x + 3a_3 x^2 + \cdots + na_n x^{n-1},$

在這個公式中, 我們令 $x = 0$, 便找到 $n = a_1$, 如同在公式 (2) 中令 $k = 1$ 的情況。接著我們再對 (3) 微分, 於是便得

$$n(n-1)(1+x)^{n-2} = 2a_2 + 3 \cdot 2a_3 x + \cdots + n(n-1)a_n x^{n-2},$$

代入 $x = 0$ 之後, 我們發現 $n(n-1) = 2a_2$, 與公式 (2) 中之 $k = 2$ 的情況相符。

◆練習題

試分別為 $k=3,4$ 兩種情況證實公式 (2)，以數學歸納法為 (2) 之一般情況 k 取得證明。

(c) **一個商的微分**。如果

$$q(x) = \frac{f(x)}{g(x)},$$

那麼

$$q'(x) = \frac{g(x)f'(x) - f(x)g'(x)}{(g(x))^2},$$

證明將留給讀者作為一個練習題了。（當然我們一定得假定 $g(x) \neq 0$。）

◆練習題

根據這個規則，試從前面第 §2 之 4 節中之 $\sin x$ 和 $\cos x$ 的導數，分別找出 $\tan x$ 和 $\cot x$ 的導數。試證明 $\sec x = 1/\cos x$ 的導數為 $\sin x/\cos^2 x$，而 $\csc x = 1/\sin x$ 的導數為 $-\cos x/\sin^2 x$。

現在，任何函數只要能用兩個多項式的商表達出來，我們就能微分這個函數。以函數

$$f(x) = \frac{1-x}{1+x}$$

為例，它的導數為

$$f'(x) = \frac{-(1+x) - (1-x)}{(1+x)^2} = -\frac{2}{(1+x)^2}$$

◆練習題

試微分

$$f(x) = 1/x^m = x^{-m},$$

其中 m 為一正整數。其結果為 $f'(x) = -mx^{-m-1}$。

(d) **反函數之微分**。如果

$$y = f(x) \quad 與 \quad x = g(y)$$

為反函數（例如 $y = x^2$ 與 $x = \sqrt{y}$），那麼它們的導數互為倒數：

$$g'(y) = \frac{1}{f'(x)} \quad 或 \quad Dg(y) \cdot Df(x) = 1,$$

回到分別是互為倒數的差商 $\Delta y/\Delta x$ 和 $\Delta x/\Delta y$，這一個關係便滿容易得證；同時我們從第 VI 章第 §1 之 3 節有關反函數的幾何詮釋中，如果把切線的斜率歸屬於 y 軸而不是 x 軸，也就可以明白過來了。

作為一個例題，試對函數

$$y = f(x) = \sqrt[m]{x} = x^{\frac{1}{m}}$$

進行微分，這個函數的反函數為 $x = y^m$。（有關 $m = \frac{1}{2}$ 較為直接的處理方法也可見於前第 §2 之 3 節。）由於後者的導數為 my^{m-1}，我們便得

$$f'(x) = \frac{1}{my^{m-1}} = \frac{1}{m} \cdot \frac{y}{y^m} = \frac{1}{m} y y^{-m},$$

據此，當代入 $y = x^{\frac{1}{m}}$ 和 $y^{-m} = x^{-1}$ 後，$f'(x) = \frac{1}{m} x^{\frac{1}{m}-1}$，也就是

$$D(x^{\frac{1}{m}}) = \frac{1}{m} x^{\frac{1}{m}-1}$$

作為一個更進一步的例子，試看反三角函數（見第 VI 章第 §1 之 3 節）的微分：

$$y = \arctan x \text{ 所表示的意思與 } x = \tan y \text{ 完全相同,}$$

在此變數 y 的角度是以弧度來衡量，並被限制於區間 $-\frac{1}{2}\pi < y < \frac{1}{2}\pi$ 之內，為的是保證反函數的一個唯一的定義。

由於我們從前面第 §2 之 4 節得知，$D\tan y = 1/\cos^2 y$，同時由於

$$\frac{1}{\cos^2 y} = \frac{\sin^2 y + \cos^2 y}{\cos^2 y} = 1 + \tan^2 y = 1 + x^2,$$

我們求得：

$$D\arctan x = \frac{1}{1+x^2},$$

讀者可按照同一方法，推導出下面的公式

$$D \arccot x = -\frac{1}{1 + x^2},$$
$$D \arcsin x = \frac{1}{\sqrt{1 - x^2}},$$
$$D \arccos x = -\frac{1}{\sqrt{1 - x^2}}$$

最後，我們要談到一條重要的規則：

(e) **複函數的微分**。這一類函數是合成自兩個（或多個）較為簡單的函數（見第VI章第 §1 之 4 節）。例如， $z = \sin(\sqrt{x})$ 是合成自 $z = \sin y$ 與 $y = \sqrt{x}$ ； $z = \sqrt{x} + \sqrt{x^5}$ 是合成自 $z = y + y^5$ 與 $y = \sqrt{x}$ ； $z = \sin(x^2)$ 是合成自 $z = \sin y$ 與 $y = x^2$ ； $z = \sin(\frac{1}{x})$ 是合成自 $z = \sin y$ 與 $y = \frac{1}{x}$ 。

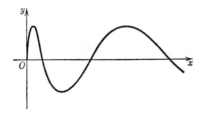

圖 272. $y=\sin(\sqrt{x})$ 圖 273. $y=\sin(x^2)$

$z = g(y)$ 與 $y = f(x)$ 為兩個已知函數，如果以後者代入前者，我們便得到一個複函數

$$z = k(x) = g[f(x)],$$

我們可以肯定

(4) $$k'(x) = g'(y)f'(x),$$

因為我們從建構 $z = k(x)$ 的差商中，可知

$$\frac{k(x_1) - k(x)}{x_1 - x} = \frac{z_1 - z}{y_1 - y} \cdot \frac{y_1 - y}{x_1 - x},$$

其中 $y_1 = f(x_1)$ 而 $z_1 = g(y_1) = k(x_1)$，接著令 x_1 向 x 接近，公式左邊遂趨於 $k'(x)$，而右邊的兩個因子則分別向 $g'(y)$ 和 $f'(x)$ 接近，(4) 遂獲證。

在這個證明中，$y_1 - y \neq 0$ 是必要之條件。因為我們以 $\Delta y = y_1 - y$ 作為除數，而且我們不能夠使用讓 $y_1 - y = 0$ 的諸 x_1 值。然而即使在一個 x 附近區間的 Δy 值等於零，公式 (4) 依舊有效；這時候的 y 是常數，$f'(x) = 0$，而 $k(x)$ 之於 x 則也是常數，因為 $k(x) = g(y)$，而 y 不隨 x 而生變之故也，因此 $k'(x) = 0$，如同公式 (4) 所規定的一樣。

讀者應該對下面諸例進行核證：

$$k(x) = \sin\sqrt{x}, \qquad k'(x) = (\cos\sqrt{x}) \cdot \frac{1}{2\sqrt{x}},$$

$$k(x) = \sqrt{x} + \sqrt{x^5}, \quad k'(x) = (1 + 5x^2) \cdot \frac{1}{2\sqrt{x}},$$

$$k(x) = \sin(x^2), \qquad k'(x) = \cos(x^2) \cdot 2x,$$

$$k(x) = \sin\frac{1}{x}, \qquad k'(x) = -\cos\left(\frac{1}{x}\right)\frac{1}{x^2},$$

$$k(x) = \sqrt{1 - x^2}, \qquad k'(x) = \frac{-1}{2\sqrt{1 - x^2}} \cdot 2x = \frac{-x}{\sqrt{1 - x^2}}$$

◆練習題

綜合本節與前面第 §2 之 3 節所得結果，試證明函數

$$f(x) = \sqrt[m]{x^s} = x^{s/m}$$

之導數為

$$f'(x) = \frac{s}{m} x^{\frac{s}{m} - 1}$$

我們應該注意到，所有涉及 x 各種乘方的公式現在可以結合成一個簡單的公式：

如果 r 是任何一個正或負的有理數，那麼函數

$$f(x) = x^r$$

之導數為

$$f'(x) = rx^{r-1}$$

◆練習題

1) 利用在本節中的各種規則，試完成在前面第 §2 之 3 節中的各練習題的微分。

2) 試對下面各函數進行微分：

$$x \sin x, \quad \frac{1}{1+x^2} \sin nx, \quad (x^3 - 3x^2 - x + 1)^3, \quad 1 + \sin^2 x, \quad x^2 \sin \frac{1}{x^2},$$

$$\arcsin(\cos nx), \quad \tan \frac{1+x}{1-x}, \quad \arctan \frac{1+x}{1-x}, \quad \sqrt[4]{1-x^2}, \quad \frac{1}{1+x^2}$$

3) 試找出前面各函數的二階導數，以及 $\frac{1-x}{1+x}, \arctan x, \sin^2 x, \tan x$ 等函數之二階導數。

4) 試微分 $c_1(x-x_1)^2 + y_1^2 + c_2(x-x_2)^2 + y_2^2$，並證明在第Ⅶ章所闡述關於光線之反射（第 §1 之 2 節）與折射（第 §10 之 2 節）的極小性質。光線將以 x 軸作為反射與折射之所在，而光線路徑之端點座標分別為 x_1, y_1 和 x_2, y_2。

（注意：這個函數的一階導數只在一點等於零；因此，由於該點是一個極小值，而明顯不會出現一個極大值，故不必去探究二階導數。）

更多關於極大值與極小值的問題：

5) 試找出下列各函數之極值，並描繪其圖形，查明函數各個呈遞增，遞減，凸狀與凹狀之區間：

$$x^3 - 6x + 2, \quad x/(1+x^2), \quad x^2/(1+x^4), \quad \cos^2 x$$

6) 試探討函數 $x^3 + 3ax + 1$ 之極大值與極小值依 a 而定的情形。

7) 雙曲線 $2y^2 - x^2 = 2$ 上哪一點與點 $x=0, y=3$ 之距離最近？

8) 已知一長方形之面積，試求令其對角線最短之邊長。

9) 在橢圓 $x^2/a^2 + y^2/b^2 = 1$ 之內，試找出面積為最大之內接長方形。

10) 已知一圓柱體之體積，試求令其表面積最小之半徑與高。

§4. 萊布尼茲的標誌法與「無窮小」

　　牛頓與萊布尼茲曉得如何把積分與微分視為極限而得之。然而由於不願意承認這個新的數學方法之根源乃是唯極限觀念是賴，於是這個原是微積分名符其實的基礎遂長期被弄得混淆不清。今天在我們看來簡單不過如此的極限概念已完全變得一清二楚，而當年牛頓與萊布尼茲竟無法秉持這樣一個明確的態度。他們所做出的榜樣支配了超過一個世紀的數學發展，在這段時期，微積分這個主題一直被「無窮小量」、「微分」[1]、「終極比」等一類說法所籠罩。不情願拋棄這些概念的頑抗態度，深深紮根於當時的哲學觀，以及人類思考的本質中。有人或會辯稱：「積分與微分當然可以按極限來計算，然而不管這些物件要如何用極限進行特定詮釋，它們的本體究竟是什麼？看來好像明顯不過的是，諸如一條曲線的面積或斜率一類的直覺觀念，自身就擁有一種不容置疑的意義，不需要任何來自內接多邊形或割線及其極限這一類的輔助概念。」事實上，把面積和斜率當作「本體」（things in themselves），為它們尋求適當的定義本來就是心理上的自然表現。不過與這種念頭劃清界線，同時寧可把極限的推移過程當成它們唯一與科學有關的定義，乃是深思熟慮的看法，通常足以為進步掃清路障。然而如此激進的哲學思想，在十七世紀是無法見容於當時的知識傳統。

　　萊布尼茲試圖從一個絕對正確的方法開始，以一個函數 $y = f(x)$ 的差商

$$\frac{\Delta y}{\Delta x} = \frac{f(x_1) - f(x)}{x_1 - x}$$

來「解釋」導數。作為 $\Delta y/\Delta x$ 的極限的導數，我們把它叫做 $f'(x)$（依循後來由法國數學家拉格朗日所引荐的用法），萊布尼茲把它寫成

$$\frac{dy}{dx},$$

以「微分符號」（differential symbol）d 來取代差值的代號 Δ。只要我們明白這個符號只不過代表：「$\Delta y \to 0$ 之得到落實，乃是按極限過程 $\Delta x \to 0$ 而

1　譯注：在牛頓與萊布尼茲時代所引進的「微分」（differential）一詞，其意義與今天我們對微分的理解有所不同，因此在行文中冠以括號以示區別。

得的結果」，則任何困難和奧秘都不存在。差商 $\Delta y/\Delta x$ 中的分母，Δx 是在延伸至極限**之前**就被消去，不然就是在極限推移過程能夠順利完成的情況下被變換。在實際的微分過程中，這始終是關鍵所在。要是我們不經過上述那麼一個約化的過程，而企圖進展到極限，我們便會得到一個毫無意義的關係，$\Delta y/\Delta x = 0/0$，它絲毫引不起我們的興趣。唯有當我們附和萊布尼茲和許多他的繼承者當年所發表的某些如下言論時，才會出現混淆不清的狀態：

「Δx 並不逼近於零，而是逼近不等於零的 Δx 的『**最後值**』，它不過是一個『無窮小的量』，一個被稱為「微分」的 dx；同理，Δy 也有一個小至無窮的『**最後值**』dy；這些無窮小的「微分」形成現實存在的商，$f'(x) = dy/dx$，重新成為一個普通的數。」

萊布尼茲於是把導數稱為「**微商**」（differential quotient）。這些無窮小的量被視為一類新型的數，它們不等於零，但小於實數體系中的任何一個正數。只有那些擁有十足的數學意識的人才有可能理解如此一個概念，而微積分遂被認為是一個如假包換的難題，因為並非每一個人都具有，或者能夠發展出這一種意識。按照同樣的方式，積分也被視為無窮多個「無窮小的量」$f(x)dx$ 的一個總和。人們似乎意識到，如此一個總和**就是**積分或面積，而這個作為諸普通數 $f(x_i)\Delta x$ **的一個有限和的極限**的總和值，在計算上當時卻被當作某種附屬品。如今我們只不過放棄對一個「直接」解釋的要求，並給積分**定義**為一個有限和的極限，這一來困難便完全消除，而微積分的全部價值遂固如磐石地得到保障了。

不管微積分在後期的發展如何，萊布尼茲所發明的標誌法——dy/dx 代表 $f'(x)$，$\int f(x)dx$ 代表積分——卻被保留下來，而且也證明了大有用途。要是我們把符號 d 看作僅代表一個極限的推移過程並無傷大雅。萊布尼茲的標誌方式具有一項優點，那就是商與和的極限在某個程度上可以把它們當作「彷彿」就是真的商與和來處理。這個符號體系引發出來的聯想力，往往使人們很想要將某種完全非數學上的意義加在這類標誌上。如果我們阻絕這種引誘，那麼相較於極限過程中較為累贅的記號方式而論，萊布尼茲的標誌法至少是一種絕佳的縮寫形式；其實它在微積分理論的較高深部分幾乎是不可或缺的。

舉例來說，前面第 §3 節的規則 (d) 關於函數 $y = f(x)$ 的反函數 $x = g(y)$ 的微分，結果得到 $g'(y)f'(x) = 1$。萊布尼茲的標誌法簡單地將它記為

$$\frac{dx}{dy} \cdot \frac{dy}{dx} = 1,$$

「彷彿」這兩個「微分」是可以像某些普通分數般被消去。同理，對一個複函數 $z = k(x)$ 的微分的規則 (e) 來說，其中

$$z = g(y), \quad y = f(x),$$

現在被解讀為

$$\frac{dz}{dx} = \frac{dz}{dy} \cdot \frac{dy}{dx}$$

萊布尼茲標誌法還有一項進一步的優點，就是它著重強調 x, y, z 這三個量，而非它們之間明顯的函數關係。函數關係所表示的是一個**程序**，從一個量 x 產生另一個量 y 的一種**運算**（operation）。例如函數 $y = f(x) = x^2$ 產生的量 y 等於 x 這個量的平方。運算（平方）是數學家所注意的對象。而物理學家和工程師大體上則主要對量本身感興趣。所以萊布尼茲標誌法在量方面的強調對於從事應用數學的人具有一股特殊的吸引力。

還有另外一點也許該加上一筆。當作為一個無窮小量的「微分」如今已確定極不光彩地被拋棄的同時，相同的「微分」一詞卻在不知不覺間通過後門再度出現，此時它代表一個完全合乎邏輯且十分實用的概念。現在它所指的意義只不過是一個差 Δx：當 Δx 變小時，它與其它量所出現的關係。我們此時不可能針對這個概念在各種近似計算上的價值進行討論，同時也不可能討論已使用「微分」的其它合乎邏輯的數學概念，然而其中有一些已證明在微積分及在幾何學的應用上相當有用。

§5. 微積分基本定理

1. 基本定理

在牛頓和萊布尼茲的微積分成果出現之前，積分的概念，以及某種程度的微分概念，已經有一個相當可觀的發展。為了幫助這個新型的數學分析方法有一個巨大的發展，需要的不過是再多一個的發現罷了。在表面上看來，一個函數的微分和積分所涉及的兩個極限推移過程似乎是毫不相干，但卻有密切的關係。其實它們就像加法與減法或乘法和除法的運算，兩者互逆於對方。因此單獨的微分學和積分學是不存在的，有的只是單獨一個的微積分。

萊布尼茲和牛頓率先清楚地辨識出，繼而開發出這個**微積分基本定理**（fundamental theorem of the calculus）實在是一項偉大的成就。當然他們的發現為科學的發展鋪平了一條筆直的道路，而若干人幾乎在同一時候對這情況各自得出一個清晰的理解，只不過是一件合乎常理的事情罷了。

為了對這個基本定理作公式化表述，我們考慮函數 $y = f(x)$ 的積分，從固定的下限 a 到可變動的上限 x。同時為了避免以 x 作為積分的上限與出現於代表 $f(x)$ 的變數 x 之間的混淆，我們用下面的形式來表示這個積分（見前面第 §1 之 5 節）：

$$(1) \qquad F(x) = \int_a^x f(u)du,$$

它表明我們想要探討的積分有如上限為 x 的一個函數 $F(x)$。函數 $F(x)$ 就是在曲線 $y = f(u)$ 的下方介於點 $u = a$ 與點 $u = x$ 之間的面積（圖 274）。有時候這個具有可變上限的積分被稱為「不定」（indefinite）積分。

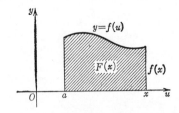

圖 274. 將積分視為上限的函數

於是微積分的基本定理便可以闡明如下：

不定積分 (1) 是 x 的一個函數，它的微分值等於 $f(u)$ 在點 x 的函數值：

$$F'(x) = f(x),$$

換句話說，由於把微分過程施於 $F(x)$，從函數 $f(x)$ 得出 $F(x)$ 的積分過程被解除，而且被顛倒過來。

這個定理很容易在直覺的基礎上獲證。證明乃取決於把積分 $F(x)$ 詮釋為一個面積，然而如果試圖藉一個圖形來代表 $F(x)$，而導數 $F'(x)$ 藉斜率來陳述，那麼問題便可能不好理解。我們不用導數原本的幾何詮釋，而是保留了積分 $F(x)$ 的幾何詮釋，但以一種分析方法進行 $F(x)$ 的微分。試看圖 275 中，介於 x 與 x_1 之間的面積純粹就是一個差

$$F(x_1) - F(x)$$

因此我們理解到，這個面積的大小是介於 $(x_1 - x)m$ 與 $(x_1 - x)M$ 兩個值之間，

$$(x_1 - x)m \leq F(x_1) - F(x) \leq (x_1 - x)M,$$

其中 M 與 m 分別是 x 與 x_1 之間的區間中，$f(u)$ 的最大值與最小值。由於上面公式中的兩個乘積都是長方形的面積，一個把位於曲線下方的面積包括起來，另一個則被包括在曲線下方面積之內。因此

$$m \leq \frac{F(x_1) - F(x)}{x_1 - x} \leq M,$$

我們將設定 $f(u)$ 是一個連續函數，所以當 x_1 靠近 x 時，M 和 m 皆接近 $f(x)$，於是正如這個定理所示，我們取得

$$F'(x) \leq \lim \frac{F(x_1) - F(x)}{x_1 - x} \leq f(x),$$

在直覺上，這表示了隨著 x 的增加，出現在曲線 $y = f(x)$ 下方面積的變化率等於曲線在 x 點的高度。

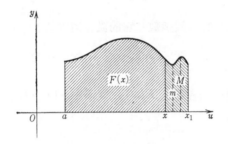

圖 275. 基本定理之證明

　　某些教科書由於在選擇學術用語上顯得彆腳，以致使基本定理的要點變得不清不楚。許多作者首先引出導數，跟著把「不定積分」僅僅定義為反導數（the inverse of derivative），聲稱如果

$$G'(x) = f(x),$$

那麼 $G(x)$ 就是 $f(x)$ 的一個不定積分。因此他們的證明程序馬上把微分與「積分」一詞結合在一起，只在後來才把作為一個面積或一個總和的極限的「定積分」（definite integral）的概念納入，而沒有強調「積分」一詞此時指的是某種完全不一樣的東西。這是把理論的主要真相偷偷地從後門塞進來的方法，嚴重妨礙了學生想獲取真正理解的努力。就 $G'(x) = f(x)$ 而論，我們更樂於把 $G(x)$ 稱為 $f(x)$ 的**原函數**（primitive function），而不是「不定積分」。於是微積分的基本定理可以簡明陳述如下：

　　如果 $f(u)$ 的積分，$F(x)$，是以定值 a 為下限且以變數 x 為上限，那麼 $F(x)$ 就是 $f(x)$ 的一個原函數。

　　我們之所以說「一個」原函數，而不是「獨一無二」的原函數，乃由於當 $G(x)$ 是 $f(x)$ 的一個原函數時，我們便馬上明白，

$$H(x) = G(x) + c \quad （c \text{ 為任意常數}）$$

也是一個原函數，因為 $H'(x) = G'(x)$。反之亦然。**兩個原函數，$G(x)$ 和 $H(x)$，僅以一個常數作為區別。** 由於兩者之差 $U(x) = G(x) - H(x)$ 之導數為

$U'(x) = G'(x) - H'(x) = f(x) - f(x) = 0$，表示 $U(x)$ 這個函數所呈現的是一個處處皆為水平的圖形，所以它一定是常數。

在我們掌握了 $f(x)$ 的一個原函數 $G(x)$ 的情況下，基本定理會引導出一條關於尋求介於 a 與 b 之間的積分值最為重要的規則。按照我們的主要定理，

$$F(x) = \int_a^x f(u)du$$

也是 $f(x)$ 的一個原函數。因此 $F(x) = G(x) + c$，c 是一個常數。如果我們還記得 $F(a) = \int_a^a f(u)du = 0$，常數 c 便被確定了。這個關係指出 $0 = G(a) + c$，因此 $c = -G(a)$。那麼介於下限 a 與上限 x 的定積分為

$$F(x) = \int_a^x f(u)du = G(x) - G(a),$$

如果我們以 b 代替 x，

(3) $$\int_a^b f(u)du = G(b) - G(a),$$

這與我們選擇不管有多特殊的原函數 $G(x)$ 無關。換言之，

為了求出定積分 $\int_a^b f(x)dx$ 之值，我們只需找到如此一個函數 $G(x)$，使得 $G'(x) = f(x)$，接著把一個差 $G(b) - G(a)$ 構造出來便行。

2. 初步應用： $x^r, \cos x, \sin x, \arctan x$ 之積分

此時此地我們不可能為基本定理所涉及的範圍提出一個適當的觀點，然而下面的說明應可提供某種指證。在力學，物理學，或純數學偶爾遇到的一些實際問題中，有求於一個定積分的值是很尋常的。試圖以一個總和的極限直接把積分找出來，也許有困難。但另一方面，正如我們在第 §3 節所見，要發展任何類別的微分，並在這個領域內累積大量資料，是比較容易做到的。每一個微分公式， $G'(x) = f(x)$ ，都可以逆向地被解讀為給 $f(x)$ 提供一個原函數 $G(x)$ 。如此按照公式 (3)，便可以把微分加以利用，把介於上，下限之間的 $f(x)$ 之積分值計算出來。

舉例來說，如果我們想要求得 x^2 或 x^3 或 x^n 的積分，現在我們可以用遠較第 §1 節要簡單的方法來落實。我們從 x^n 的微分公式曉得， x^n 的導數是 nx^{n-1} ，因此

$$G(x) = \frac{x^{n+1}}{n+1} \quad (n \neq 1)$$

的導數是

$$G'(x) = \frac{n+1}{n+1}x^n = x^n,$$

所以 $f(x) = x^n$ 的一個原函數為 $x^{(n+1)}/(n+1)$ ，因此我們馬上得出

$$\int_a^b x^n dx = G(b) - G(a) = \frac{b^{n+1} - a^{n+1}}{n+1},$$

這比起以一個求總和的極限方式直接尋求積分的繁瑣程序，實在是簡單得多了。

更廣泛地來看，我們在第 §3 節中發現，函數 x^s 的指數 s 不論是任何一個有理數，正或負有理數均可，其導數皆為 sx^{s-1} ，因此對 $s = r + 1$ 來說，函數

$$G(x) = \frac{1}{r+1}x^{r+1}$$

的 導 數 為 $f(x) = G'(x) = x^r$ 。（ 我 們 假 定 $r \neq -1$ ， 即 $s \neq 0$ 。） 所 以 $x^{r+1}/(r+1)$ 是 x^r 的一個原函數或「不定積分」，於是我們得出

(4)
$$\int_a^b x^r dx = \frac{1}{r+1}(b^{r+1} - a^{r+1}) \quad (a > 0, b > 0, r \neq -1)$$

在上式 (4) 中，我們假定在積分的區間裡，被積分函數 x^r 已被確定且是連續的，但如果 $r < 0$ 則不包括 $x = 0$ 在內。我們因此便以 a 與 b 皆取正值作為假設。

對於 $G(x) = -\cos x$ 來說，我們得到 $G'(x) = \sin x$，因此

$$\int_0^a \sin x dx = -(\cos a - \cos 0) = 1 - \cos a,$$

同理，由於 $G(x) = \sin x$，我們便取得 $G'(x) = \cos x$，於是

$$\int_0^a \cos x dx = \sin a - \sin 0 = \sin a$$

一個特別使人感興趣的結果是得自反正切函數的微分公式 $D \arctan x = \frac{1}{1+x^2}$。而函數 $\arctan x$ 就是 $1/(1+x^2)$ 的原函數，於是我們從公式 (3) 得到的結果是

$$\arctan b - \arctan 0 = \int_0^b \frac{1}{1+x^2} dx,$$

由於大小為 0 的角，其正切值等於 0，我們遂得

(5)
$$\arctan b = \int_0^b \frac{1}{1+x^2} dx,$$

特別當 $b = 1$ 時，由此正切等於 1 乃相當於一個 $45°$ 角，或弧度為 $\pi/4$，那麼 $\arctan b$ 就等於 $\pi/4$。因此得到一個值得注意的公式

(6)
$$\frac{\pi}{4} = \int_0^1 \frac{1}{1+x^2} dx,$$

這證明了函數 $y = 1/(1+x^2)$ 從 0 到 1 的圖形下方面積等於一個半徑為 1 的圓面積的四分之一。

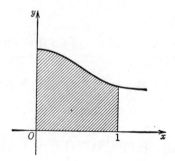

圖 276. 曲線 $y=1/(1+x^2)$ 下方從 0 到 1 的面積為 $\pi/4$

3. 萊布尼茲為 π 提出的公式

公式 (6) 的結果帶來了一個十七世紀在數學上最為美妙出色的發現——表示 π 的萊布尼茲交錯級數 (alternating series) ,

(7)
$$\frac{\pi}{4} = \frac{1}{1} - \frac{1}{3} + \frac{1}{5} - \frac{1}{7} + \frac{1}{9} - \frac{1}{11} + \cdots ,$$

出現在上面公式 (7) 的記號「 $+\cdots$ 」是指,我們可以令等式右邊在第 n 項中斷,從而形成一個有限「部分和」 (partial sums) 的序列,此序列隨著 n 之增加而收斂到 $\pi/4$ 。

我們只須想到有限等比級數 $\frac{1-q^n}{1-q} = 1 + q + q^2 + \cdots + q^{n-1}$,或是

$$\frac{1}{1-q} = 1 + q + q^2 + \cdots + q^{n-1} + \frac{q^n}{1-q},$$

便可以證明著名的公式 (7)。我們把 $q = -x^2$ 代入這個代數恆等式,便得

(8)
$$\frac{1}{1+x^2} = 1 - x^2 + x^4 - x^6 + \cdots + (-1)^{n-1} x^{2n-2} + R_n,$$

其中的「餘項」 R_n 表示如

$$R_n = (-1)^n \frac{x^{2n}}{1+x^2}$$

現在便可以找出方程式 (8) 在 0 與 1 極限之間的積分。根據第 §3 節之規則 (a) ,我們必須把方程式的右邊看作各單項的積分之和。按照公式 (4) ,由於 $\int_a^b x^m dx = (b^{m+1} - a^{m+1})/(m+1)$,我們得出 $\int_0^1 x^m dx = 1/(m+1)$,因此

(9)
$$\int_0^1 \frac{dx}{1+x^2} = 1 - \frac{1}{3} + \frac{1}{5} - \frac{1}{7} + \cdots + \frac{(-1)^{n-1}}{2n-1} + T_n,$$

而 $T_n = (-1)^n \int_0^1 \frac{x^{2n}}{1+x^2} dx$ 。根據公式 (5) ,公式 (9) 的左邊等於 $\pi/4$ 。於是 $\pi/4$ 與部分和

$$S_n = 1 - \frac{1}{3} + \frac{1}{5} - \frac{1}{7} + \cdots + \frac{(-1)^{n-1}}{2n-1},$$

之間的差就是 $\frac{\pi}{4} - S_n = T_n$。剩下需要證明的就是，$T_n$ 隨著 n 之增加而趨近於零。由於

$$\frac{x^{2n}}{1+x^2} \leq x^{2n} \quad (\text{當 } 0 \leq x \leq 1)，$$

回溯在第 §1 節的公式 (13)，如果 $f(x) \leq g(x)$ 而同時 $a < b$，那麼

$$\int_a^b f(x)dx \leq \int_a^b g(x)dx，$$

我們便認識到

$$|T_n| = \int_0^1 \frac{x^{2n}}{1+x^2} dx \leq \int_0^1 x^{2n} dx,$$

從公式 (4) 得知，上式右邊等於 $1/(2n+1)$，我們得到 $|T_n| < 1/(2n+1)$。因此

$$\left| \frac{\pi}{4} - S_n \right| < \frac{1}{2n+1},$$

但這顯示隨著 n 的增加，S_n 趨近於 $\pi/4$，因為 $1/(2n+1)$ 趨近於零。因此萊布尼茲的公式遂獲得證實。

§6. 指數函數與對數

微積分的基本概念給對數與指數函數所提供的理論，遠比根據學校一般教導下所採的「基本」程序更能滿足需要。我們通常從一個正數 a 的整數冪 a^n 開始，接著給 $a^{1/m}$ 定義為 $a^{1/m} = \sqrt[m]{a}$，於是對於每一個有理數 $r = n/m$，我們都得到一個 a^r 值。接下來是 x 為任何一個無理數時，a^x 被定義為 x 的一個連續函數，這是被基本教程所忽略的一個微妙之處。最後我們把以 a 為底（base）的 y 的對數（logarithm），

$$x = \log_a y,$$

定義為 $y = a^x$ 的反函數。

下面以微積分作為基礎的這些函數理論，是按著與上面相反的順序來考量。我們先從對數開始，然後才輪到指數。

1. 對數之定義與性質／尤拉數：e

我們給對數，或者更確切說就是「自然對數」（natural logarithm）
$F(x) = \log x$（它與以 10 為底的常用對數之間的關係可見於下一節），定義為曲
線 $y = 1/u$ 的下方從 $u = 1$ 到 $u = x$ 的面積（圖形如第 I 章第 §3 之 2c 節的圖 5
所示），或者（全然是相同的說法）就是等於積分

$$(1) \qquad F(x) = \log x = \int_1^x \frac{1}{u} du,$$

變數 x 可以取任何一個正值，而零則被排除在外，因為被積分函數 $1/u$ 隨著 u 接
近於 0 而變成無窮大之故也。

我們很自然就會想要對公式 (1) 之函數 $F(x)$ 進行探討。由於我們曉得，對
於取任何冪數的 x^n 來說，它的原函數是一個形式相同的函數 $x^{(n+1)}/(n+1)$ ——
除 $n = -1$ 屬例外，因此時分母 $n + 1$ 勢將等於零，使前面第 2 節的公式 (4) 變成
毫無意義。從而我們或會期望 $1/x$ 或 $1/u$ 的積分可能將產生某種新型而且使人感
興趣的函數。

即使我們視公式 (1) 為函數 $\log x$ 的定義，但直至我們推導出它的性質，找出
適於計算它的數值的方法之前，我們尚未「掌握」這個函數。相當典型的一個現
代的處理方法是先從諸如面積或積分的一般概念著手，在這個基礎上建構出各種
像公式 (1) 這樣的定義，接著把諸既定對象的性質演繹出來，而關於數值計算方
面詳盡明確的陳述只在最後才達成。

$\log x$ 的第一個重要性質立刻可從微積分基本定理（第 §5 節）中推論出來。
這個定理帶來方程式

$$(2) \qquad F'(x) = \frac{1}{x},$$

按對數定義，x 是取任意正值的變數，故從 (2) 可知 $\log x$ 的導數始終是正值，這
印證了一個明顯的事實，即隨著朝 x 值增加的方向走，函數 $\log x$ 代表了一個單調
遞增的函數。

對數的一個主要性質可見於下面的公式，

(3)
$$\log a + \log b = \log(ab),$$

這個公式在對數實際應用到數值計算方面的重要性已廣為人知。在直覺上，公式 (3) 是可以從規定 $\log a$，$\log b$，和 $\log ab$ 三個量的圖形面積推導出來。不過在此我們寧願選擇用一個屬於微積分的典型推理方法，把公式 (3) 推導出來：我們考慮函數 $F(x) = \log x$ 的同時，設定 $w = f(x) = ax$，其中 a 為任意正值常數，一併考慮另一個函數

$$k(x) = \log(ax) = \log w = F(w),$$

按照第 §3 節關於複函數之微分規則 (e)，我們可順利地求得 $k(x)$ 的微分：$k'(x) = F'(w)f'(x)$。基於公式 (2)，同時由於 $f'(x) = a$，$k(x)$ 的微分便成為

$$k'(x) = \frac{a}{w} = \frac{a}{ax} = \frac{1}{x},$$

因此 $k(x)$ 與 $F(x)$ 有相同的導數。所以按照原函數的微積分基本定理（第 §5 之 1 節），我們得出

$$\log ax = k(x) = F(x) + c,$$

其中 c 是一個不取決於任何特定 x 值的常數。而通過 $x = 1$ 這一個簡單的代入程序，c 遂被確定。我們從定義 (1) 得知

$$F(1) = \log 1 = 0,$$

此乃由於在定義 (1) 中，積分之上限及下限皆為 1 之故。因此我們可得

$$k(1) = \log(a \cdot 1) = \log a = \log 1 + c = c,$$

c 遂被確定。於是對於每一個 x 值來說，

(3a)
$$\log(ax) = \log a + \log x,$$

令 $x = b$，我們遂獲得想要的公式。

尤其就 (3a) 中的 $a = x$ 而論，我們依次得到

$$\log(x^2) = 2\log x,$$
$$\log(x^3) = 3\log x,$$
$$\cdots\cdots\cdots\cdots,$$
(4)
$$\log(x^n) = n\log x,$$

方程式 (4) 顯示出 $\log x$ 值是隨著 x 值之持續增加而趨於無窮大。由於對數是一個單調遞增的函數，而我們明白，譬如說

$$\log(2^n) = n\log 2,$$

因此這種函數與 n 一起趨向無窮大。再者

$$0 = \log 1 = \log\left(x \cdot \frac{1}{x}\right) = \log x + \log\frac{1}{x},$$

所以

(5)
$$\log\frac{1}{x} = -\log x,$$

最後，對任何一個有理數 $r = \frac{m}{n}$ 來說，

(6)
$$\log x^r = r\log x,$$

因為如果我們設定 $x^r = u$，於是

$$n\log u = \log u^n = \log(x^r)^n = \log x^{\frac{m}{n}\cdot n} = \log x^m = m\log x,$$

因此，

$$\log x^{\frac{m}{n}} = \frac{m}{n}\log x,$$

由於 $\log x$ 是 x 的一個連續單調的函數，當 $x = 1$ 時它取值為 0，同時隨著 x 的增加而趨於無窮大，因此必然有那麼一個大過 1 的 x 值，致使 $\log x = 1$。我們遵循尤拉的定名，稱此數值為 e。（它等同於在第 VI 章第 §2 之 3 節的定義，我們將隨後證明。）因此 e 被定義為

(7)
$$\log e = 1,$$

我們引進數值 e ，乃是基於一項固有的性質，從而保證了 e 的**存在**。目前我們要把分析作進一步延伸，以期得到 e 的數值計算的顯式公式──作為一個**邏輯上必然的結果**──足以提供嚴謹至任意程度的近似值。

2. 指數函數

總結前面的結果，我們明白函數 $F(x) = \log x$ 在 $x = 1$ 時是以零為值，同時單調地持續遞增至無窮大，但以持續遞減的 $1/x$ 為斜率，而對於小於 1 的正 x 值而言，函數值為負的 $\log 1/x$，因此 $\log x$ 是隨著 $x \to 0$ 而變成負無窮大。

由於 $y = \log x$ 的單調特性，我們可以考慮它的反函數

$$x = E(y),$$

它的圖形（圖 278），按照通常的方法，是得自介於 $-\infty$ 至 $+\infty$ 之間所有 y 值已被界定的 $y = \log x$（圖 277）。隨著 y 趨於 $-\infty$，$E(y)$ 向零靠攏，而隨著 y 接近 $+\infty$，$E(y)$ 亦趨於 $+\infty$。

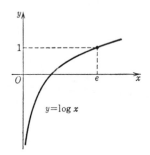
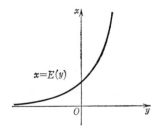

圖 277.　　　　　　　　　　　圖 278.

對於任何兩個值 a 和 b 來說，E 函數具有下面的基本性質：

(8) $$E(a) \cdot E(b) = E(a+b),$$

這個關於 E 函數的定律只不過是適用於對數的定律 (3) 的另一個形式。因為如果我們設定

$$E(b) = x \quad （即\ b = \log x），\qquad E(a) = z \quad （即\ a = \log z），$$

我們得出

$$\log xz = \log x + \log z = b + a,$$

因此
$$E(b+a) = xz = E(a) \cdot E(b),$$

定律 (8) 遂被證實。

由於按定義 $\log e = 1$，我們得到
$$E(1) = e,$$

從 (8) 我們隨之可得 $e^2 = E(1)E(1) = E(2)$，等等。總的來看，對任何一個整數 n 來說，
$$E(n) = e^n,$$

同樣地 $E(1/n) = e^{\frac{1}{n}}$，所以 $E(p/q) = E(1/q) \cdots E(1/q) = (e^{\frac{1}{q}})^p$；因此令 $p/q = r$，對任何一個有理數 r 來說，我們得到
$$E(r) = e^r,$$

現在是規範一個把 e 擢升至以無理數為冪的操作過程的恰當時刻。方法是得自下面的設定，
$$e^y = E(y),$$

其中 y 為任一實數，這無非是由於 E 函數對所有 y 值皆呈連續，而且情況與有理數 y 的 e^y 完全相同。現在我們可以把屬於 E 函數——即所謂的**指數函數**（exponential function）——的基本定律 (8) 用方程式來表示

(9)
$$e^a e^b = e^{a+b},$$

由此而建立之公式 (9) 乃適合於任意的有理數或無理數 a 和 b。

在所有的討論中，我們一直使對數和指數函數皆仰仗於一個作為「底」（base）的數值 e，也就是對數的「自然底」（natural base）。從以 e 為底過渡到任何一個別的正數之轉變並不難。我們以（自然）對數
$$\alpha = \log a$$

作為起步，於是

$$a = e^{\alpha} = e^{\log a},$$

接著我們以複函數式子去定義 a^x，

（10）
$$z = a^x = e^{\alpha x} = e^{x \log a},$$

例如，

$$10^x = e^{x \log 10},$$

我們稱 a^x 的反函數為 **以 a 為底的對數**，而我們馬上明白，z 之自然對數就是 x 乘 α；換言之，某數 z 以 a 為底的對數等於 z 之自然對數除以已被確定的 a 的自然 對數。對 $a = 10$ 來說，其自然對數（到四個有效數字）為

$$\log 10 = 2.303$$

3. e^x, a^x, x^s 之微分公式

由於我們把指數函數 $E(y)$ 定義為 $y = \log x$ 的反函數，根據與反函數的微分有關的規則（第 §3 節），我們便有下面的結果，

$$E'(y) = \frac{dx}{dy} = \frac{1}{\dfrac{dy}{dx}} = \frac{1}{1/x} = x = E(y),$$

即

(11) $$E'(y) = E(y),$$

自然指數函數與它的微分完全一樣。

這真真正正是所有指數函數的性質之根源所在，同時也是它在應用上具有重要性的基本原因，這將在隨後的各節中變得更加顯著。運用在第 §2 節的標誌方式，我們可以把 (11) 重寫如下：

(11a) $$\frac{d}{dx} e^x = e^x,$$

更為廣泛來看，對複函數

$$f(x) = e^{\alpha x}$$

之微分，我們藉由第 §3 節之規則而得，

$$f'(x) = \alpha e^{\alpha x} = \alpha f(x),$$

因此就 $\alpha = \log a$ 而言，我們發現函數

$$f(x) = a^x$$

所具有的導數為

$$f'(x) = a^x \log a$$

令指數 s 為任一實數，x 為正值變數，現在我們可以定義函數

$$f(x) = x^s,$$

方法是設定

$$x^s = e^{s \log x},$$

我們再一次運用複函數之微分規則，$z = \log x$，$f(x) = f(e^z) = e^{sz}$，我們發現

$$f'(x) = se^{sz} \cdot \frac{1}{x} = sx^s \cdot \frac{1}{x} = sx^{s-1},$$

這符合我們前述在 s 為有理數的情況下所得到的結果。

4. 以 $e, e^x, \log x$ 為極限之顯式表示公式

為了找出這些函數的顯式公式，我們肯定要利用指數函數與對數的微分公式。既然函數 $\log x$ 的導數為 $1/x$，依照導數的定義，我們得到一個關係

$$\frac{1}{x} = \lim \frac{\log x_1 - \log x}{x_1 - x} \quad （當 \ x_1 \to x），$$

如果我們令 $x_1 = x + h$，並使 h 由於貫穿下面的序列

$$h = \frac{1}{2}, \frac{1}{3}, \frac{1}{4}, \cdots, \frac{1}{n}, \cdots$$

而趨於零，那麼在運用對數規則的情況下，我們發現

$$\frac{\log\left(x + \dfrac{1}{n}\right) - \log x}{\dfrac{1}{n}} = n \log \frac{x + \dfrac{1}{n}}{x} = \log\left[\left(1 + \frac{1}{nx}\right)^n\right] \to \frac{1}{x},$$

以 $z = 1/x$ 代入，並再一次利用對數之規則，我們可得

$$z = \lim \log\left[\left(1 + \frac{z}{n}\right)^n\right] \quad （當 \ n \to \infty），$$

以指數函數的觀點來表示，就是

$$（12） \qquad e^z = \lim \left(1 + \frac{z}{n}\right)^n \quad （當 \ n \to \infty），$$

此時我們便導出以一個單純的極限作為指數函數的定義的著名公式了。特別是當 $z = 1$ 時，我們可得

$$（13） \qquad e = \lim \left(1 + \frac{1}{n}\right)^n,$$

而當 $z = -1$ 時，

$$（13a） \qquad \frac{1}{e} = \lim \left(1 - \frac{1}{n}\right)^n,$$

這些式子馬上引導出以無窮級數為形式的展開式。按照二項式定理，我們發現

$$\left(1+\frac{x}{n}\right)^n = 1 + n\frac{x}{n} + \frac{n(n-1)}{2!}\frac{x^2}{n^2} + \frac{n(n-1)(n-2)}{3!}\frac{x^3}{n^3} + \cdots + \frac{x^n}{n^n},$$

或

$$\left(1+\frac{x}{n}\right)^n = 1 + \frac{x}{1!} + \frac{x^2}{2!}\left(1-\frac{1}{n}\right) + \frac{x^3}{3!}\left(1-\frac{1}{n}\right)\left(1-\frac{2}{n}\right) + \cdots$$
$$+ \frac{x^n}{n!}\left(1-\frac{1}{n}\right)\left(1-\frac{2}{n}\right)\cdots\left(1-\frac{n-2}{n}\right)\left(1-\frac{n-1}{n}\right),$$

一件似乎有可能而且完全不難去驗證的事就是，我們在隨著 $n \to \infty$ 尋找極限的過程中，可以將每一項裡的 $1/n$ 以 0 取代（個中詳情在此便不提了）。這便導出 e^x 一個著名的無窮級數，

(14)
$$e^x = 1 + \frac{x}{1!} + \frac{x^2}{2!} + \frac{x^3}{3!} + \cdots,$$

尤其是關於 e 的級數

$$e = 1 + \frac{1}{1!} + \frac{1}{2!} + \frac{1}{3!} + \cdots,$$

這使我們在第 VI 章第 §2 之 3 節所定義的 e 之取值得到確認。而當 $x = -1$ 時，我們得到的級數是

$$\frac{1}{e} = \frac{1}{2!} - \frac{1}{3!} + \frac{1}{4!} - \frac{1}{5!} + \cdots,$$

只要包括這個級數很少數的前幾項，算出的數值就已極為接近 $1/e$，這無非是因為在級數被中斷於第 n 項時，得出的全部誤差還小於第 $n+1$ 項的量值之故。

利用指數函數的微分公式，我們可得一個有趣的對數公式。我們知道

$$\lim \frac{e^h - 1}{h} = \lim \frac{e^h - e^0}{h} = 1 \quad (當 h \to 0),$$

因為這個極限就是函數 e^y 在 $y = 0$ 這一點的導數，而 $e^0 = 1$。我們以 z/n 取代 h，其中 z 為任意一數，而 n 則綿亙於所有正整數的序列，代入後我們得出

$$n\frac{e^{\frac{z}{n}} - 1}{z} \to 1,$$

或

$$n(\sqrt[n]{e^z} - 1) \to z \quad (\text{當 } n \to \infty),$$

令 $z = \log x$ 或 $e^x = z$，我們最後便得到

(15) $$\log x = \lim n(\sqrt[n]{e^z} - 1) \quad (\text{當 } n \to \infty),$$

由於當 $n \to \infty$，$\sqrt[n]{x} \to 1$（見第Ⅵ章第 §7 之 3 節），上式表示對數是一個乘積的極限，其中一個因子趨於零，而另一個則趨於無窮大。

◆各類例子與練習題

當指數函數與對數被概括進來之後，現在我們掌握了門類繁多的各種函數，並取得許多應用之途徑。

試求出下列函數之微分：

(1) $x(\log x - 1)$ (2) $\log(\log x)$ (3) $\log(x + \sqrt{1 + x^2})$ (4) $\log(x + \sqrt{1 - x^2})$ (5) e^{-x^2}

(6) e^{e^x}（e^z 與 $z = e^x$ 的複函數） (7) x^x（提示：$x^x = e^{x \log x}$） (8) $\log \tan x$ (9) $\log \sin x, \log \cos x$

(10) $x / \log x$

試求取下列各函數之極大值與極小值：

(11) xe^{-x} (12) $x^2 e^{-x}$ (13) xe^{-ax}

(14) 試找出曲線 $y = xe^{-ax}$ 在 a 之變動下，最高點之軌跡。

(15) 試證明所有 e^{-x^2} 依次的導數的形式為 e^{-x^2} 與一個 x 的多項式的乘積。

(16) 試證明 e^{-1/x^2} 的第 n 階導數的形式為 $e^{-1/x^2} \cdot 1/x^{3n}$ 再乘以一個 $(2n-2)$ 次的 x 多項式。

(17) **對數微分法**。利用對數的基本性質，某些函數相乘積之微分有時可以簡化。以下面相乘積的形式為例，

$$p(x) = f_1(x) f_2(x) \cdots f_n(x),$$

$$D(\log p(x)) = D(\log f_1(x)) + D(\log f_2(x)) + \cdots + D(\log f_n(x)),$$

因此，按照複函數的微分規則，

$$\frac{p'(x)}{p(x)} = \frac{f_1'(x)}{f_1(x)} + \frac{f_2'(x)}{f_2(x)} + \cdots + \frac{f_n'(x)}{f_n(x)},$$

試運用這個公式求取下列兩個函數之微分：

a) $x(x+1)(x+2)\cdots(x+n)$ b) xe^{-ax^2}

5. 對數之無窮級數及其數值計算

公式 (15) 不能用來作為對數之數值計算的基礎，一個相當不一樣而用途較多，同時在理論上無比重要的顯式公式遠遠更能合乎這個目的。為了要得到如此一個表示式，我們將利用上述關於尋求 π 的數值方法（見第 §5 之 3 節），並利用對數定義的公式 (1)。這方面首先有求於一個小小的前置步驟：與其盯住 $\log x$，我們設法尋求的是 $y = \log(1+x)$ 的表示式，對此我們從兩個函數 $y = \log z$ 與 $z = 1+x$ 的合成式入手。我們遂有

$$\frac{dy}{dx} = \frac{dy}{dz} \cdot \frac{dz}{dx} = \frac{1}{z} \cdot 1 = \frac{1}{1+x},$$

因此 $\log(1+x)$ 就是 $1/(1+x)$ 之原函數。根據微積分基本定理，函數 $1/(1+u)$ 從 0 至 x 的積分等於 $\log(1+x) - \log 1 = \log(1+x)$；用符號來表示就是

$$(16) \qquad \log(1+x) = \int_0^x \frac{1}{1+u} du$$

（當然根據對數之作為一個面積的幾何詮釋，我們一樣可以從直覺上取得這個公式。試與第 §1 之 5 節相關之積分規則作一比較。）

如同在前面第 §5 之 3 節所用的方法一樣，我們把代表

$$(1+u)^{-1} = 1/(1+u)$$

的幾何級數

$$\frac{1}{1+u} = 1 - u + u^2 - u^3 + \cdots + (-1)^{n-1}u^{n-1} + (-1)^n \frac{u^n}{1+u}$$

寫進公式 (16)，我們要留意的是，此時不是寫進一個無窮級數，而是以一個有限級數及其餘項

$$R_n = (-1)^n \frac{u^n}{1+u}$$

代入公式 (16)，從而我們便可以利用積分規則，使一個有限的總和能夠按項逐一被積分。由於把函數 u^s 從 0 到 x 積分出來的結果是 $x^{s+1}/(s+1)$，因此我們馬上得到

$$\log(1+x) = x - \frac{x^2}{2} + \frac{x^3}{3} - \frac{x^4}{4} + \cdots + (-1)^{n-1}\frac{x^n}{n} + T_n,$$

其中餘項 T_n 來自

$$T_n = (-1)^n \int_0^x \frac{u^n}{1+u} du,$$

現在我們要證明的是，T_n 由於 n 之持續增加而趨於零——只要 x 所取之值是大於 -1 而同時不大於 $+1$，換言之，

$$-1 < x \leq +1,$$

我們要注意的是 $x = +1$ 是被包括在內，而 $x = -1$ 則否。根據我們的假設，在積分的區間裡，u 是大於某一數 $-\alpha$，此數可以向 -1 接近，但無論如何都大於 -1，所以 $0 < 1 - \alpha < 1 + u$。由此，在從 0 到 x 的積分區間裡面，我們得到

$$\left| \frac{u^n}{1+u} \right| \leq \frac{|u|^n}{1-\alpha},$$

因此

$$|T_n| \leq \frac{1}{1-\alpha} \left| \int_0^x u^n du \right|,$$

或

$$|T_n| \leq \frac{1}{1-\alpha} \cdot \frac{|x|^{n+1}}{n+1} \leq \frac{1}{1-\alpha} \cdot \frac{1}{n+1},$$

於是

(17) $$\left| \log(1+x) - \left[x - \frac{x^2}{2} + \frac{x^3}{3} - \frac{x^4}{4} + \cdots + (-1)^{n-1}\frac{x^n}{n} \right] \right| \leq \frac{1}{1-\alpha} \cdot \frac{1}{n+1},$$

由於 $1 - \alpha$ 是一個固定因子，我們便理解到當 n 持續增大時，式子趨於 0，因此我們得到一個對區間 $-1 < x \leq +1$ 來說是有效的無窮級數

(18) $$\log(1+x) = x - \frac{x^2}{2} + \frac{x^3}{3} - \frac{x^4}{4} + \cdots$$

尤其當我們選擇 $x = 1$ 時，我們得到一個有趣的結果

(19) $$\log 2 = 1 - \frac{1}{2} + \frac{1}{3} - \frac{1}{4} + \cdots$$

這個公式在結構上類似於表示 $\pi/4$ 的級數。

就尋求對數的數值而論，級數 (18) 並不是一個很有實用性的工具，因為它的範圍是以 $1+x$ 介於 0 與 2 之間為限，同時由於它收斂得慢，以致為了要得到一個合理的準確數值，就一定要包括許多項。我們可以從下面的設計獲得一個較為便捷的表示式。在公式 (18) 中，我們以 $-x$ 取代 x，

(20) $$\log(1-x) = -x - \frac{x^2}{2} - \frac{x^3}{3} - \frac{x^4}{4} - \cdots,$$

從 (18) 減去 (20)，並利用 $\log a - \log b = \log a + \log(1/b) = \log(a/b)$ 這一個事實，我們得出

(21) $$\log \frac{1+x}{1-x} = 2 \left(x + \frac{x^3}{3} + \frac{x^5}{5} + \cdots \right),$$

這個級數不僅收斂得快多了，而且在左邊現在可以把任何正數 z 表示出來，因為在 $(1+x)/(1-x) = z$ 中，x 值總是介於 -1 與 $+1$ 之間。所以，如果我們想要算出 $\log 3$ 的數值，這相當於 $x = 1/2$，於是我們便得

$$\log 3 = \log \frac{1 + \frac{1}{2}}{1 - \frac{1}{2}} = 2 \left(\frac{1}{1 \cdot 2} + \frac{1}{3 \cdot 2^3} + \frac{1}{5 \cdot 2^5} + \cdots \right),$$

上式中第六項之值為 $\frac{2}{11 \cdot 2^{11}} = \frac{1}{11,264}$，因此僅僅包含六項所得出的數值為

$$\log 3 = 1.0986,$$

前面五個數字皆準確無誤。

§7. 微分方程

1. 定義

指數函數和三角函數在數學分析中以及在物理問題上的應用之所以擁有優勢地位，乃是起因於這些函數使形式最為簡單的「微分方程」（differential equations）可以得解。

一個包括未知函數 $u = f(x)$ 和它的導數 $u' = f'(x)$ 在內的微分方程——只要 u 的數值本身與 $f(x)$ 這個函數依賴於 x 這兩件事情無須刻意區分，那麼用記號 u' 作為 $f'(x)$ 的縮寫是十分有用的——它就是一個包含 u，u'，以及可能包括自變數 x 在內的方程式，例如

$$u' = u + \sin(xu),$$

或

$$u' + 3u = x^2,$$

更廣泛地來看，一個微分方程可能涉及二階導數，$u'' = f''(x)$，或更高階的導數，例如

$$u'' + 2u' - 3u = 0,$$

無論如何，問題就是要找出一個可以滿足既定方程式的函數 $u = f(x)$。在尋求一個已知函數 $g(x)$ 的原函數這個意義上來說，求解一個微分方程是積分問題的一個推廣，而原函數之尋求就等於求解一個簡明的微分方程

$$u' = g(x),$$

例如，微分方程

$$u' = x^2$$

的解是諸函數 $u = x^3/3 + c$，其中 c 為任意常數。

2. 指數函數之微分方程：放射性衰變 / 成長定律 / 複利

一個形式如下的微分方程

$$(1) \qquad\qquad u' = u,$$

它的解是指數函數 $u = e^x$，因為指數函數是以自身為其導數。更為廣義地來看，函數 $u = ce^x$ 是 (1) 的解，其中 c 為任意常數。同理，函數

$$(2) \qquad\qquad u = ce^{kx},$$

其中 c 與 k 兩者皆為任意常數，是微分方程

$$(3) \qquad\qquad u' = ku$$

的解。反之，任何一個滿足 (3) 的函數 $u = f(x)$，其形式必然為 ce^{kx}。因為如果 $x = h(u)$ 是 $u = f(x)$ 的反函數，那麼依照尋求一個反函數的導數之規則，我們得出

$$h' = \frac{1}{u'} = \frac{1}{ku},$$

但是 $\frac{\log u}{k}$ 是 $\frac{1}{ku}$ 的一個原函數，所以 $x = h(u) = \frac{\log u}{k} + b$，$b$ 為某常數。因此

$$\log u = kx - bk,$$

而

$$u = e^{kx} \cdot e^{-bk},$$

令常數 e^{-bk} 等於 c，我們便得

$$u = ce^{kx},$$

(2) 遂獲證。

微分方程 (3) 之所以具有重大意義，乃在於它左右許多物理的變化過程，其內一個有實質性的量 u 是時間 t 的一個函數，

$$u = f(t),$$

同時這個量 u 在每一瞬間的變化率與在同一瞬間的 u 值成正比。在如此一種情況下,在 t 這一瞬間的變化率

$$u' = f(t) = \lim \frac{f(t_1) - f(t)}{t_1 - t},$$

是等於 ku , k 為一常數, k 之取正或負值,分別視 u 呈遞增或遞減而定。在兩種情況下, u 皆滿足了微分方程 (3);因此

$$u = ce^{kt},$$

如果我們掌握 u 在時間 $t = 0$ 時的數值 u_0 ,那麼常數 c 便被決定。當我們設定 $t = 0$ 時,我們便一定會得到這個值,

$$u_0 = ce^0 = c,$$

因此

(4) $$u = u_0 e^{kt},$$

要注意的是,我們從認識 u 的**變化率**開始,從而推論出定律 (4),指出了在任何時間 t 之下 u 的**實際量值**。這剛巧是一個與尋找一個函數的導數顛倒過來的問題。

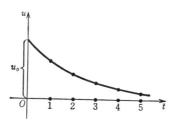

圖 279. 呈指數式衰變之函數 $u = u_0 e^{kt}$, $k < 0$

　　一個典型的實例就是放射性衰變 (radioactive disintegration)。令 $u = f(t)$ 為某一放射性物質在時間為 t 時的總量;那麼假設 (1) 物質的每一個個別粒子在某一既定時間具有某種在衰變上的或然性 (probability),以及 (2) 該或然率不因其它同類粒子的存在而受到影響,則 u 在某一既定時間 t 之下的衰變率將與 u 成正比,就是說與該時刻該物質的總量成正比。因此 u 將滿足方程式

(3)，常數 k 為負數，用以衡量衰變過程的快慢，使得

$$u = u_0 e^{kt},$$

由此可知在兩段等長的時間裡衰變的比例是一樣的，因為如果當時間為 t_1 時，該物質的量為 u_1，而在稍後時刻 t_2，其量變成 u_2，那麼

$$\frac{u_2}{u_1} = \frac{u_0 e^{kt_2}}{u_0 e^{kt_1}} = e^{k(t_2 - t_1)},$$

此值僅視 $t_2 - t_1$ 而定。為了找出對於某一既定量的物質衰變到只剩原來量的一半所需花費的時間，我們必然要決定的 $s = t_2 - t_1$，是要使

$$\frac{u_2}{u_1} = \frac{1}{2} = e^{ks},$$

從而我們便得出

(5) $$ks = \log \frac{1}{2}, \quad s = \frac{-\log 2}{k}, \quad 或 \quad k = \frac{-\log 2}{s},$$

對於任何一種放射性物質來說，s 值被稱為半衰期（half-life period），而 s 值或某些類似值（諸如針對 $u_2/u_1 = 999/1000$ 的 r 值）是可以憑實驗而得。就放射性元素鐳（radium）來說，它的半衰期約為 1550 年，而

$$k = \frac{\log \frac{1}{2}}{1550} = -0.0000447,$$

因此，表示鐳的放射衰變過程的公式為

$$u = u_0 \cdot e^{-0.0000447t}$$

一個屬於近似指數型的成長定律（law of growth）的實例是來自複利（compound interest）現象——一筆存款，u_0 元，年利率為 3%，複利計算，每年以本利和續存下去。一年後，這筆連利息在內的存款總數將為

$$u_1 = u_0(1 + 0.03),$$

兩年後之存款為

$$u_2 = u_1(1 + 0.03) = u_0(1 + 0.03)^2,$$

而 t 年之後該筆存款為

(6) $$u_t = u_0(1 + 0.03)^t,$$

現在如果利息是按每個月或把一年分成 n 個部分以取代按每年來計算，那麼 t 年之後的本利和為

$$u_0 \left(1 + \frac{0.03}{n}\right)^{nt} = u_0 \left[\left(1 + \frac{0.03}{n}\right)^n\right]^t,$$

要是利息是按日或甚至每小時來計算，那麼 n 的取值很大，於是隨著 n 趨於無窮大，根據第 §6 節，方括號內之 $(1 + \frac{0.03}{n})^n$ 便接近 $e^{0.03}$，按此極限，在 t 年之後這筆存款大概為

(7) $$u_0 \cdot e^{0.03t},$$

這相當於以一個連續過程去計算複利本利和。以利率為 3% 的連續複利方式，我們也可能計算出將原來本金增加一倍需要花費的時間 s。我們得出 $\frac{u_0 \cdot e^{0.03}}{u_0} = 2$，因此 $s = \frac{100}{3}\log 2 = 23.10$。如此大約在二十三年後，這筆款項將成為原來的兩倍。

　　與其沿著這種一步又一步接著轉變到一個極限的複利計算程序，我們只須表明本金的增加率 u' 是與 u 成正比，便也可以推導出公式 (7)，因此以 $k = 0.03$ 為比例常數，

$$u' = ku, \quad k = 0.03,$$

於是從一般結果 (4) 便會導出公式 (7)。

3. 其它例子 / 最簡單的振動問題

指數函數通常是以較為複雜的結合方式出現。例如，函數

(8) $$u = e^{-kx^2},$$

其中 k 是一個取正值的常數，(8) 是微分方程

$$u' = -2kxu$$

的一個解。函數 (8) 在機率論與統計學中有根本的重要性，因為它界定「常態」的頻率分佈（frequency distributions）。

三角函數 $u = \cos t$，$v = \sin t$ 同樣滿足一個非常簡單的微分方程。我們首先取得

$$u' = -\sin t = -v,$$
$$v' = \cos t = u,$$

這是「為兩個函數而備的兩個微分方程的系統」。通過再一次微分，我們發現

$$u'' = -v' = -u,$$
$$v'' = u' = -v,$$

因此 u 和 v 這兩個時間變數 t 的函數，可以被視為是同一個微分方程

(9) $$z'' + z = 0$$

的解，這是一個十分簡單的「二階」（second order）微分方程，即含有 z 的二階導數。這個方程式以包含一正值常數 k^2 為其推廣形式

(10) $$z'' + k^2 z = 0,$$

而 $z = \cos kt$ 和 $z = \sin kt$ 就是 (10) 的解，它出現於以振動作為研究對象的問題中。這就是為何振動曲線 $u = \sin kt$ 和 $v = \cos kt$（圖 280）構成了振動機械的理論骨幹。應該要指明的是，微分方程 (10) 代表一個理想情況，摩擦或阻力並未包括在內。阻力是以另外一項 rz' 表示於振動機械論的微分方程之中，

$$(11) \qquad z'' + rz' + k^2z = 0,$$

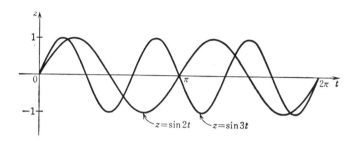

圖 280.

於是這個微分方程的解就是所謂之「減幅」（damped）振動，數學的表示公式為

$$e^{-\frac{rt}{2}}\cos\omega t, \quad e^{-\frac{rt}{2}}\sin\omega t; \qquad \omega = \sqrt{k^2 - \left(\frac{r}{2}\right)^2},$$

其圖形如圖 281 所示。（讀者可經由微分核證這些解，作為一個練習題。）此時的振盪型態與那些屬於純粹正弦或餘弦的型態是一樣的，只不過它們的強度（振幅）被一個指數的因子所削弱，至於是否迅速降低則取決於摩擦係數 r 的大小了。

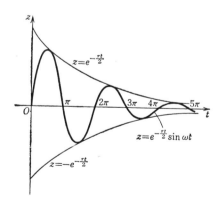

圖 281. 減幅振動

4. 牛頓的動力學定律

雖然要為這方面的事實做出更為詳細的分析超乎本書的範圍，但我們仍然希望引介這些基本概念的廣義觀點，而牛頓正是以這些概念來革新力學和物理學。牛頓是以質量 m，以及作為時間函數的空間座標 $x(t), y(t), z(t)$ 來考慮一個質點的運動，如此加速度的三個分量就是二階導數，$x''(t), y''(t), z''(t)$。而至關重要的一步就是，牛頓理解到在三個方向上的量，mx'', my'', mz''，是可以被視為作用於質點上力的分量。乍看起來這似乎不過是物理學上關於「力」（force）的一個形式定義罷了。然而牛頓超乎尋常的成就，乃是在於他所下的定義切合實際的自然現象，因為在我們弄清楚我們想要探究的特定運動形式之前，大自然往往已備妥這一類我們並不陌生的力場（field of force）。牛頓在動力學（dynamics）方面最傑出的成就——證明德國天文學家刻卜勒（Johannes Kepler，1571~1630）所發現的行星運動三大定律的正當性——清晰地顯示了他的數學觀念與自然界之間的和諧性。牛頓首先假設由重量所產生的吸引力（gravity）是與距離的平方成反比。如果我們置太陽於座標系統的原點，而某個被指定的行星的座標為 x, y, z，那麼在 x, y, z 方向上，引力的三個分量分別等於

$$-k \cdot \frac{x}{r^3}, \quad -k \cdot \frac{y}{r^3}, \quad -k \cdot \frac{z}{r^3},$$

其中 k 是一個不取決於時間的引力常數（gravitational constant），而 $r = \sqrt{x^2 + y^2 + z^2}$ 則為太陽至該行星的距離。這些式子確定了在 x, y, z 位置上作用於行星上的力所屬的局部重力場，而不問一個質點在場裡面的運動狀態。接著把這個在力場方面的認識與牛頓的動力學普遍定律（即他根據運動而得的作用力的表示方法）結合在一起；將兩種不同的表示方式等同起來，從而產生一組方程式

$$mx'' = \frac{-kx}{(x^2 + y^2 + z^2)^{\frac{3}{2}}},$$
$$my'' = \frac{-ky}{(x^2 + y^2 + z^2)^{\frac{3}{2}}},$$
$$mz'' = \frac{-kz}{(x^2 + y^2 + z^2)^{\frac{3}{2}}},$$

這是由三個微分方程——涉及三個未知函數 $x(t), y(t), z(t)$——所構成的一個體系。求解這個系統所得到的結果與刻卜勒的實際觀測相符：行星的運行軌道是一條以太陽作為其中一個焦點的橢圓曲線，連接太陽至行星的一條直線（即行星的向徑）在相同的時段之內掃過相同的面積，行星環繞太陽一周（即完成公轉一次）所需時間的平方與行星至太陽的平均距離的立方兩者之比是一個常數（有時被稱為 $3/2$ 比）。在此我們不得不把證明省略了。

振動問題為牛頓的方法提供一個較為基本的例證。假設用一條具有反彈力的彈簧或橡皮帶把一個沿著一條直線，如 x 軸，走動的質點拴緊在原點上。如果把質點從平衡位置的原點挪至某一座標值為 x 的位置時，來自反方向的反彈力將會把質點拉回原點，其強度我們假定是和在 x 方向上的伸展長度成正比；由於這個力是直接指向原點，因此它可以表示為 $-k^2x$，其中 $-k^2$ 是比例常數——一個負因子——表示彈簧或橡皮帶的強度。再者，我們假設存在著一個阻滯運動的摩擦力，它的大小與質點的速度 x' 成正比，連同一個因子 $-r$ 作為比例常數。那麼在任何一刻，在質點上的作用力總共為 $-k^2x - rx'$，而根據牛頓在動力學方面的普遍原則，我們得出 $mx'' = -k^2x - rx'$，或

$$mx'' + rx' + k^2x = 0,$$

這正是前面提到的減幅振動的微分方程（11）。

這個簡單的例子至為重要，因為就多種機電系統的振動現象的數學闡述而言，這個微分方程完全能夠勝任。在此我們從這一個典型的實例中見識到，一個抽象的數學公式化表述，它把許多看來似乎相當不一樣而且毫不相干的個別現象的深層結構一舉揭露出來。這一個抽象過程——從一個已知現象的特有本質，進而到適用於所有屬於這一類現象的普遍定律的公式化表述——正是用數學方法處理物理問題的典型特色之一。

§8. 原則性問題

1. 函數之連續性與可微性

我們已經把一個函數 $y = f(x)$ 的導數概念連繫到切線對於函數圖形的直覺觀。由於函數的一般概念是如此之廣，因此為了擺脫這種在幾何直覺上的依賴關係，一個在邏輯上的完整性是有必要的。這無非由於對諸如圓和橢圓等一類簡單曲線的思維感到熟悉的直覺論據，對較為複雜的函數圖形是否必然站得住腳一事我們是無法保證的。例如試看表示於圖 282 的函數，它的圖形出現一個隅角落（corner）。這個函數乃根據方程式 $y = x + |x|$ 而得，$|x|$ 是 x 的絕對值，即

$$y = x + x = 2x \quad （當 \ x \geq 0），$$

$$y = x - x = 0 \quad （當 \ x < 0），$$

另外一個像這類的例子是函數 $y = |x|$ （圖 283）；還有另一個是函數

$$y = x + |x| + (x - 1) + |x - 1|$$

（圖 284）。這些函數的圖形在某些點上都無法具有明確的切線或方向；就是說函數對某些 x 值不具有相對應的導數。

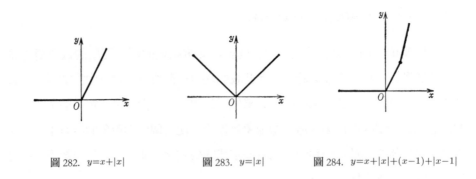

圖 282. $y=x+|x|$ 　　　　圖 283. $y=|x|$ 　　　　圖 284. $y=x+|x|+(x-1)+|x-1|$

◆練習題：

1) 試構造圖形為半個正六邊形的函數 $f(x)$ 。

2) 試問函數 $f(x)=(x+|x|)+\frac{1}{2}\left[\left(x-\frac{1}{2}\right)+\left|x-\frac{1}{2}\right|\right]+\frac{1}{4}\left[\left(x-\frac{1}{4}\right)+\left|x-\frac{1}{4}\right|\right]$ 的圖形在何處出現隅角落？$f'(x)$ 的間斷點（discontinuity）是什麼？

試看另外一個不具可微性的簡單例子，

$$y = f(x) = x \sin \frac{1}{x},$$

這個函數乃得自函數 $\sin \frac{1}{x}$（見圖 156）與 x 的乘積；在 $x = 0$ 這一點上，我們規定 $f(x)$ 等於零。這是一個到處皆呈連續性的函數，它的圖形在 x 為正值的部分則如圖 285 所示。通常在鄰近 $x = 0$ 之處振盪不止，而隨著我們向 $x = 0$ 靠攏，「振波」便開始變得奇小而緊湊。這些振波的斜率為

$$f'(x) = \sin \frac{1}{x} - \frac{1}{x} \cos \frac{1}{x}$$

（讀者可給予核證以作為練習題）；當 x 趨於 0 時，這個斜率振盪於不斷增加的正負界限之間。在 $x = 0$ 這一點，我們可以嘗試把導數當作隨著 $h \to 0$ 而形成的差商之極限而求得，

$$\frac{f(0+h) - f(0)}{h} = \frac{h \sin \frac{1}{h}}{h} = \sin \frac{1}{h},$$

然而當 $h \to 0$ 時，這個差商振盪於 -1 與 $+1$ 之間，因而無法接近一個極限；所以不可能求得函數在 $x = 0$ 的微分。

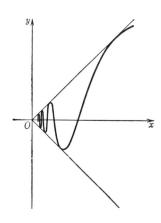

圖 285. $y = x \sin \frac{1}{x}$

這些例子指出了微分一個與生俱來的難題。維爾斯特拉斯曾藉著建構一個在圖形上的任何一點都沒有切線存在的連續函數,給這個難題作出最為突出的說明。當可微分性蘊含連續性的同時,維爾斯特拉斯所建構的函數卻顯出連續性並非意謂著可微性,因為整個連續函數沒有任何一點可微分。這一類難題在實踐中是不會出現的。也許除了若干可以被隔離的點之外,曲線總是平滑的,同時微分不僅僅有可能存在,而且還會呈現出有連續性的導數呢。既然如此,難道我們不應該乾脆規定這類「病態」(pathological)現象勢將在我們所考慮的問題中從缺?而這恰恰是我們在微積分中要做的事——我們只考慮具可微性的函數。在這一章裡面,我們落實了來自一個門類龐大的各種函數的微分,而且證明了它們的可微性。

由於一個函數的可微性並非是邏輯上的理所當然,因此我們必須假設或證實函數的可微性。於是一條曲線的切線或方向的概念——原先是作為導數概念的基礎——如今根據導數的純分析定義被推導出來 如果函數 $y = f(x)$ 擁有一個導數,即如果差商 $\frac{f(x+h)-f(x)}{h}$ 是隨著 $h \to 0$ ——不論來自遞增或遞減的一方——而具有唯一的一個極限 $f'(x)$,那麼對應於這個函數的曲線便被認為具有一條斜率為 $f'(x)$ 的切線。因此為了成全在邏輯上的說服力,費馬、萊布尼茲、牛頓在當年所抱持的單純看法遂被顛倒過來了。

◆練習題

1) 試證明連續函數 $x^2 \sin(1/x)$ 在 $x=0$ 具有一個導數。

2) 試證明函數 $\arctan(1/x)$ 在 $x=0$ 不呈連續,函數 $x\arctan(1/x)$ 在 $x=0$ 呈連續,但不具有導數,而函數 $x^2 \arctan(1/x)$ 則在 $x=0$ 具有一個導數。

2. 連續函數與積分

　　一個連續函數的積分也有類似的情況。與其認為「曲線 $y = f(x)$ 的下方面積」是一個量——一個顯然持續存在、而且基於實際**後驗**觀察能夠以一個總和的極限來表示的量——我們反而根據這個總和的極限來**定義**積分，同時視積分的概念為基本準則，然後從中引申出在面積方面的一般概念。我們之所以被迫於有這樣的看法無非是體認到當幾何直覺被施用於分析性的概念時有其不明確的一面，而其普遍程度與施用於連續函數的情況不相上下。我們遂以建構一個總和

$$(1) \qquad S_n = \sum_{j=1}^{n} f(v_j)(x_j - x_{j-1}) = \sum_{j=1}^{n} f(v_j)\Delta x_j,$$

作 為 起 步， 其 中 $x_0 = a, x_1, x_2, \cdots, x_n = b$ 是 積 分 區 間 的 細 分 點，$\Delta x_j = x_j - x_{j-1}$ 是第 j 個子區間的 x 差值或長度，而 v_j 則是在這個子區間裡的任一 x 值，即 $x_{j-1} \le v_j \le x_j$。（例如我們可以取 $v_j = x_j$，或 $v_j = x_{j-1}$。）此時我們著手構造一個屬於這一類的總和的序列，而序列中的子區間的數量 n 持續增加的同時，子區間的最大長度持續減小至零。於是一個最重要的客觀事實出現了：一個已知的連續函數 $f(x)$ 的總和 S_n 趨向一個明確的極限 A，與用於選擇諸子區間和各點 v_j 的特定方式無關。按定義，這個極限就是積分 $A = \int_a^b f(x)dx$。當然，如果我們不想指望一個在面積方面的幾何直覺感知，這一個極限的存在問題便有求於分析性的證明。這個證明都可以在每一本嚴謹的微積分教科書裡面找到。

　　微分與積分兩相比較之下，我們便面臨一個對立的局面。可微性之於一個連續函數肯定是一個有約束性的條件，然而微分的實際執行，即微分的運算步驟，在實踐上是以若干簡單規律為基礎的一個直截了當的過程。而在另一方面，每一個連續函數毫無例外地都擁有一個介於任何兩個已知極限之間的積分。但諸如此類的積分的顯式計算方法，即使對頗為簡單的函數來說，通常卻是一件苦差事。在這一點上，微積分的基本定理在許多計算積分的實例中成為有決定性的利器。不過就大部分函數而言，即使是最為基本的函數，為積分找到簡單的顯式表示公式仍不可得，且在積分的數值計算方面須有求於先進的方法。

3. 積分概念的其它應用：功／長度

積分的分析概念一旦脫離原來對它的幾何詮釋，其它許多同樣重要的詮釋與應用便出現在我們面前了。例如在力學上，積分可以用來表達功（work）的概念。下面一個最簡單的實例足可作為我們的說明。假設質量為 m 的某一物體，受到一個在 x 軸方向上的作用力的影響而沿 x 軸走動。設想物體的質量是集中在座標為 x 的一點上，而作用力是以一個在位置 x 上的函數 $f(x)$ 來說明，$f(x)$ 的正負號則表明作用力是指向正或負的 x 方向。如果作用力的大小始終如一，且使物體從 a 移動至 b，那麼對物體所作的功便表示如 $(b-a)f$ ——作用力的大小 f 與物體通過的距離的乘積。但是如果作用力是隨 x 而變，我們就必須用一個極限過程去確定作功量的大小（像我們規定速度一樣）。為了這個目的，我們按照前面的方法，以各點 $x_0 = a, x_1, x_2, \cdots, x_n = b$ 把從 a 到 b 的區間分成許多細小的子區間；接著我們設想在每一個子區間裡面，作用力是一個常數，其大小，譬如說，是等於在該區間末端的實際值 $f(x_v)$，從而把相當於這個階梯式變化的作用力對物體所作的功計算出來：

$$S_n = \sum_{v=1}^{n} f(x_v)\Delta x_v,$$

現在如果我們如前一樣對細分區作微調，於是令 n 增加，我們理解到這個總和便趨向積分

$$\int_a^b f(x)dx,$$

因此一個連續變化的作用力對物體所作的功遂定義為一個積分。

舉例來說，試看一個被彈簧緊扣在原點 $x = 0$ 之質量為 m 的物體。如在前面第 §7 之 4 節中所述，當物體沿 x 軸被挪至某個 x 位置時，一個來自彈簧大小與 x 成正比的作用力，$f(x)$，將把它拉回原點，

$$f(x) = -k^2 x,$$

其中 k^2 是一個正常數。如果物體從原點走到 $x = b$ 的位置上，這個力對物體所作的功為

$$\int_0^b -k^2 x dx = -k^2 \cdot \frac{b^2}{2},$$

如果我們想要把彈簧拉到這個位置，為了對抗這個作用力，我們必須要作的功便等於 $+k^2 \cdot \frac{b^2}{2}$。

　　另一個關於積分的一般概念的應用是曲線的弧長概念。假設曲線中的某一部分是以一個連續函數 $y = f(x)$ 來表示，同時該函數的導數 $f'(x) = dy/dx$ 也是一個連續函數。為了確定它的長度，我們的做法完全就像為了實用起見，而不得不用一把直尺去量度曲線的長度一樣。我們把一個包含 n 條短邊的多邊形內接於一段弧 AB 之內，並量出這個多邊形的總邊長 L_n，同時把 L_n 看作是一個近似值；讓 n 增加便會使多邊形中的最大邊長趨於零，於是我們便把

$$L = \lim L_n$$

定義為弧 AB 的長度。（一個圓的周長就是憑這種以內接 n 邊正多邊形之周長作為一個極限的方式而得，見第 VI 章第 §2 之 4 節。）對於充分平滑而流暢的曲線來說，這個極限之存在是可以被證明出來，而且與我們為選擇內接多邊形的序列所用的特定方法無關。適合於以極限的方式取得其長度的曲線是謂之**可求長的**（rectifiable）曲線。任何一條在理論上或應用上「合情合理」的曲線終究是可求長的，我們也不會老是想到要去探究一些變態實例。就一個具有連續性的導數 $f'(x)$ 的函數 $y = f(x)$ 而論，只要證明弧 AB 是在這個意義上擁有一個長度 L，而 L 是可以用一個積分來表示就足夠了。

　　為了達到這個目的，假設 A 和 B 兩點的 x 座標值分別以 a 和 b 來表示，那麼如同上述，以 $x_0 = a, x_1, \cdots, x_j, \cdots, x_n = b$ 各點把從 a 至 b 的區間細分，而 $\Delta x_j = x_j - x_{j-1}$ 則為各點之間的差值，並考慮一個以各細分點 $x_j, y_j\{= f(x_j)\}$ 為頂點的多邊形。多邊形每一條邊長度為

$$\sqrt{(x - x_{j-1})^2 + (y - y_{j-1})^2} = \sqrt{\Delta x_j^2 + \Delta y_j^2} = \Delta x_j \sqrt{1 + \left(\frac{\Delta y_j}{\Delta x_j}\right)^2},$$

因此多邊形的總邊長為

$$L_n = \sum_{j=1}^{n} \sqrt{1 + \left(\frac{\Delta y_j}{\Delta x_j}\right)^2} \Delta x_j,$$

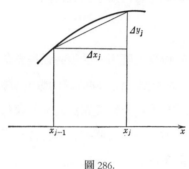

圖 286.

於是如果 n 趨於無窮大，差商 $\frac{\Delta y_j}{\Delta x_j}$ 將趨近導數 $\frac{dy}{dx} = f'(x)$，而我們便得到一個以積分來表示的長度 L

$$(2) \qquad L = \int_a^b \sqrt{1 + [f'(x)]^2} dx$$

在不涉及理論上更多細節討論的情況下，我們整理出兩個補充說明。首先，如果把 B 點看作是曲線上一個座標為 x 的變化點，那麼 L 成為 x 的一個函數，$L = L(x)$，而根據基本定理我們取得

$$L'(x) = \frac{dL}{dx} = \sqrt{1 + [f'(x)]^2} dx,$$

這是一個經常被引用的公式。其次是儘管式 (2) 給長度問題提供了「一般」解，卻很難為各種特定情況的弧長帶來一個顯式的表示公式。這無非是由於我們不得不把特定的函數 $f(x)$ ——或者該說 $f'(x)$ ——代入式 (2)，然後按得到的被積分式子作實際的積分。此時如果我們對基礎函數的考慮限於本書所涵蓋的領域之內，那麼通常便存在著不可逾越的困難。我們將提出若干適於作積分運算的實例。試看代表一個單位圓的函數

$$y = f(x) = \sqrt{1 - x^2},$$

我們求得這個函數的微分為 $f'(x) = \frac{dy}{dx} = -\frac{x}{\sqrt{1-x^2}}$，由此得出

$$\sqrt{1 + [f'(x)]^2} = \tfrac{1}{\sqrt{1-x^2}} \, ,$$

所以圓周上一段圓弧的長度用積分表示出來就是

$$\int_a^b \frac{dx}{\sqrt{1-x^2}} = \arcsin b - \arcsin a,$$

對於拋物線 $y = x^2$，我們取得 $f'(x) = 2x$，因此從 $x = 0$ 到 $x = b$ 的弧長為

$$\int_a^b \sqrt{1 + 4x^2} dx,$$

對於曲線 $y = \log \sin x$，我們得到 $f'(x) = \cot x$，兩點之間的弧長遂表示如

$$\int_a^b \sqrt{1 + \cot^2 x} dx,$$

我們只要把這些積分式子寫下來就應該感到心滿意足了，因為計算這些積分值要用上比目前所掌握的再高一些的技巧才有可能，然而在這方面我們將不再作進一步探討。

§9. 數量級

1. 指數函數與 x 的冪數

各種趨向於無窮大的序列 a_n 在數學上是常見的。我們經常需要把如此一個序列同另一個也趨於無窮大，但趨向無窮大的速度也許會「快過」 a_n 的序列 b_n 作比較。為了把這番概念解說明白，我們將要說的是，如果分子和分母同時趨向無窮大的比， a_n/b_n，是由於 n 的增大而趨於零，那麼 b_n 之趨於無窮大要比 a_n 快，或者說 b_n 比 a_n 有一個**較高的數量級**（higher order of magnitude）。因此序列 $b_n = n^2$ 走向無窮大較序列 $a_n = n$ 來得快，而 a_n 則快於 $c_n = \sqrt{n}$，因為

$$\frac{a_n}{b_n} = \frac{n}{n^2} = \frac{1}{n} \to 0, \quad \frac{c_n}{a_n} = \frac{\sqrt{n}}{n} = \frac{1}{\sqrt{n}} \to 0,$$

顯然每當 $s > r > 0$， n^s 趨於無窮大較 n^r 來得快，由於 $n^r/n^s = 1/n^{(s-r)} \to 0$ 之故也。

如果比率 a_n/b_n 接近一個不等於零的有限常數 c，那麼我們便確定兩個序列以相同的進度去接近無窮大，或者說它們擁有**相同的數量級**（same order of magnitude）。所以 $a_n = n^2$ 與 $b_n = 2n^2 + n$ 兩者的數量級是一樣的，因為

$$\frac{a_n}{b_n} = \frac{n^2}{2n^2 + n} = \frac{1}{2 + \dfrac{1}{n}} \to \frac{1}{2}$$

有人或會認為以 n 的乘方當作一把量尺，便有可能為任何一個趨向無窮大的序列 a_n 衡量它步向無窮大的快慢程度了。為了做到這一點，我們就必須要找到一個恰當的 n^s 乘方，它與 a_n 具有同樣的數量級；就是說要使 a_n/n^s 趨近於一個有別於零的常數。可是一個值得注意的事實是：這是永遠不可能的，因為**一個指數函數 a^n，其中 $a > 1$（例如 e^n），它之趨向無窮大快過任何一個 n 的乘方，n^s，不管我們選取多大的 s 值；而 $\log n$ 走向無窮大則慢過任何一個 n^s，不論正指數 s 是如何的小**。換句話說，隨著 $n \to \infty$，我們取得兩個關係

$$\tag{1} \frac{n^s}{a^n} \to 0,$$

以及

(2)
$$\frac{\log n}{n^s} \to 0,$$

此處指數 s 可以取任何一個固定的正數，但不必是一個正整數。

為了證明 (1)，我們首先取用比率的 s 次方根以簡化陳述，如果這個根趨近於零，那麼原來的比率也一樣趨於零。因此我們只須證明隨著 n 的增加，

$$\frac{n}{a^{\frac{n}{s}}} \to 0,$$

便行。令 $b = a^{1/s}$，由於 a 被設定為大於 1，b 與 $\sqrt{b} = b^{1/2}$ 遂同時也大於 1。我們便可寫出

$$b^{\frac{1}{2}} = 1 + q,$$

q 是一個正數。現在按照第 I 章第 §2 之 5 節的不等式 (6)

$$b^{\frac{n}{2}} = (1 + q)^n \geq 1 + nq > nq,$$

因此

$$a^{\frac{n}{s}} = b^n \geq n^2 q^2,$$

而且

$$\frac{n}{a^{\frac{n}{s}}} < \frac{n}{n^2 q^2} = \frac{1}{nq^2},$$

由於後者是隨著 n 的增加而趨於零，證明便告完成。

事實上，下面的關係

(3)
$$\frac{x^s}{a^x} \to 0,$$

當 x 以任何一種方式沿著一個序列 $x_1, x_2, \cdots$ ——它不必與一個正整數序列 $1, 2, 3, \cdots$ 形成一致——而變成無窮大時，(3) 是成立的。因為如果 $n - 1 \leq x \leq n$，那麼

$$\frac{x^s}{a^x} < \frac{n^s}{a^{n-1}} = a \cdot \frac{n^s}{a^n} \to 0$$

　　這一個特徵可以用於關係 (2) 的證明。令 $x = \log n$ 和 $e^s = a$ ，遂有 $n = e^x$ 和 $n^s = (e^s)^x$ ，關係 (2) 的比率變成

$$\frac{x}{a^x},$$

這相當於關係 (3) 的一個特殊情況，$s = 1$ 。

◆練習題

1) 試證明當 $x \to \infty$ ，函數 $\log(\log x)$ 之趨於無窮大的速度慢於 $\log x$ 。

2) 函數 $x/\log x$ 之導數為 $1/\log x - 1/(\log x)^2$ 。試證明當 x 很大時，該導數「漸近」地等同於第一項， $1/\log x$ ，就是說兩者之比隨著 $x \to \infty$ 而接近於 1 。

2. $\log(n!)$ 之數量級

在許多應用中，例如概率理論，能夠掌握取值很大的某數 n 的階乘 $n!$ 的數量級或「漸近表現」（asymptotic behavior）是滿重要的。此時此地，我們將滿足於探討表示如下的 $n!$ 的對數，

$$P_n = \log 2 + \log 3 + \log 4 + \cdots + \log n,$$

我們將要證明 P_n 的「漸近值」（asymptotic value）是 $n \log n$；即

$$\frac{\log(n!)}{n \log n} \to 1$$

證明方法乃屬於一個極其常用的典型方法：用一個序列的總和與一個積分作比較。在圖 287 中，作為一個和的 P_n 是等同於諸長方形的面積之和，各長方形之頂部以實線標示之，而總面積則不超出對數曲線從 1 至 $n+1$ 的下方面積（見第 §6 之 4 節之練習題 1），

$$\int_1^{n+1} \log x\,dx = (n+1)\log(n+1) - (n+1) + 1,$$

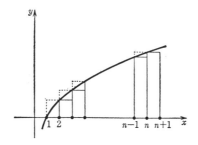

圖 287. $\log(n!)$ 之估算

然而類似地，P_n 同樣等於頂部為虛線的各長方形之和，而總面積則超出曲線從 1 至 n 的下方面積，

$$\int_1^n \log x \, dx = n \log n - n + 1,$$

因此我們得出

$$n \log n - n + 1 < P_n < (n+1) \log(n+1) - n,$$

除以 $n \log n$ 之後便有

$$1 - \frac{1}{\log n} + \frac{1}{n \log n} < \frac{P_n}{n \log n} < \left(1 + \frac{1}{n}\right) \frac{\log(n+1)}{\log n} - \frac{1}{\log n}$$

$$= \left(1 + \frac{1}{n}\right) \frac{\log n + \log\left(1 + \dfrac{1}{n}\right)}{\log n} - \frac{1}{\log n},$$

顯然隨著 n 趨於無窮大，兩個界限都趨於 1， $n \log n$ 之作為 P_n 的漸近值遂獲證。

◆練習題

試證明上述兩個界限分別大於 $1-1/n$ 而小於 $1+1/n$ 。

§10. 無窮級數及其乘積

1. 函數之無窮級數

如我們所說，用一個無窮級數把一個量 s 表示出來

$$(1) \qquad s = b_1 + b_2 + b_3 + \cdots,$$

只不過是一個方便的象徵，以說明有限「部分和」的序列

$$s_1, s_2, s_3, \cdots$$

的極限是 s，其中

$$(2) \qquad s_n = b_1 + b_2 + b_3 + \cdots + b_n,$$

是隨著 n 的增加而推移至極限 s。因此式子 (1) 是等同於極限關係

$$(3) \qquad \lim s_n = s \quad （當 n \to \infty），$$

其中 s_n 之定義示如 (2)。當極限 (3) 存在時，我們說級數 (1) **收斂**到 s 值，如果極限 (3) 不存在，我們說級數是**發散**的。

因此下列的級數

$$1 - \frac{1}{3} + \frac{1}{5} - \frac{1}{7} + \cdots$$

收斂至 $\pi/4$，而另一個級數

$$1 - \frac{1}{2} + \frac{1}{3} - \frac{1}{4} + \cdots$$

則收斂至 $\log 2$；在另一方面，級數

$$1 - 1 + 1 - 1 + \cdots$$

呈發散（由於部分和交替更迭於 1 與 0 之間），而級數

$$1 + 1 + 1 + 1 + \cdots$$

之屬於發散乃由於部分和趨於無窮大。

我們曾見識過級數中的各項 b_i 是形成自 x 的函數

$$b_i = c_i x^i,$$

其中各因子 c_i 為常數。這類級數被稱為**冪級數**（power series）；它們是以部分和的形式表示出來的多項式

$$S_n = c_0 + c_1 x + c_2 x^2 + \cdots + c_n x^n$$

的極限（多出的常數 c_0 一項需要在式 (2) 中作一個不算重要的改變）。因此以一個冪級數作為函數 $f(x)$ 的展開式

$$f(x) = c_0 + c_1 x + c_2 x^2 + \cdots,$$

就是以多項式——最簡單的函數——去逼近 $f(x)$ 的一個表示方式。總結及補充前面的結果，我們把各個冪級數的展開式羅列如下：

(4) $\qquad \dfrac{1}{1+x} = 1 - x + x^2 - x^3 + \cdots,$ $\qquad$ 有效範圍 $-1 < x < +1$

(5) $\qquad \tan^{-1} x = x - \dfrac{x^3}{3} + \dfrac{x^5}{5} - \cdots,$ $\qquad$ 有效範圍 $-1 \le x \le +1$

(6) $\qquad \log(1+x) = x - \dfrac{x^2}{2} + \dfrac{x^3}{3} - \dfrac{x^4}{4} + \cdots,$ 有效範圍 $-1 < x \le +1$

(7) $\qquad \dfrac{1}{2} \log \dfrac{1+x}{1-x} = x + \dfrac{x^3}{3} + \dfrac{x^5}{5} + \cdots,$ $\qquad$ 有效範圍 $-1 < x < +1$

(8) $\qquad e^x = 1 + \dfrac{x}{1!} + \dfrac{x^2}{2!} + \dfrac{x^3}{3!} + \cdots,$ $\qquad$ 所有 x 值皆適用

現在我們再加入下面兩個重要的展開式：

(9) $\qquad \sin x = x - \dfrac{x^3}{3!} + \dfrac{x^5}{5!} - \cdots,$ $\qquad$ 所有 x 值皆適用

(10) $\qquad \cos x = 1 - \dfrac{x^2}{2!} + \dfrac{x^4}{4!} - \cdots,$ $\qquad$ 所有 x 值皆適用

公式 (9) 與 (10) 的證明是從第 §5 之 2 節中兩個積分公式中推論出來的結果

(a) $\qquad\qquad \displaystyle\int_0^x \sin u\,du = 1 - \cos x,$

(b)
$$\int_0^x \cos u \, du = \sin x,$$

我們從不等關係

$$\cos x \le 1$$

開始，按此求得從 0 至 x 的積分，其中 x 為任何一個固定的正值，我們便得（見本章第 §1 之 5 節之公式 (13)）

$$\sin x \le x,$$

再積分一次之後，

$$1 - \cos x \le \frac{x^2}{2},$$

或表示如

$$\cos x \ge 1 - \frac{x^2}{2},$$

又一次積分之後，我們可得

$$\sin x \ge x - \frac{x^3}{2 \cdot 3} = x - \frac{x^3}{3!},$$

按這種方式進行無數次之後，我們得到下列兩組不等關係：

$$\sin x \le x \qquad\qquad \cos x \le 1$$

$$\sin x \ge x - \frac{x^3}{3!} \qquad\qquad \cos x \ge 1 - \frac{x^2}{2!}$$

$$\sin x \le x - \frac{x^3}{3!} + \frac{x^5}{5!} \qquad\qquad \cos x \le 1 - \frac{x^2}{2!} + \frac{x^4}{4!}$$

$$\sin x \ge x - \frac{x^3}{3!} + \frac{x^5}{5!} - \frac{x^7}{7!} \qquad\qquad \cos x \ge 1 - \frac{x^2}{2!} + \frac{x^4}{4!} - \frac{x^6}{6!}$$

....

接下來我們要證明，隨著 n 趨近於無窮大，$x^n/n! \to 0$。我們選擇一個固定的整數 m，使得 $x/m < 1/2$，並令 $c = x^m/m!$。對於任何一個 $n > m$ 的整數，我們設定 $n = m + r$；於是

$$0 < \frac{x^n}{n!} = c \cdot \frac{x}{m+1} \cdot \frac{x}{m+2} \cdots \frac{x}{m+r} < c\left(\frac{1}{2}\right)^r,$$

當 $n \to \infty$ 時，r 同時也 $\to \infty$，因此 $c(\frac{1}{2})^r \to 0$。我們隨之可得

$$\begin{cases} \sin x = x - \dfrac{x^3}{3!} + \dfrac{x^5}{5!} - \dfrac{x^7}{7!} + \cdots, \\[2mm] \cos x = 1 - \dfrac{x^2}{2!} + \dfrac{x^4}{4!} - \dfrac{x^6}{6!} + \cdots, \end{cases}$$

由於級數中各項的正負號是交替出現，而且它們的數值持續遞減下去（起碼對 $|x| \leq 1$ 來說是如此），因此，**把 $\sin x$ 和 $\cos x$ 兩個級數從任何一項斷開而形成的誤差值將不會超出被刪去的第一項的數值。**

備註。 這兩個級數可用作三角函數表的計算。例如 $\sin 1°$ 的函數值是多少？由於相當於 $1°$ 的弧度為 $\pi/180$，因此

$$\sin \frac{\pi}{180} = \frac{\pi}{180} - \frac{1}{6}\left(\frac{\pi}{180}\right)^3 + \cdots,$$

這個級數中斷於兩項之後，此時需要承擔的誤差值不大於 $\frac{1}{120}(\frac{\pi}{180})^5$，這個值比 $0.000\,000\,000\,02$ 還要小。所以 $\sin 1° = 0.0174524064$，精確至小數點第十位。

最後，在不提供證明的情況下，我們提出「二項級數」（binomial series）的表示式

$$(11) \qquad\qquad (1+x)^a = 1 + ax + C_2^a x^2 + C_3^a x^3 + \cdots,$$

其中 C_s^a 為「二項係數」（binomial coefficient）

$$C_s^a = \frac{a(a-1)(a-2)\cdots(a-s+1)}{s!},$$

如果 a 是一個正整數 n，那麼我們便得 $C_n^a = 1$，而在 $s > n$ 的情況下，所有在 (11) 中的係數 C_s^a 皆為零，因此我們保留的不過是普通二項式定理所屬的項數有限的公式而已。來自牛頓早期事業生涯中的一項偉大發現，就是基本的二項

式定理是可以加以擴展，把指數從正整數 n 延伸至任意的正或負的有理數或無理數 a。當 a 不為整數時，給公式 (11) 的右邊帶來的是一個無窮級數，適用於 $-1 < x < +1$。而在 $|x| > 1$ 的情況下，級數 (11) 成為一個發散級數，因此等號便沒有意義了。

一個特別的情況是 $a = 1/2$，以此代入 (11)，我們便得到一個展開式

$$(12) \qquad \sqrt{1+x} = 1 + \frac{1}{2}x - \frac{1}{2^2 \cdot 2!}x^2 + \frac{1 \cdot 3}{2^3 \cdot 3!}x^3 + \frac{1 \cdot 3 \cdot 5}{2^4 \cdot 4!}x^4 + \cdots$$

像其他在十八世紀的數學家一樣，牛頓並未給他的公式之有效性提出一個確實的證明。一直到十九世紀，才有人針對這類無窮級數的有效收斂範圍提出一個令人滿意的分析。

◆練習題

試分別把 $\sqrt{1-x^2}$ 和 $\sqrt{1-x^2}$ 的冪級數表示出來。

表示式 (4) 至 (11) 乃屬於一般性的泰勒（Brook Taylor，1685~1731）公式的特殊情況，泰勒公式的目標是將函數 $f(x)$ 以冪級數的形式展開如

$$(13) \qquad f(x) = c_0 + c_1 x + c_2 x^2 + \cdots,$$

其中 $f(x)$ 是來自一個大型門類的函數。泰勒所以為據的是，找出一條定律，用函數 f 及其導數表示各係數 c_i。在此經由公式化的表述以及有效性的相關條件之建立，從而為泰勒公式提出一個嚴謹的證明是不可能的。然而下面一些言之成理的查考將闡明各種相關數學細節之間的互相聯繫。

讓我們暫時假設展開式 (13) 是有可能的，同時進一步假設 $f(x)$ 可微分，接著 $f'(x)$ 可微分，……餘此類推，因此無窮無盡接二連三的微分

$$f'(x), f''(x), \cdots, f^{(n)}(x), \cdots$$

實際上是存在的。最後就像一個項數有限的多項式一樣，我們視一個無窮冪級數之可以按項被微分乃為理所當然。在這些假設之下，我們從 $f(x)$ 在 $x = 0$ 鄰域的

變化所得到的理解中，得以把各係數 c_n 決定出來。首先，我們把 $x = 0$ 代入 (13)，遂得

$$c_0 = f(0),$$

因為所有包含 x 的各項都消失了。接著從求得 (13) 的微分中，我們得到

(13') $$f'(x) = c_1 + 2c_2 x + 3c_3 x^2 + \cdots + nc_n x^{n-1} + \cdots,$$

我們再度以 $x = 0$ 代入 (13')，我們得出

$$c_1 = f'(0),$$

從求得 (13') 的微分中，我們獲得

(13'') $$f''(x) = 2c_2 + 2 \cdot 3 \cdot c_3 x + \cdots + (n-1) \cdot n \cdot c_n x^{n-2} + \cdots,$$

接著把 $x = 0$ 代入 (13'')，我們找到

$$2!c_2 = f''(0),$$

同理，對 (13'') 微分之後再代入 $x = 0$，便得

$$3!c_3 = f'''(0),$$

按照這個程序持續下去，我們得到一個通式

$$c_n = \frac{1}{n!} f^{(n)}(0),$$

其中 $f^{(n)}(0)$ 是指 $f(x)$ 的第 n 個導數在 $x = 0$ 的值。得到的結果就是所謂的**泰勒級數**（Taylor series）了，

(14) $$f(x) = f(0) + xf'(0) + \frac{x^2}{2!} f''(0) + \frac{x^3}{3!} f'''(0) + \cdots$$

作為在微分上的一個練習題，讀者可以核證 (4) 至 (11) 的例子是否皆符合形成一個泰勒級數中各個係數這一條定律的要求。

2. 尤拉公式: $\cos x + i \sin x = e^{ix}$

出自尤拉各種形式主義的巧妙操作中，一個最令人著迷的成果出現在複數領域：一方面我們有正弦和餘弦函數，另一方面我們有指數函數，而兩種函數之間有密切連繫。然而我們應該聲明在先，尤拉所提出的「證明」以及我們隨之而得的論證是完全沒有嚴謹縝密的特色；這原是典型十八世紀的形式操作的例子。

讓我們從證明第 II 章的棣美弗公式開始，

$$(\cos n\varphi + i \sin n\varphi) = (\cos \varphi + i \sin \varphi)^n,$$

我們以 $\varphi = x/n$ 代入此公式後，便得出

$$(\cos x + i \sin x) = \left(\cos \frac{x}{n} + i \sin \frac{x}{n}\right)^n,$$

當 x 為已知，$\cos \frac{x}{n}$ 在 n 取值很大時，與 $\cos 0 = 1$ 之間差異很小；再者，由於

$$\frac{\sin \frac{x}{n}}{\frac{x}{n}} \to 1 \quad (當 \frac{x}{n} \to 0),$$

（見第 VI 章第 §3 之 3 節）我們理解到 $\sin \frac{x}{n}$ 是漸近地等同於 $\frac{x}{n}$。我們因此而感到向一個極限公式延伸似乎是合理的，

$$\cos x + i \sin x = \lim \left(1 + \frac{ix}{n}\right)^n \quad (當 n \to \infty),$$

當我們把這個方程式的右邊與在第 §6 之 4 節中的公式作一比較時，由於

$$e^z = \lim \left(1 + \frac{z}{n}\right)^n \quad (當 n \to \infty),$$

我們遂得

(15) $$\cos x + i \sin x = e^{ix},$$

這就是尤拉的公式.

根據 e^z 的展開式

$$e^z = 1 + \frac{z}{1!} + \frac{z^2}{2!} + \frac{z^3}{3!} + \cdots,$$

若以 ix —— x 為實數——取代 z，我們便可以從另外一種公式化的表述方式中得到相同的結果。如果我們還記得 i 的乘方是以 $i, -1, -i, +1$ 為週期而重複呈現，那麼通過把實部與虛部分別集結起來，我們便發現

$$e^{ix} = \left(1 - \frac{x^2}{2!} + \frac{x^4}{4!} - \frac{x^6}{6!} + \cdots\right) + i\left(x - \frac{x^3}{3!} + \frac{x^5}{5!} - \frac{x^7}{7!} + \cdots\right),$$

把右邊與 $\sin x$ 和 $\cos x$ 的級數比較之下，我們再度得到尤拉公式。

這樣的推理對關係式 (15) 來說，絕對不是一個真正的證明。我們的第二個論證的缺陷乃在於 e^z 的級數展開式，它是在假設 z 是一個實數的情況下被推導出來；因此 $ix = z$ 之代入的正確性有待查證。同理，由於公式

$$e^z = \lim \left(1 + \frac{z}{n}\right)^n \quad (\text{當 } n \to \infty),$$

只是為 z 之作為一個實數而設，因此第一個論證的正確性也喪失。

為了把尤拉公式從區區如此一個形式體系的領域轉移到嚴謹的數學真理體系的領域，我們需要一個複變函數的理論發展，這是十九世紀在數學上一項偉大的成就。許多其它的問題也促進了這個至為深遠的發展。例如我們發現一些函數的冪級數展開式對不同的 x 區間呈現收斂。為什麼某些展開式始終對所有的 x 值皆呈收斂，而另一些卻在 $|x| > 1$ 時變得沒有意義呢？

以幾何級數 (4)（前面第 §10 之 1 節）為例，這個級數對 $|x| < 1$ 來說是收斂的。當 $x = 1$ 時，這個方程式的左邊取值為 $\frac{1}{1+1} = \frac{1}{2}$，因此意義完整，但方程式的右邊卻表現得至為不可思議，它成為

$$1 - 1 + 1 - 1 + \cdots$$

這個級數無從收斂，因為它的部分和不是 1 就是 0，來回於兩者之間。這顯示出即使函數自身並無不規則之處，卻導致發散的級數。當然，在 $x \to -1$ 的情況下，

函數 $\frac{1}{1+x}$ 變成無窮大了。由於一個冪級數對 $x = a > 0$ 呈收斂，這始終意味著也對 $-a < x < a$ 呈收斂，這是能夠被證明出來的，我們便有可能給函數 $\frac{1}{1+x}$ 在不連續點 $x = -1$ 處展開的古怪表現找到一個「解釋」了。而若以 x^2 取代 (4) 中的 x，函數 $\frac{1}{1+x^2}$ 是可以被展開成

$$\frac{1}{1+x^2} = 1 - x^2 + x^4 - x^6 + \cdots,$$

這個級數也一樣對 $|x| < 1$ 呈收斂，而當 $x = 1$ 時，也是以一個發散級數 $1 - 1 + 1 - 1 + \cdots$ 作為結果，同時當 $|x| > 1$ 時，則呈爆炸性發散，儘管函數本身無論在何處皆呈正常。

人們終於知曉，如果想對這樣的現象作一個完整的解釋，唯有除了以實數為變數之外，還要加上複數變數之函數的研究才有可能。例如對級數 $\frac{1}{1+x^2}$ 來說，它必然對 $x = i$ 呈發散，因為分數中的分母變成零。於是對所有 $|x| > |i| = 1$ 的 x 值來說，這個級數一定也呈發散，因為它對任何一個這樣的 x 值呈收斂，就將意味著它對 $x = i$ 呈收斂，這點是可以被證明出來。因此級數在收斂方面的問題——一個在早期的微積分完全被忽略的問題——遂成為複變函數的理論在創建期間最為主要的關鍵因素之一。

3. 調和級數與ζ函數／尤拉的正弦乘積

級數之中以各項皆由整數簡單組合者，特別使人感興趣。以一個「調和級數」
（harmonic series）為例，

$$(16) \qquad 1 + \frac{1}{2} + \frac{1}{3} + \frac{1}{4} + \cdots + \frac{1}{n} + \cdots,$$

這個級數與代表 $\log 2$ 的級數的差別僅在於偶數項的正負號相反。

要問這個級數是否呈收斂，就等於考察序列

$$s_1, s_2, s_3, \cdots$$

其中

$$(17) \qquad s_n = 1 + \frac{1}{2} + \frac{1}{3} + \frac{1}{4} + \cdots + \frac{1}{n},$$

是否趨向於一個有限的極限值。儘管級數 (16) 中的各項是隨著我們走得越遠而近
於 0，但卻不難明白這不是一個收斂的級數。因為通過取得足夠的項數，我們可
以使 (17) 超出任何一個不管是什麼樣的正數，所以 s_n 是無限制地增大，而級數
(16) 是「朝無窮大發散」。為了對此有所理解，試看

$$s_2 = 1 + \frac{1}{2},$$
$$s_4 = s_2 + \left(\frac{1}{3} + \frac{1}{4}\right) > s_2 + \left(\frac{1}{4} + \frac{1}{4}\right) = 1 + \frac{2}{2},$$
$$s_8 = s_4 + \left(\frac{1}{5} + \cdots + \frac{1}{8}\right) > s_4 + \left(\frac{1}{8} + \cdots + \frac{1}{8}\right) > s_4 + \frac{1}{2} > 1 + \frac{3}{2},$$

於是 s 的普遍形式為

$$(18) \qquad s_{2^m} > 1 + \frac{m}{2},$$

因此，譬如說，一旦 $m \geq 200$，部分和 s_{2^m} 就超過 100。

雖然調和級數並不收斂，我們卻可以證明級數

$$(19) \qquad 1 + \frac{1}{2^s} + \frac{1}{3^s} + \frac{1}{4^s} + \cdots + \frac{1}{n^s} + \cdots$$

對任何一個大於 1 的 s 值呈收斂，同時我們把以 s 為變數，所有 $s > 1$ 的函數定義為所謂的 ζ 函數（zeta function），

$$(20) \qquad \zeta(s) = \lim \left(1 + \frac{1}{2^s} + \frac{1}{3^s} + \frac{1}{4^s} + \cdots + \frac{1}{n^s} \right) \quad （當 \ n \to \infty），$$

ζ 函數與質數之間有一個重要的關係，我們運用幾何級數的知識就可以把這個關係推導出來。令 p 為任何一個質數，即 $p = 2, 3, 5, 7, \cdots$；那麼對 $s \geq 1$ 來說，

$$0 < \frac{1}{p^s} < 1,$$

因此

$$\frac{1}{1 - \frac{1}{p^s}} = 1 + \frac{1}{p^s} + \frac{1}{p^{2s}} + \frac{1}{p^{3s}} + \cdots,$$

讓我們分別把每一個質數 $p = 2, 3, 5, 7, \cdots$ 代入這一個表示式之後，再把它們相乘在一起——先不去理會這一個運作是否有效。於是在左邊我們得到的是一個無窮「積」

$$\frac{1}{1 - \frac{1}{2^s}} \cdot \frac{1}{1 - \frac{1}{3^s}} \cdot \frac{1}{1 - \frac{1}{5^s}} \cdots = \lim \left[\frac{1}{1 - \frac{1}{p_1^s}} \cdots \frac{1}{1 - \frac{1}{p_n^s}} \right] \quad （當 \ n \to \infty），$$

而在右邊我們得到的是一個無窮級數的 ζ 函數

$$1 + \frac{1}{2^s} + \frac{1}{3^s} + \cdots = \zeta(s),$$

此乃藉由一個事實而得：每一個大於 1 的整數皆可以唯一地被表示為不同質數的冪次的相乘積。因此我們以一個無窮的乘積作為 ζ 函數的代表

$$(21) \qquad \zeta(s) = \left(\frac{1}{1 - \frac{1}{2^s}} \right) \cdot \left(\frac{1}{1 - \frac{1}{3^s}} \right) \cdot \left(\frac{1}{1 - \frac{1}{5^s}} \right) \cdots,$$

如果出現在 (21) 右邊的質數數量有限，比如說 $p_1, p_2, \cdots, p_r$，那麼在 (21) 右邊的積將是一個普通有限的積，因而將是一個有限值，即使在 $s = 1$ 的時候亦復如是。但正如我們所知，當 $s = 1$ 時的 ζ 函數

$$\zeta(1) = 1 + \frac{1}{2} + \frac{1}{3} + \frac{1}{4} + \cdots$$

是一個向無窮大發散的級數。這一個論證——這個論證能夠容易地被轉變成嚴謹的證明——顯示出質數是有無限多個。當然這比起最早由歐幾里得所提出的證明（見第 I 章第 §3 之 1 節）更為複雜以及深奧微妙得多了。然而令人著迷的正是那峻嶺絕崖一般的魅力，雖然另有一條舒適平坦的小道通向山峰。

　　有時以諸如 (21) 一類的無窮積來表示函數與使用無窮級數一樣有用。另一個無窮積是與三角學的正弦函數 $\sin x$ 有關，它的發現是尤拉的另一項成就。要弄清楚這一個公式，我們從多項式說起。如果 $f(x) = a_0 + a_1 x + \cdots + a_n x^n$ 是一個 n 次多項式，同時一共有 n 個不同的 x 值，$x_1, x_2, \cdots, x_n$，使 $f(x)$ 變成零，那麼根據代數基本定理（見第 II 章第 §5 之 4 節），$f(x)$ 是能夠被分解成恰好 n 個線性因式，

$$f(x) = a_n(x - x_1)(x - x_2) \cdots (x - x_n),$$

把各線性因子中的 $x_1, x_2, \cdots, x_n$ 抽出之後，便得到一個乘積 $x_1 x_2 \cdots x_n$，$f(x)$ 遂可以被寫成

$$f(x) = C \left(1 - \frac{x}{x_1}\right) \left(1 - \frac{x}{x_2}\right) \cdots \left(1 - \frac{x}{x_n}\right),$$

其中 C 為一常數，令 $x = 0$，C 遂被確定為 $C = a_0$。此時如果我們考慮的是較為複雜的函數而不是多項式，那麼帶來的問題就是一個依靠 $f(x)$ 的零解而得到乘積的因式分解是否仍然可以實現。（一般說來，這不可能為真，正如指數函數這個例子就完全不會被零化，因為每一個 x 值皆使 $e^x \neq 0$。）尤拉發現，就正弦函數而論，如此一個分解是可能的。為了用最簡單的方式把這個公式表示出來，我們考慮的函數是 $\sin \pi x$，而非 $\sin x$。這個函數在 $x = 0, \pm 1, \pm 2, \pm 3, \cdots$ 之處均取值為零，因為對於所有的整數 n 來說，$\sin n\pi = 0$，而其它非整數者，則否。茲

將尤拉公式陳述如下：

(22) $$\sin \pi x = \pi x \left(1 - \frac{x^2}{1^2} \right) \left(1 - \frac{x^2}{2^2} \right) \left(1 - \frac{x^2}{3^2} \right) \left(1 - \frac{x^2}{4^2} \right) \cdots,$$

這個無窮積就一切 x 值均收斂，是數學上最為美妙的公式之一。以 $x = \frac{1}{2}$ 代入，遂得

$$\sin \frac{\pi}{2} = 1 = \frac{\pi}{2} \left(1 - \frac{1}{2^2 \cdot 1^2} \right) \left(1 - \frac{1}{2^2 \cdot 2^2} \right) \left(1 - \frac{1}{2^2 \cdot 3^2} \right) \left(1 - \frac{1}{2^2 \cdot 4^2} \right) \cdots,$$

如果我們把每一個因子寫成

$$1 - \frac{1}{2^2 \cdot n^2} = \frac{(2n-1)(2n+1)}{2n \cdot 2n},$$

我們便得到在第 VI 章第 §2 之 4 節所提出的華里斯積（Wallis' product），

$$\frac{\pi}{2} = \frac{2}{1} \cdot \frac{2}{3} \cdot \frac{4}{3} \cdot \frac{4}{5} \cdot \frac{6}{5} \cdot \frac{6}{7} \cdot \frac{8}{7} \cdot \frac{8}{9} \cdots$$

　　關於這些事實的證明，我們必須請讀者去參考在微積分方面的教科書（亦可見於書尾的參考書目）。

**** §11. 得自統計方法的質數定理**

　　當數學方法被運用到探究自然現象時，人們通常會滿足於一種論證，在這個論證的說理過程中，一連串的嚴格推理卻夾雜著多少有點令人能夠接受的假設。即使在純數學中，我們偶然會遇到儘管無從提供一個嚴謹證明的推理，但仍然啟發出正確的解答，而且有可能為尋求一個嚴謹的證明而指出了方向。伯努利為最速降線問題所提出的解答（見第Ⅶ章第 §10 之 3 節）就有這個特性，而大部分早期的分析工作也莫不如是。

　　現在我們將提出一個論點——通過一個屬於應用數學尤其是統計力學方面的典型程序——因而使著名的高斯質數分佈定律的真實性至少在表面上看來是合理。（著名德國實驗物理學家赫茲（Gustav Hertz, 1887~1975）曾向本書其中一個作者提出一個與此相關的程序。）這個定理我們在第Ⅰ章第 §3 之 2c 節曾根據觀察來討論過，它旨在說明不大於 n 的質數 $A(n)$ 是隨著 n 的增加而漸近地等同於 $n/\log n$ ：

$$A(n) \approx \frac{n}{\log n},$$

這就是說隨著 n 趨向無窮大， $A(n)$ 與 $n/\log n$ 的比率接近於 1 ，一個極限值。

　　我們以擬訂一個假設作為開始，假設一個描述質數分佈的數學定律之所以**存在**乃由於下面的合理性：就很大的 n 值而言，函數 $A(n)$ 約莫等於積分 $\int_2^n W(x)dx,$ ， $W(x)$ 是一個衡量質數「密度」（density）的函數。（我們之所以選取 2 作為積分的下限，是因為對於 $x < 2$ 來說，顯然 $A(x) = 0$ 。）更明確地說，我們假設 x 是一個巨大的數，而 Δx 則是另外一個巨大的數，不過在數量級方面 x 是大於 Δx 。（例如我們會同意設定一個關係 $\Delta x = \sqrt{x}$ 。）接下來我們想當然地認為質數在分佈上是如此均勻流暢，因此從 x 到 $x + \Delta x$ 這一個區間裡的質數的數目約莫等於 $W(x) \cdot \Delta x$ ，再者，作為 x 的一個函數， $W(x)$ 的變化是如此緩慢，以致使積分 $\int_2^n W(x)dx,$ 在沒有改變它的漸近值的情況下，可以用接二連三的長方形面積的近似總和來取代。於是帶著這些初步的想法，我們為論證的開始已準備就緒了。

我們已經證明，在整數 n 為巨大數值的情況下，$\log(n!)$ 漸近於 $n \log n$（見第 §9 之 2 節），即

$$\log(n!) \approx n \cdot \log n,$$

現在我們給 $\log(n!)$ 提供另一個與質數有關的公式，並把兩者作一比較。且讓我們清點一下，以任意一個比 n 要小的質數 p 作為因子，它被包括於整數 $n! = 1 \cdot 2 \cdot 3 \cdots n$ 之內可以有多少次。如果最多有 k 次，p^k 遂可以把 $n!$ 整除。我們將以 $[a]_p$ 來表示這個最大整數 k。由於每一個整數的質因數分解形式只有一種，因此對任何兩個整數 a 和 b 來說，$[ab]_p = [a]_p + [b]_p$ 乃是必然的結果。因此

$$[n!]_p = [1]_p + [2]_p + [3]_p + \cdots + [n]_p,$$

在序列 $1, 2, 3, \cdots, n$ 之內，能夠被 p^k 整除的各項分別是 $p^k, 2p^k, 3p^k, \cdots$；而對於很大的 n 值來說，序列中可以被 p^k 整除的項數，N_k，大約有 n/p^k 項之多。在這些項當中，能夠被 p^k 整除但不能夠被高於 k 之 p 的乘方所整除的項數若為 M_k，那麼

$$M_k = N_k - N_{k+1},$$

因此

$$
\begin{aligned}
[n!]_p &= M_1 + 2M_2 + 3M_3 + \cdots \\
&= (N_1 - N_2) + 2(N_2 - N_3) + 3(N_3 - N_4) + \cdots \\
&= N_1 + N_2 + N_3 + \cdots \\
&= \frac{n}{p} + \frac{n}{p^2} + \frac{n}{p^3} + \cdots \\
&= \frac{n}{p-1},
\end{aligned}
$$

（當然這些都是近似值而已。）

因此對巨大值的整數 n 來說，$n!$ 近似於一個積：所有符合 $p < n$ 的質數的各個表示式 $p^{\frac{n}{p-1}}$ 的乘積。因此我們便得到一個公式

$$\log n! \approx \sum_{p < n} \frac{n}{p-1} \log p,$$

這與我們在前面為 $\log(n!)$ 求得的漸近關係相較之下，如果以 x 代替 n，我們可得

(1)
$$\log x \approx \sum_{p<x} \frac{\log p}{p-1}$$

　　接下來有決定性的一步，是要使式 (1) 的右邊有一個以 $W(x)$ 為據的漸近表達方式。當 x 很大時，我們可以把從 2 到 $x=n$ 的區間細分為一大批數量為 r 的大型子區間——挑選出 $2 = \xi_1, \xi_2, \cdots, \xi_r, \xi_{r+1} = x$ 等點，而以相對應的 $\Delta\xi_j = \xi_{j+1} - \xi_j$ 為增量——在每一個子區間內都有質數的存在，而在第 j 個子區間的質數值將大概是 ξ_j。根據我們對 $W(x)$ 的假設，在第 j 個子區間裡，質數的數量大概為 $W(\xi_j) \cdot \Delta\xi_j$；因此式 (1) 的右邊約莫等於

$$\sum_{j=1}^{r+1} W(\xi_j) \frac{\log \xi_j}{\xi_j - 1} \cdot \Delta\xi_j,$$

我們若以這個有限和所接近的積分去取代它，而作為 (1) 的一個令人能夠接受的結論，我們得到一個關係

(2)
$$\log x \approx \int_2^x W(\xi) \frac{\log \xi}{\xi - 1} d\xi,$$

從這個式子，我們可以決定未知函數 $W(x)$。如果我們以通常的等號去取代符號 $\approx$，同時在兩邊對 x 微分，那麼根據微積分基本定理

(3)
$$\frac{1}{x} = W(x) \frac{\log x}{x-1},$$
$$W(x) = \frac{x-1}{x \log x}$$

　　我們在開始進行討論時，曾假設 $A(x)$ 是近似於 $\int_2^n W(x)dx$，；因此 $A(x)$ 可以用積分來表示

(4)
$$\int_2^x \frac{x-1}{x \log x} dx,$$

為了求出這個積分值，我們注意到函數 $f(x) = x/\log x$ 的導數為

$$f'(x) = \frac{1}{\log x} - \frac{1}{(\log x)^2},$$

當 x 很大時，下面兩個表示式

$$\frac{1}{\log x} - \frac{1}{(\log x)^2}, \quad \frac{1}{\log x} - \frac{1}{x \log x}$$

近於相等，因為當 x 很大時，在兩個式子中的第二項遠比第一項小得多。所以當兩者被積分時，既然在絕大部分域中被積分的函數幾乎完全相等，積分 (4) 便漸近地等同於下面的積分

$$\int_2^x f'(x)dx = f(x) - f(2) = \frac{x}{\log x} - \frac{2}{\log 2},$$

當 x 很大時，由於 $2/\log 2$ 是一個常數，因此可以被忽略，於是我們獲得最後的結果

$$A(x) \approx \frac{x}{\log x},$$

而這就是質數定理。

我們無從佯稱，上述論證具有一種比提示性還要高的價值。然而經過更為嚴密的分析，便浮現出下面的事實：對於每一個我們如此大膽採用的步驟的正當性都不難提出一個完整證明；而對於方程式 (1) 來說，對於連接公式 (1) 的有限和與公式 (2) 的積分的漸近等同關係來說，以及對於從 (2) 導致 (3) 的步驟來說，情況尤其如此。至於在一開始被視為一個均勻流暢的函數 $W(x)$，要證實它的**存在**就困難得多了。而一旦我們接受這一個假設，如何**求解**這個函數比較起來可算是簡單了；從這個角度看，證明如此一個函數的存在乃是質數問題的首要困難之所在也。

第Ⅸ章

數學在近代的發展

§1. 關於質數的一個公式

（參看第 Ⅰ 章第 §3 之 2a 節）

產生質數的各種各樣多項式如今都已為大家所悉，它們對於增進我們在質數方面的知識並沒有多大用處，卻顯示出多項式能夠擁有十分奇怪的性質。

1900 年，希爾伯特（David Hilbert）在巴黎召開的第二屆國際數學家大會上，提出了他著名的報告「數學問題」，其中列舉了二十三個研究問題，他認為這些問題的解答對於數學的進展將會有無比的重要性。

希爾伯特的第十個問題是要找出是否實際上有一種具普遍性的方法，即如今我們所謂的演算法，以檢驗一個丟番圖方程式（見第 Ⅰ 章第 §6 之 4 節）是否有解。1970 年，俄羅斯數學家馬蒂雅塞維奇（Yuri Matijasevic）繼戴維斯（Martin Davis），普特楠（Hilary Putnam），和羅賓遜（Julia Robinson）的初步嘗試之後，證明了這一類的「決策演算法」（decision algorithm）並不存在。

由於他的方法實際上是把多項式當作一個有點累贅的「計算機語言」（programming language），以模擬計算機的演算法，因而產生出來的多項式極其龐大。

鍾斯（James Jones）則找到一個由若干多項方程式組成但不具決策演算功能的顯式體系：它由 18 個方程式組成，一共有 33 個變數，其中的最高冪可高至 5^{60}。

馬蒂雅塞維克的證明出現一個使人感到好奇的副產品：一個（同樣也很複雜的）有 23 個變數的多項式 $p(x_1, \cdots, x_{23})$，當變數取整數值時，多項式若為正值，則恰好都是質數。在 1976 年，鍾斯，佐藤大八郎，和田秀男，與維恩斯（D. Wiens）公布了一個包括 26 個變數，性質不但相同而且比較簡單的多項式。若以 $a, b, c, \cdots, x, y, z$ 來代表這些變數（剛好與 26 個英文字母相一致，因而有助於排字），那麼他們的多項式表示如

$$(k+2)\{1-[wz+h+j-q]^2$$
$$-[(gk+2g+k+1)(h+j)+h-z]^2-[2n+p+q+z-e]^2$$
$$-[16(k+1)^3(k+2)(n+1)^2+1-f^2]^2-[e^3(e+2)(a+1)^2+1-o^2]$$
$$-[(a^2-1)y^2+1-x^2]^2-[16r^2y^4(a^2-1)+1-u^2]^2$$
$$-[((a+u^2(u^2-a))^2-1)(n+4dy^2)+1-(x+cu)^2]^2-[n+l+v-y]^2$$
$$-[(a^2-1)l^2+1-m^2]^2-[ai+k+1-l-i]^2$$
$$-[p+l(a-n-1)+b(2an+2a-n^2-2n-2)-m]^2$$
$$-[q+y(a-p-1)+s(2ap+2a-p^2-2p-2)-x]^2$$
$$-[z+pl(a-p)+t(2ap-p^2-1)-pm]^2\},$$

對於 $a, \cdots, z$ 皆為整數時，這個多項式的**正值**恰好都是質數。

這裡看來有個悖論：這個式子明顯是可以被分解的。其實它是以 $(k+2)\{1-M\}$ 為形式。不過 M 是多個平方之和，因此在 $M=0$ 的時候，而且只有在 $M=0$ 的時候，多項式才獲得正值，而這個值正是等於 $k+2$。所以多項式 M 之建構必須要在 $k+2$ 是質數的情況底下，而且只能在 $k+2$ 是質數的情況之下，才有

$$M(k, \text{其他變數}) = 0,$$

這可以用馬蒂雅塞維奇的方法來達成。

在這個情況下，質數看來並無十分特殊之處，以致這個結果也就變得**不那麼使人著迷**了。只要給一個適當的多項式，質數便可以被任何一個由多個數組成的「遞迴可數」（recursively enumerable）序列所取代——基本上就是說，用一個具有若干可計算條件（computable conditions）的有限序列來決定一個無窮序列。經過一番尋覓，結果我們發現了「可計算性」（computability）的概念是可以藉多項式作為表達方式，但仍然沒有找到引進一個代數公式從而使質數理論被簡化的方法。

§2. 哥德巴赫猜想與孿生質數

（參看第 I 章第 §3 之 2d 節）

關於「哥德巴赫猜想」——每一個大於 2 的偶數是兩個質數之和，以及與其密切關聯的「孿生質數猜想」（twin prime conjecture）——在為數無限多的質數中，以 p 和 $p+2$ 為形式的質數也是為數無窮多，兩者至今仍是懸而未決的問題，不過我們目前對於這兩個問題的掌握已多得多了。

要處理一些有關數論方面的問題，複變函數論是最強有力的方法之一，這個可追溯自尤拉的創見，特別是經過黎曼對 ζ 函數（見第VIII章第 §10 之 3 節）的研究之後而發揚光大。自 1920 年以降，哈代（Godfrey H. Hardy）與利特爾伍德（John E. Littlewood）發展出後來被稱為分析數論（analytic number theory）的應用，使得某些數可以用若干特殊種類的數之和來表示。1937 年維諾格拉多夫（M. Vinogradov）利用他們的方法，證明每一個足夠大的奇數是三個質數之和，這是改良自他在 1934 年所證明的四個質數的結果。正如在本書第 I 章第 §3 之 2d 節的引述，他的定理只適用於「足夠大」的數——大於某一特定值 n_0 的數——然而他的證明並沒有規定 n_0 應該有多大。1956 年波洛茲肯（K. G. Borodzkin）填補了這個空白，證明只要 $n_0 = \exp[\exp(16.038)]$ 就夠了，其中 $\exp(x) = e^x$。好幾個數學家利用維諾格拉多夫的方法，證明「幾乎所有」偶數 n 都可以用兩個質數之和來表示；也就是說，這種數字的比例是隨著 n 之趨於無窮大而接近 100%。

1919 年布隆（Viggo Brun）首次提出一個不同的方法——「篩選法」——使厄拉多斯特尼篩選法（見第 I 章第 §3 之 2 節）得到廣義化。他利用這個方法證明出每一個足夠大的偶數等於其它兩個數之和，而兩者皆為不超過 9 個質數的乘積。許多數學家隨後對這個定理進行一系列的改良。例如在 1937 年，里奇（G. Ricci）證實每一個足夠大的偶數等於兩個數之和，其中一個為不超過兩個質數的乘積，而另一個為最多不超過 366 個質數的乘積。庫恩（P. Kuhn）則利用來自布赫斯塔伯（A. A. Buchstab）的組合概念，求證出這兩個數皆為不超出 4 個質數的乘積。1957 年王元（Wang Yuan）以廣義化的黎曼假設（Generalized Riemann Hypothesis）為基礎，證明每一個足夠大的數等於一個質數與最多不超出三個質數的相乘積之和。

經典的黎曼假設——希爾伯特的 23 個題目中之一，同時恐怕也是整個數學領域裡面最為深奧而尚待解決的問題——與黎曼 $\zeta(s)$ 函數在變數 s 為複數的情況下有關聯。它特別指明當 $\zeta(s) = 0$ 而且 s 不是實數時，$s = \frac{1}{2} + iy$，其中 y 為某一實數。如果這個陳述能夠獲得證明，那麼結果勢必驚人：它們將會給數論及代數幾何學帶來突破性的大變革。再者，使這樣一個問題得解的任何一個方法幾乎可以肯定將延伸至其它重要的問題上，諸如廣義化的黎曼假設——一個具有相同的普遍性，但在很大程度上更為有力的陳述。由於黎曼假設以及它的廣義化對數學的進展設了那麼一個顯著的障礙，數論學者已逐漸養成一種習慣，把他們的某論述清楚地建立於視黎曼假設或它的廣義形式為真的基礎上，然後就開始向這個問題之外的領域展開探索。使用這種方法的正當理由之一，是這樣可能推演出矛盾，從而顯示黎曼假設不能成立。但這只不過是一種自我合理化而已；數論學者其實是沒有耐心，急於想一睹究竟是什麼東西隱蔽在大障礙的背後。

有些時候，這類領域一旦經過調查研究，就會出現新的可能性，使黎曼假設成為不必要。1948 年瑞尼（Alfred Renyi）在沒有視廣義化的黎曼假設為真的情況下，證明每一個足夠大的偶數等於一個質數與一個不超出 c 個質數的乘積之和，c 是一個可被確定但仍屬未知之值。1961 年巴本（M. B. Barban）證明 $c = 9$ 就足以勝任了。1962 年潘承洞（Pan Cheng-Dong）把 c 值減低至 5，之後不久，巴本與潘承洞各自把 c 值減低至 4；接著在 1965 年布赫斯塔伯在 $c = 3$ 的情況下得證。最後在 1966 年，當陳景潤（Chen Jing-Run）對篩選法作進一步改良的同時，求證出定理中的 c 值為 $c = 2$。就是說，每一個足夠大的偶數等於一個質數與一個最多只有兩個質數的乘積之和——「一個質數加上幾乎可算是一個質數」（prime plus almost-prime）。這是目前所知最接近完整的哥德巴赫猜想的結果了。

對孿生質數猜測的探討也是以類似的態度來進行。布隆發表於 1919 年的論文同時也證實有無窮多個質數 p，如此 p 與 $p + 2$ 兩者分別可以用最多不超過 9 個質數的乘積來表示。與針對布隆的哥德巴赫猜想結果進行改良的努力一致的是，類似的改良也出現在針對布隆關於孿生質數猜想的研究上。1924 年拉德馬赫

（H. A. Rademacher）把布隆的質數數量從 9 減至 7，接著在 1930 年減至 6，在 1938 年再減至 5。王元在他發表於 1957 年的論文中隱晦地指出，「在孿生質數方面也獲致了相似的結果」，按文中的前後關係就等於宣稱實際上有無限多個質數 p，如此 p 與 $p+2$ 分別等於一個最多不超過 3 個質數的乘積。隨後他在 1962 年以廣義化的黎曼假設為基礎，證明有無限多個質數 p，如此 $p+2$ 可以用不超過 3 個質數的乘積來表示。1965 年，布赫斯塔伯不以黎曼假設為基礎，就證實了對某一定的 c 值來說，實際上有無限多個質數 p，如此 $p+2$ 等於一個最多不超過 c 個質數的乘積。1973 年陳景潤的論文證明 $c=2$ 就夠了，這又是目前所知最為接近孿生質數猜測的結果。看來當前通用的各種方法已不太可能再把結果推得更近了：我們需要一個真正前無古人的嶄新想法。

§3. 費馬最後定理

（參看第 I 章第 §5 節）

自 1941 年本書首度出版以來，數學上最引人注目的一個發展就是，來自美國普林斯頓大學的懷爾斯（Andrew Wiles）於 1994 年證明了費馬最後定理（Fermat's Last Theorem）。我們記得，費馬推測一個形式如下的方程式

$$(1) \qquad\qquad x^n + y^n = z^n,$$

在 $n \geq 3$ 的情況下不具有非零的整數解。懷爾斯的證明具有高度專門性，所以非專家不能理解，不過就其總的輪廓來看卻不難領會。懷爾斯以極其間接的手法切入，並大量利用「橢圓曲線」（elliptic curves）的理論，這類曲線是以下面形式的丟番圖方程式來界定，

$$(2) \qquad\qquad y^2 = ax^3 + bx^2 + cx + d,$$

其中 a, b, c, d 皆為有理數。（「橢圓」一詞是由於與所謂的橢圓函數有關係而取得，並非由於曲線的形狀。）關於這種方程式我們已有許多認識：它們構成數論方面其中一個最深入和最為我們徹底理解的領域。

費馬方程式 (1) 可以被重寫為 $(x/z)^n + (y/z)^n = 1$，因此座標為 $(x/z, y/z)$ 的某點 (X, Y) 便座落於一條以

$$(3) \qquad\qquad X^n + Y^n = 1$$

為方程式的**費馬曲線**（Fermat curve）上。如果 X, Y 皆為有理數，那麼 (X, Y) 就是一個有理點。於是費馬最後定理便等同於斷言在 $n \geq 3$ 的情況下，有理點不可能位於費馬曲線 (3) 之上。埃萊古阿計（Yves Hellegouarch）曾於 1970 年至 1975 年間探討費馬曲線 (3) 與橢圓曲線 (2) 兩者之間一個奇特的關聯。瑟爾（Jean-Pierre Serre）則建議由逆方向來試探：以探索橢圓曲線的性質來鑑定費馬最後定理的結果。1985 年經由符萊（Gerhard Frey）引進如今被稱為**符萊橢圓曲線**（Frey elliptic curve），與一個以推測為根據的費馬方程式的解

聯繫在一起，使這個建議變得清晰明確。假定費馬方程式實際上有一個非平庸（nontrivial）的解，$A^n + B^n = C^n$，同時使橢圓曲線

(4)
$$y^2 = x(x + A^n)(x - B^n)$$

成形。這就是符萊橢圓曲線，它是在費馬最後定理不能成立時才存在，而且只有在費馬最後定理不能成立時才存在。因此為了證實費馬最後定理，只要證明符萊曲線 (4) 不可能存在就足夠了。而證明的方式是根據在第 II 章第 §4 之 4 節所用的「間接」方法：假定它的確存在，從而推論出一個自相矛盾的結果。這便意味著符萊曲線終究不存在，也就意味著費馬最後定理是千真萬確了。由於符萊證明他的橢圓曲線擁有若干極為奇怪而且不大可能正確的性質，他認為他的曲線顯示出「不應該存在」的強烈證據。1986 年，瑞拜特（Kenneth Ribet）把這個問題確定為：證明符萊曲線之不存在是以谷山豐猜測（Taniyama conjecture）能夠成立為條件。谷山豐猜測是一個在數論上還未解決的大難題。因此他把一個無解的大難題，費馬最後定理，歸納至另一個無解的大難題。通常這一類的轉換——以一個更難的問題去取代一個難題——是不會起作用的，然而在這個問題上卻大有助益，因為它為費馬最後定理的解決提供了一個來龍去脈。

　　谷山豐猜測又是一個專門性問題，不過它可以用一個特殊情況來解釋。一個單位圓的「畢達哥拉斯方程式」，$a^2 + b^2 = c^2$，與三角函數的正弦和餘弦之間有一個密切的關係。要找出這個關係，我們注意到畢達哥拉斯方程式可以被改寫如 $(a/c)^2 + (b/c)^2 = 1$，這意味著座標為 $(a/c, b/c)$ 的一點 (x, y) 是位於單位圓上的一點，其方程式為 $x^2 + y^2 = 1$。三角函數提供了一個簡單的參數化方式把單位圓呈現出來已廣為人知。具體說來，畢達哥拉斯定理與正弦和餘弦的幾何定義之間的一個基本關係意味著方程式

(5)
$$\cos^2 \theta + \sin^2 \theta = 1$$

適用於每一個角 θ（見第 VI 章第 §1 之 1 節）。如果我們設定 $x = \cos \theta, y = \sin \theta$，那麼式 (5) 便表現出位於單位圓上的點 (x, y)。概括地說，畢達哥拉斯方程式的整數解就是相當於找出一個角 θ，如此 $\cos \theta$ 與 $\sin \theta$ 皆為有理數（分別等於 a/c 和 b/c）。由於三角函數擁有種種討人喜歡的性質，這個觀點便成為出自畢達哥

拉斯方程式一個真正產生好結果的理論的基礎了。

谷山豐猜測表明一個類似的觀點（按照一個相當專門性的設定）是可以施用於任何一條橢圓曲線，不過以較為複雜的「模函數」（modular functions）去取代正弦和餘弦。因此如同有關圓的問題是能夠被三角函數方面的問題所取代一樣，有關橢圓曲線的問題也可以用模函數方面的問題去取代。

懷爾斯認識到在毋須全面採用谷山豐猜測的情況下，符萊的處理方式便可以被貫徹至得出一個令人滿意的結論。他改以一個特殊情況，使用一類名為「半穩定」（semistable）的橢圓曲線來作為替代就行了。在一篇長達一百頁的論文中，懷爾斯把各種強而有力的機制一字排開，為的是要證實屬於谷山豐猜測之半穩定橢圓曲線的情形，從而引導出下面的定理：假定 M 與 N 是兩個非零而且不一樣的互質整數，即 M 與 N 的最大公約數為 1，如此 $MN(M-N)$ 是可以被 16 整除，那麼橢圓曲線 $y^2 = x(x+M)(x+N)$ 便可以按模函數而被參數化。事實上前者能夠被 16 整除的條件就含有後者是一條半穩定曲線的意思。所以半穩定的谷山豐猜測確立了所要求的性質。

現在把懷爾斯定理，按照 $M = A^n, N = -B^n$ 之設定，運用到符萊曲線 (4)。於是 $M - N = A^n + B^n = C^n$，所以 $MN(M-N) = -A^n \cdot B^n \cdot C^n$，而我們一定得證明這是一個 16 的倍數。由於 A, B, C 中至少有一個是偶數——因為如果 A 與 B 皆為奇數，那麼作為兩個奇數之和的 C^n 就會是一個偶數——這意味著 C 是一個偶數。我們可以進一步視 $n \geq 5$ 為理所當然，因為很久以前尤拉已經就 $n = 3$ 的情況證明了費馬最後定理。然而由於一個偶數的五次或更高次冪是可以被 $2^5 = 32$ 整除，於是 $-A^n \cdot B^n \cdot C^n$ 必然是 32 的倍數，當然肯定是 16 的一個倍數了。所以符萊曲線滿足了懷爾斯定理的假設，這意味著符萊曲線是可以根據模函數而被參數化。然而瑞拜特的證明，亦即谷山豐猜測含有符萊曲線不能存在的意思，就是利用符萊曲線**不可能**根據模函數而被參數化進行證明。這是一個矛盾，因此費馬最後定理遂得證。

這個證明方法十分間接，而且有求於多種深奧複雜的觀點。再者，從懷爾斯第一次發表的證明中浮現出來的一些爭論，更增添了戲劇性的感覺。通過電子郵

件，他向數學界傳遞了一個訊息，承認這些爭論，但對於他的方法將會克服這些困難，他肯定表達出自己的信心。儘管證明的修改所需時間比預期較長，但在 1994 年 10 月 26 日來自魯賓（Karl Rubin）所發出的另一通訊中指出：「正如大部分人所知，懷爾斯提出的論點……原來有一個嚴重的脫節，也就是一個尤拉體系（Euler system）的建構問題。鑒於無法成功糾正這個問題，懷爾斯重新拾回先前曾被他試用過，但出於對尤拉體系這個主意的偏愛而被他放棄的另一個方法。於是他便得以完成他的證明了。」

§4. 連續統假設

（參看第 II 章第 §4 之 6 節）

連續統假設（Continuum Hypothesis，在過去名為 Hypothesis of the Continuum）指出沒有一個數的集合的基數是大於全體整數集合的基數，而小於全體實數集合的基數。如今我們認識到這個連續統假設既非確實亦非謬誤，而是**無可判定**（undecidable）。為了明白個中道理，我們必須要對公理方法（見第 IV 章第 §9 之 1 節）作一扼要回顧。公理方法乃憑藉一組顯然可見，不證自明的前提——**公理**——的陳述，指定一個數學對象需要符合的要求。此乃把注意力集中在該對象與其它對象之間的抽象關係，而非鎖定**建構**它的素材。簡單的集合理論是假定已給「集合」等一類的概念下好定義的情況下提出，然後把運作的方法勾勒出來。為了建立一個嚴謹的架構以討論連續統假設，具體指定一個適合於集合理論的公理體系是為必須。

1964 年科恩（Paul Cohen）證實連續統假設之成立有賴適用於集合理論的公理體系之選擇。這種情況與幾何學相類似。歐幾里得的平行公理之能否成立端視我們採用哪一種形式的幾何學而定：對「歐幾里得」幾何學來說，它是成立的，然而對於另外的「非歐」幾何學來說，就無法成立了（見第 IV 章第 §9 之 2 節）。同理，在各種「康托爾」的集合理論中，連續統假設是成立的，而在「非康托爾」集合理論中則否。較早前，哥德爾（Kurt Gödel）曾證明在集合理論的某些公理化系統中，連續統假設是成立的。科恩利用一種名為「強迫法」（forcing）的新型技巧，證明了在其他公理化系統裡，連續統假設是無法成立的。特別是目前還沒有一個可被精挑細選出來的公理體系，給我們帶來一個獨一無二「想當然」的集合理論。

§5. 集合理論的標誌方法

（參看第Ⅱ章第 §7 之 1 節）

數學上的標誌方法也追逐時尚，偶爾時尚還會改變呢。因此出現在本書第一版裡面的術語與當今所通用的術語偶爾或有不算重要的分別，只是這方面難得有什麼重要到值得一提的（例如「Continuum Hypothesis」之代替「Hypothesis of the Continuum」）。然而有個特殊情況因為太重要了而無法置之不理，那就是集合理論過去與時下的慣常用法之間的差別。

關於「邏輯和」（logical sum）和「邏輯積」（logical product）這兩個名詞現在幾乎已沒人使用了；取而代之的是「聯集」（union）和「交集」（intersection）。表示空集（empty set）的記號是 $\varnothing$ ，而非 O ，同時再也不會用一個特設的代號 I 去表示全域（universe of discourse）。對於兩個集合 A 與 B 在聯集和交集方面目前的標誌方式為：

聯集： $A \cup B$ （本書第一版表示如 $A + B$ ）。

交集： $A \cap B$ （本書第一版表示如 AB ）。

一個集合 A 的補（complement）通常以 A^c 表示之，不過 A' 仍然通用。目前用於表示子集合（subsets）的標誌是 $\subset$ 或 $\subseteq$ 。這兩個標誌不像 $<$ 和 $\leq$ ，表示式 $A \subset B$ 無論是在今天或往日都不意味著 $A \neq B$ 。為了表示一個子集合的不等關係，要用上 $A \subsetneq B$ 這一個累贅的表示方式。

在計算機科學與電子工程學方面， $A + B$ ， AB ，和 A' 三個標誌方式仍然存留下來，它們被用來描繪由邏輯閘（logic gates）所組成的電路。

諷刺的是，現代標誌方式使集合理論在運作上類似於代數的各種性質 (6)~(17)（見第Ⅱ章第 §7 之 1 節）變得不顯著，不過就 (10)， (11)， (13) 這三個性質來看，這可能並不是一件壞事。

§6. 四色定理

（參看第V章第 §3 之 2 節與第 §5 之 1 節）

四色定理於 1976 年 6 月在阿貝勒（Kenneth Appel）和哈根（Wolfgang Haken）手中得到證實。他們的證明是把二千多張特定地圖以一個特殊而有幾分複雜的方式表現出來。由於核對工作極其冗長，因此他們便借助計算機，用上好幾千個小時才完成二千多張地圖的核對。如今多虧有較好的理論方法和較快的計算機，在若干小時內證明便可以被核實，不過只靠紙筆的證明至今仍未找到。是否有一個較為簡單的證明呢？沒有人知道，儘管顯而易見的是，還沒有一個在實質上較為簡單的證明能夠偏離類似的思路。

本書第一版有關五色定理的證明（見第V章第 §5 之 1 節）是改寫自一個律師兼業餘數學家肯普（Alfred Bray Kempe）的方法，原載於他在 1879 年發表的一篇號稱把四色定理求證出來的文章。這個方法所利用的是數學歸納法（mathematical induction）（見第Ⅰ章第 §2 節）的一個變體，即一個所謂「罪犯最少」（minimum criminal）的存在。其基本概念是假定四色定理不能成立，於是便必然存在著需要用上第五種顏色的地圖。如果實際上有這一類「不良」的地圖，那麼便能夠以各種方式把它們併入同樣需要第五種顏色的較大的地圖之中。由於把不良地圖變大是毫無道理可言，於是我們從反方向來思考，檢查最小的不良地圖，俗語上遂以**罪犯最少**而知名。最小不良地圖之存在乃因最小整數原理（見第Ⅰ章第 §2 之 7 節）而起，而後者則等同於數學歸納法原理。最小的不良地圖具有如下的顯著特點：它們需要五種顏色，但是任何一張包含國家數量較少的地圖則只需四種顏色。證明是從探索這些特性著手，為的是要使最小不良地圖的結構受到限制，直至最終證明實際上是沒有最小不良地圖為止。由於這是一個矛盾（即間接證明方法，見第Ⅱ章第 §4 之 4 節），因此四色定理一定得成立。

肯普的觀點是利用最小不良地圖製作一張較小的相關地圖。由於「罪犯人數最少」，這張較小的地圖只需用上四種顏色便行。接著他設法把需要的矛盾——原來的地圖同樣只需四種顏色——演繹出來。具體說來，他的觀點是利用最小的不良地圖，然後把某個適當的地區縮成一點。結果得到一張擁有較少地區的新

地圖，因此只要用上四種顏色就行。至於把縮小的地區恢復原狀，並為它著色而不致改變地圖上其餘地區的顏色也許不可能，因為曾與這個被縮小的地區彼此毗連的地區可能已經把四種顏色都用光了。不過如果被縮小的地區是一個三角形（只與其它三個地區相鄰），便不會有問題。如果是一個正方形，那麼一個專為交換顏色而設，如今被稱為「肯普連鎖」（Kempe chain）的精巧方法，就能夠達到把一個接壤地區的顏色改變的目的。如果是一個五邊形，肯普則宣稱類似的說理仍然行得通。他能夠指出每一個地圖必然含有一個三角形，或正方形，或五邊形，因此每一個地圖總會有一個適合於被縮小成一點而又可以恢復原狀的地區。

1890 年希烏德（Percy Heawood）發現肯普對於五邊形的處理方法有一個錯誤，同時他也注意到，肯普的方法事實上得以拼湊出一個用五種顏色就滿足要求的證明：只要多用一種顏色，便可以不費勁地使五邊形恢復原狀，而這正是在第 V 章第 §5 之 1 節中所詮釋的證明方法。在另一方面，此時卻還沒有人能夠確實找到一張需要用上五種顏色的地圖呢。

1922 年弗蘭克林（Philip Franklin）證明每一張包含不多於 26 個地區的地圖，都可滿足四種顏色的要求。他的方法——以一個可簡化的外形輪廓（configuration）為概念——為四色定理最終攻關成功奠下了基礎。一個**外形輪廓**不過是地圖上一個由多個地區連接而成的組合，連同在每一個的外圍有多少個毗連地區的資料。為了明白可簡化的意義所在，試以一個三角形區域之縮減與復元為例。當三角形縮成一點之後，假定用四種顏色就能夠給少了一個地區的新地圖著色。那麼原來的地圖必然也是如此，因為三角形只與三個地區為鄰，所以剩下的第四種顏色便可作為復元後的地圖之用了。更為廣泛地來說，如果任何一張含有此外形輪廓的四色地圖經證明可以提供一張較小的四色地圖，那麼這就是一個**可簡化**的外形輪廓。一個類似的說理也證明正方形是可簡化的。但是肯普認為五邊形也能夠被簡化，則是錯誤的。

顯然一個最小不良地圖不可能容納一個可簡化的外形輪廓。因此如果我們證明每一張最小不良地圖一定包含一個可簡化的外形輪廓的話，我們便取得一個想要的矛盾了。最直接的求證方法是，尋找一個由可簡化的外形輪廓組成的集合，

而且它是一個**不可避免**（unavoidable）的集合；意義就是任何一張地圖——不只是最小不良地圖——必須包含一個在這個集合裡面的外形輪廓。肯普在這方面的努力給人深刻的印象，他正確地證實了一個｛三角形、正方形、五邊形｝集合是不可避免集合，但是當他求證五邊形的可簡化性時，卻產生一個錯誤。雖然如此，他在求證上的基本策略——尋求一個屬於可簡化外形輪廓的不可避免集合——卻是一個出色的見解。

1950 年希許（Heinrich Heesch）成為第一個公開聲稱他相信四色定理可以獲得證實的數學家，方法是要找出一個屬於可簡化外形輪廓的不可避免集合。然而他理解到，不可避免集合必須容納的外形輪廓遠比在肯普不成功的證明中的三種要多得多，因為五邊形必須被一大堆可供選擇的外形輪廓來取代。實際上，按照希許的估算，需要用上大小適中的外形輪廓約莫有 10,000 個之譜。他更進一步以不算嚴格的電路模擬為依據，為不可避免性之證明設計出一個方法。假定某一定量的電荷被施於每一個地區，並按照各種不同的規律准予走到毗鄰的地區，例如我們或會堅持在任何一個五邊形內，電荷被分成若干相等部分，並被傳送到它的任何一個毗鄰域，但毗連者為三角形，正方形，和五邊形則除外。經過對電荷分佈的一般特性進行分析，便能夠從中證實某些特定的外形輪廓一定會出現——不然電荷就會「漏走」。於是越複雜的方法，就帶來一連串越複雜的不可避免外形輪廓。

1970 年哈根為希許的放電方法找出一些改善之處，並開始認真地謀求解決四色問題之道。主要的困難是出現在不可避免集合裡面之各個外形輪廓的可能大小。要對估計的 10,000 個地區進行一個可簡化性的查核，整個計算時程可能隨隨便便地就要花費一個世紀的時間。同時如果在結束時，結果在不可避免集合裡面竟有那麼一個外形輪廓是無法被簡化的話，那麼整個計算就變成廢物一堆了。

在 1972 年和 1974 年間，哈根同阿貝勒一起開始以一種人機對話（interactive dialogue）方式與計算機進行交談，以設法增進成功的可能性。他們的電腦程式在第一輪的對話中，便產生了許多有用的訊息。為了克服各式各樣的缺點，他們對程式進行修改，然後再度嘗試。隨著更多微妙問題的浮現，電腦程式也就及時

地被糾正。這種對話大概進行六個月之後，阿貝勒與哈根開始確信他們這個證明不可避免性的方法大有可能會取得成功。1975 年，他們把研究方案從探索階段轉移至最後攻關。1976 年一月，他們開始建構一個包括大約 2,000 個地區的不可避免集合，同年六月建構工作完成。接著他們對集合裡面的每一個外形輪廓的可簡化性進行測試。此時此刻顯示出計算機是不可或缺的，它及時地彙報了在阿貝勒和哈根的不可避免集合裡面 2,000 多個外形輪廓中的每一個都可以被簡化。這抵觸了存在著一張最小不良地圖的假設，因此在任何一張平面地圖上，只需用四種顏色就足夠。

當一個論證所依靠的是一個來自龐大的電腦計算結果——對此一個無助的人腦決不可能為其進行核對——那麼它的規模要到什麼程度，才被認為是一個證明？哲學家托瑪茲克（Stephen Tymoczko）曾寫下：「如果我們視四色定理為一條定理而接受的話，那麼這將使我們要承擔一項改變『定理』之意義的義務了，或者說得更為切題就是，改變『證明』在基本概念方面的意義。」不過鮮少正從事實際研究工作的數學家會同意這種說法。理由是在數學上多的是不必依賴計算機的證明，然而也有一些是既冗長又複雜，即使以十年時間做研究，也不見得有人能保證並宣稱這些證明完全沒有缺陷。例如，對於所謂的「有限簡單群之分類定理」（Classification theorem for finite simple groups）的證明就至少長達 10,000 頁，需要超過一百人的努力，同時只有受過高度訓練的專家才能理解。然而數學家通常對於這個證明都深信不疑。理由乃在於所用的策略合情合理，在細節上連貫一致，尚未有人找出一個嚴重的錯誤，同時來自從事證明工作的人的判斷之可信度至少跟一個局外人一樣。只要有任何人——不管是圈內人或圈外人——發現一個錯誤，這一份信服力當然將會消失，不過迄今為止錯誤還沒有被人找到。

就可信度而言，阿貝勒—哈根的證明完全不低於有限簡單群之分類定理的證明。其實只要計算程式正確，來自電腦的錯誤看來是遠少於人腦。阿貝勒和哈根所提出的證明策略在邏輯上有正當的合理性；他們的不可避免集合無論如何都是從人手中取得；似乎也沒有理由對用於檢查可簡化性的計算程式之準確性有所懷

疑。隨意的「抽樣測試」還沒有發現任何差錯。在一次報界的訪談中，哈根總結了大多數人的心聲：「任何人都可以在全線的任何一處添補細節，並對它們進行檢查。一台計算機經過幾個小時的工作能夠完成的詳情細節肯定要比一個人窮畢生之力所希望做到的還要多，這一個事實並沒有給數學在證明上的基本概念帶來改變。改變的不是理論，而是在數學方面的實踐。」

§7. 豪斯朵夫維數與碎形

（參看第V章第§3之3節）

　　龐加萊在1912年提出的維度定義是針對拓撲空間（topological spaces）按歸納步驟而作出的明確規定（見第V章第§3之3節），而據此得出的維度總是等於一個整數，則充分表現出它的合理性。一個與龐加萊相當不一樣的維度概念最近異軍突起。它原是出自德國數學家豪斯朵夫（Felix Hausdorff，1868~1942）於1919年的發明，並於1930年代在貝斯克維奇（A.S.Besicovitch）的手中得到擴展，但當時卻成為數學上的一潭死水。它之得以起死回生而變成時尚，乃歸因於它可以被應用到曼德爾布羅特（Benoit Mandelbrot）的碎形（fractals）理論──碎形是一種幾何圖形，不管放大到什麼尺度仍然保有它的結構，例如著名的**曼德爾布羅特集合**（圖288）。

圖288. 曼德爾布羅特集合在一切放大尺度下都呈現複雜精緻的結構

如果複數 c 使得序列 $c, c^2 + c, (c^2 + c)^2 + c, \cdots$ 不會趨於無窮大，則複數 c（可用平面上的一點來表示）就包含在曼德爾布羅特集合之中。在這個序列中的每一項都是前一項的平方再加上 c。

一個集合的豪斯朵夫—貝斯克維奇維度，如今通常被稱為集合的**碎形維度**（fractal dimension），在不同的科學分支上有廣大的適用性，因為它精確的量可以藉實驗測量而得，從而能夠同理論作比較。而令人驚奇的是，它不見得是一個整數。這個怪異的特徵——為何如此一數仍然合理地被認為是一種維度——可從如下對一個通常名叫**衡比維度**（scaling dimension）的考量中略知一二：某些形狀經過組合，便能夠形成較大的自身複製品。以圖 289 為例，三種形狀分別按照自身尺寸的兩倍進行自我複製，那麼一條線段（1 維）便需要兩個拷貝，一個正方形（2 維）需要四個拷貝，一個正立方體（3 維）則需要八個拷貝。一般說來，一個 d 維超立方體（見第 IV 章第 §10 之 2 節）需要 2^d 個拷貝，才可形成一個兩倍於自身尺寸的複製品，而要形成一個 a 倍於自身尺寸的複製品，則需要 $c = a^d$ 個拷貝。

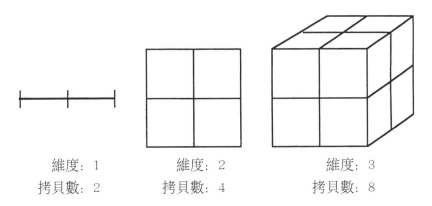

維度：1　　　　　維度：2　　　　　維度：3
拷貝數：2　　　　拷貝數：4　　　　拷貝數：8

圖 289. 複製一個兩倍於自身尺寸的形狀所需要的拷貝數量視其維度而定

我們將這個方程式 $c = a^d$ 的兩邊取對數（見第 VIII 章第 §6 之 1 節公式（6）），便使 c 得解，

$$\log c = d \log a,$$

現在我們可以繞到這個方程式的另一方，

(6)
$$d = \frac{\log c}{\log a},$$

因此當 c 與 a 皆為已知時，d 便可以被確定。這個結果關係到一個集合的維度，這就是所謂的衡比維度是也。某些來自這個定義的有趣推論可以用一些例子來說明。譬如，用兩個拷貝，$c = 2$，組合起來的康托爾集合（見第Ⅴ章第 §3 之 3 節）便可以使該集合增大三倍，$a = 3$（見圖 290）。

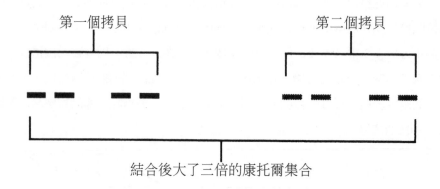

第一個拷貝　　　　　　　　　　第二個拷貝

結合後大了三倍的康托爾集合

圖 290. 一個康托爾集合的兩個拷貝形成一個大了三倍的複製品

按照定義 (6)，康托爾集合的衡比維度 d 便等於

$$d = \frac{\log 2}{\log 3} = 0.630923\cdots,$$

這是一個實數，但不是一個整數。與此相類似的席爾賓斯基填塞（Sierpinski gasket）則是從三個拷貝，$c = 3$，的組合中，從而得以被增大一倍，$a = 2$（見圖 291），因此它的衡比維度為

$$d = \frac{\log 3}{\log 2} = 1.584962\cdots,$$

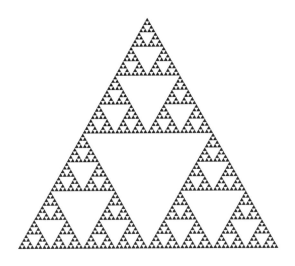

圖 291. 三個拷貝複製出一個兩倍大的席爾賓斯基填塞

　　這個按公式 (6) 計算出來的量之所以被稱為一個維度,乃由於它取值的方式,與通常諸如區間、正方形、立方體等一類「正派」集合所取得的維度是一樣的。對於許多集合來說,碎形維度與衡比維度彼此是一致的,但是如果集合不能夠藉自身拷貝的組裝而使其複製品變大,這樣便得把碎形維度派上用場了。一個碎形集合的碎形維度通常都不是一個整數,儘管在若干情況下它也可能是一個整數。例如,在 1991 年宍倉光広(Mitsuhiro Shishikura)證實曼德爾布羅特集合的邊界的碎形維度為 2。碎形維度的真正重要性,乃在於它是對「集合所屬空間的遍及程度有多充分」或「有多不規則」的一種丈量。以維度絕對是介於 0 與 1 之間的康托爾集合為例,它在其區間中之裝填比一點(維度為 0)要充分得多,但不如一條線段(維度為 1)來得有規矩。因此碎形維度以一種與龐加萊十分不一樣的方式,解決了康托爾集合是否該以 0 或 1 作為其維度(見第 V 章第 §3 之 3 節)的問題。

§8. 紐結

（參看第V章第 §3 之 5 節）

紐結（knots）理論是時下大量研究活動之焦點所在，造成這種現象的直接原因是由於鍾斯多項式（Jones Polynomial）的發現——這是把不具有拓撲等價關係的紐結辨別出來的一個引人注目的新方法。這個新理論同時也把紐帶（links）包含在內，現在讓我們試著使這些概念變得較為精確。

紐帶是三維空間中一個或多個閉合的迴圈（loops）的集合。個別的迴圈被稱為紐帶的**組成部分**（component）。只要是迴圈就可以被扭曲或打結，而顧名思義，它們是可以藉任何一種方式而被串連起來，包括在一般意義上彼此完全不連接在一起的情況在內。如果紐帶只有一個迴圈，那麼它就被稱為一個**紐結**。紐帶理論的核心問題是尋求有效的方法，以判定兩個已知的紐帶或紐結是否在拓撲上有等價關係——就是說，按照連續變形使彼此能夠變成對方（見第V章第 §2 之1節）。特別是我們想要查明，一個看似紐結的圖形，會不會其實是沒有打起來的結，就是說是否與圖 292a 所示的**空結**（unknot）有等同的關係；此外，一個具有 n 個組成部分的紐帶能否被拆開，即能否等同於如圖 292b 所示，一共有 n 個組成部分的**空帶**（unlink）。

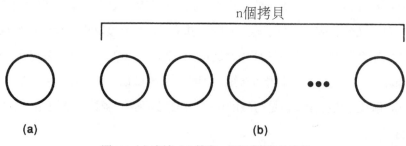

n個拷貝

(a)　　　　　　　　　　　　　(b)

圖 292. (a) 空結　(b) 擁有 n 個組成部分的空帶

要達到這個目的，就是要找出**拓撲不變量**（topological invariants）。它們是某些數值——或某些較為複雜的數學對象——不因紐帶不斷被變形而起變化。因此擁有不同的不變量的紐帶必然在拓撲學上不會有等同性。然而，擁有相

同的不變量的紐帶不見得就有等同性，而要做出判斷則要找到一個拓撲的等價關係（topological equivalence），不然就有求於一個較為敏感的不變量。

在鍾斯之前的紐結理論中，紐結不變量的標準代表就是發明於 1926 年的**亞歷山大多項式**（Alexander polynomial）。每一種紐結都配上一個變數 t 的多項式，並按照一個標準計算程序而得。在此我們毋需顧及精確的計算程序，我們需要的是把計算結果的種類表示出來，如在圖 293 所顯示的幾種簡單的紐結和它們的亞歷山大多項式。

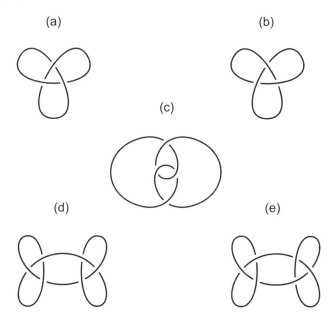

圖 293. 各種常見的紐結及其亞歷山大多項式
(a) 左向三葉結 t^2-t+1　(b) 右向三葉結 t^2-t+1
(c) 8 字形結 t^2-3t+1
(d) 平結 $t^4-2t^3+3t^2-2t+1$　(e) 逆結 $t^4-2t^3+3t^2-2t+1$

亞歷山大多項式用於辨別一個三葉結（trefoil knot）與一個平結（reef knot）是游刃有餘，因為兩者有不一樣的亞歷山大多項式。但用於辨別

一個平結與一個逆結（granny knot）

一個左向的三葉結和一個右向的三葉結

就無法令人滿意了，即使我們可以根據經驗「明顯」看出這些紐結事實上是不等同的。問題在於如何去求證？在 1926 年到 1984 年這一段時間裡，數學家花了大量的心血在這一類問題上，他們把問題解決了，但使用的方法則較為複雜。紐結理論並未因此而完全戛然終止，不過肯定有求於某些新而深刻的見解。

1984 年紐西蘭數學家鍾斯（Vaughan Jones）正從事關於所謂跡函數（trace functions）在算子代數（operator algebras）方面的分析，這類函數之形成與數學物理有關係。若干個鍾斯的方程式引起了哈特（D.Hatt）與德拉哈爾培（Pierre de la Harpe）的注意，因為它們看起來相當像來自辮帶理論（theory of braids）的方程式。辮帶是由多條糾纏在一起的曲線所組成，但曲線有頭有尾，它們的端點必須分別被固定在兩條平行直線上，在同一固定端的各條曲線以相同的距離被隔開。辮帶之間也具有等價關係，因此在比較之下，辮帶與紐結是十分接近的。鍾斯仔細考慮過出現如此一種巧合的可能理由之後，發現他的跡函數有可能用於把一個紐帶的多項式不變量定義出來。

鍾斯多項式最初被認為只不過是亞歷山大多項式的某種變體罷了，然而事情很快就變得明朗，它是一個相當新型的多項式。若干較為簡單，但不涉及算子代數的定義被找到了。由數學家組成的五個不同的小組各自同時發現鍾斯多項式的普遍形式，這個多項式具有兩個變數，對辨別紐結甚至更有效，通常被稱為荷姆弗利多項式（HOMFLY polynomial）——按發明者的姓 Hoste-Ocneanu-Millett-Freyd-Lickorish-Yetter 的第一個字母拼湊而成。如今已有十二個或甚而更多新近出現的紐結多項式。它們使許多未解決的問題得解，但卻同時造成許多新的困惑，因為它們還不太能融入拓撲學既成的布局之中。儘管拓撲學家可以對這些多項式進行核算，然後使若干與它們有關係的定理得證，然而在某種意義上，他們仍無法肯定這類多項式的不變量到底真正是怎麼一回事。它們看來似乎和量子物理學的關係匪淺。

原始的鍾斯多項式是一個威力強大的不變量，足以把亞歷山大多項式中令人束手無策的左向三葉結和右向三葉結區別開來，而荷姆弗利多項式的威力甚至更為青出於藍，它可以辨別一個平結和一個逆結。事實上，若以 $P(L)$ 去表示一個紐

帶 L 的荷姆弗利多項式，我們可得

$$P(\text{左向三葉結}) = -2x^2 - x^4 + x^2 y^2$$
$$P(\text{右向三葉結}) = -2x^{-2} - x^{-4} + x^{-2} y^2$$
$$P(\text{平結}) = (-2x^2 - x^4 + x^2 y^2)(-2x^{-2} - x^{-4} + x^{-2} y^2)$$
$$P(\text{逆結}) = (-2x^2 - x^4 + x^2 y^2)^2$$

在此需要以兩個變數，x 與 y，作為界定多項式之用。這些結果不僅明顯地證實了兩種類型的三葉結在拓撲上不等價，而且也顯示出平結與逆結兩者沒有拓撲等價關係。

§9. 一個力學問題

（參看第VI章第 §6之2節）

　　這大概是發生在本書第一版有議論餘地的一個錯誤了，雖然添加若干額外的條件，或有可能挽回兩位原作者的論證。如果我們把拓撲學方法使用到這個動力學的問題，那麼出現在他們證明中的缺失便最容易被察覺，矛盾的是，這恰恰是他們想要提倡的方法呢。

　　讓我們把這個力學問題再度陳述一遍：假定一列火車沿著筆直的鐵軌從車站 A 行至車站 B。在列車中某一車廂內，一根連桿被鉸接於車廂地板上的一個旋軸上，連桿在無摩擦力的情況下，隨著列車走動而向前擺動或向後擺動，直至觸及地板時為止（圖 175）。一旦連桿與地板接觸，它便想當然地在列車接下去的運行中始終都停留在地板上。假設我們事先把火車的行進方式加以規定。它的運動方式不見得必須均勻劃一：火車可以加速，緊急剎車，甚至還可以開倒車，不過它一定得要從 A 站出發，以 B 站作為終點。

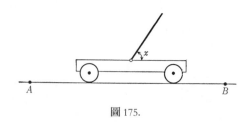

圖 175.

　　兩位原作者提問，是否總有可能把連桿置於那麼一個位置，以致在整個從 A 到 B 的行程中，它始終不會觸及地板。他們提出的答案旨在表明，連桿的最終位置連續地取決於它的起始位置，範圍是 0° 到 180° 的連續域。由於連桿的最後位置連續地取決於它的起始位置，因此波爾扎諾定理（即中間值定理，見第VI章第 §5之1節）便意味著連桿的各個最終角度的域也一樣是連續的。以連桿取一個向前的 0° 角開始，它便一直躺著不動；取一個向後的 180° 角開始，它也一直躺著不動。所以連桿各個最終角度是綿亙於一個包括所有介於 0° 與 180° 之間的值

域，特別是包括 90° 在內，因此我們能夠安排連桿是以豎立方式作為其最終位置。既然觸及地板便得就地不動，連桿遂完全不可以與地板接觸。

　　造成麻煩的起因是出自在上面的討論中所採用的連續性假設，它的正當性可能無法被證明。因此問題不在於錯綜複雜的牛頓運動定律，而是出於「吸收性的邊界條件」：如果連桿一旦觸及地板，它便永遠停在那裡。為了明白為何吸收性的邊界條件會造成麻煩，我們引進一個這個系統可能出現的運動形式的拓撲寫照。這個被稱為**相描**（phase portrait）的方法源自龐加萊，意思是要把運動的時空圖解（space-time diagram）製作出來，不僅僅是連桿單一的起始位置，而是許許多多不同的起始位置——原則上是全部的起始位置。代表連桿的位置是一個介於 0° 與 360° 之間的角，我們可以把它圖解如水平方向，而垂直方向則代表時間的延展（見圖 294）。要注意的是由於 0° = 360°，故圖中在左邊和右邊的兩線應該成為一體，在概念的認知上，這個圖解就是一個圓柱體的表面被展開後所形成的長方形。

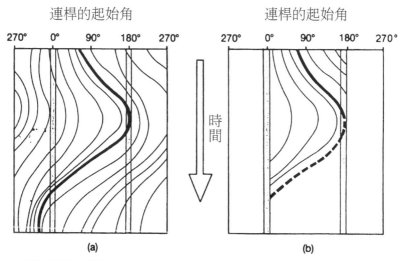

圖 294. 不同的連桿初始條件可能形成的運動軌跡　(a) 無邊界條件　(b) 加上邊界條件後的運動情況

　　這一來，一個規定連桿位置的角呈現於時空中的路徑也就塑造了一條伸展在圓柱表面上的曲線——愛因斯坦稱之為「世界線」（world line）。不同的起始角導致不同的曲線。動力學定律顯示出，只要沒有把邊界條件強加於連桿之上，

這些曲線由於起始角之連續變化而跟著不斷地起變化。在沒有邊界條件的情況下，連桿得以無拘無束地轉過整個360°角——不存在地板給連桿的旋轉運動所帶來的阻礙。圖294a顯示當連桿被置於不同的起始角時，有可能得到的個別的運動軌跡，而此時連桿的最終位置的確連續地取決於它的起始位置。

然而當吸收性的邊界條件被加入時（圖294b），連桿的最終位置便無須連續地取決於它的起始位置。僅僅擦過左側邊界的曲線可以無保留地擺向右側。其實在這個特別的情況中，任何一個起始位置都使連桿最後以停留在地板上告終：不存在可以使連桿在火車的整個行程中保持不與地板接觸的選擇，與本書第一版兩位原作者所提出的要求相違。

這個出現在兩位原作者的推理中的錯誤，最早由頗斯騰（Tim Poston）於1976年發現，但直至今天仍沒有得到廣泛注意。連續性的假設是由於把額外的限制強加於走動中的火車而能夠再度有效，例如一條絕對平坦的軌道，火車不裝上避震器，等等。然而作為一個把拓撲學應用到動力學的練習題，似乎是非常具有啟發性的——瞭解到為什麼吸收性的邊界條件會破壞連續性。這個難點在高等拓撲動力學中是滿重要的，因為它導致「隔離區域」（isolating block）這個觀念的形成，在這樣的一個區域裡，不存在各種與區域邊界形成相切的動態軌跡。

§10. 斯坦納問題

（參看第Ⅶ章第 §5 之 5 節）

斯坦納問題（第Ⅶ章第 §5 節）討論的是一個三角形。它要求我們在三角形 ABC 裡面找出一點 P，從而使 $PA + PB + PC$ 的距離總和成為最小。當三角形 ABC 的三個內角都小於 120° 時，不管怎樣，答案是只有唯一的一點 P，使得相遇在 P 的三條直線 PA, PB, PC 彼此之間形成一個 120° 的角（第Ⅶ章第 §5 之 1 節）。斯坦納問題可以被推廣至街道網路問題（street network problem）——要求由多條直線（街道）構成的最短網路，把一個既定的點（城市）集合裡面各點連接起來（第Ⅶ章第 §5 之 5 節）。這個問題卻引出一個令人著迷的猜測，直到最近才被證實。

假定我們想要找出一個把一組城市連結起來的直線網路。一個方法是利用所謂的生成網路（spanning network）——僅僅以直線把每兩座城市連接起來。另一個方法就是利用一個允許加入其它城市的斯坦納網路（Steiner network）——各條與各城市連接起來的直線彼此的交角為 120°。對於一個既定的城市組合來說，我們把屬於這個組合最短的生成網路的長度稱為它的生成長度（spanning length），而最短的斯坦納網路的長度稱為斯坦納長度（Steiner length）。本書第一版對於尋找斯坦納長度這個問題的討論是在標題為「街道網路問題」的一節裡面（第Ⅶ章第 §5 之 5 節）。顯然斯坦納長度是短於或等於生成長度。問題是它能夠短到什麼程度？

例如，假設三個城市分別位於一個邊長為單位長度 1 的等邊三角形的頂點。圖 295 顯示出最短的斯坦納網路和最短的生成網路。圖中在等邊三角形的中心納入新的一點，名叫斯坦納點（第Ⅶ章第 §5 之 5 節）：在一般情況下，一個斯坦納點就是三條直線（把該點與代表城市的其它三點連接起來）以 120° 角彼此相會在一起的位置。在這個實例中，生成長度等於 2，而斯坦納長度則為 $\sqrt{3}$。故斯坦納長度與生成長度之比為 $\sqrt{3}/2 = 0.866$，於是使用最短的斯坦納網路要比使用最短的生成網路大概可省下 13.34% 的長度。

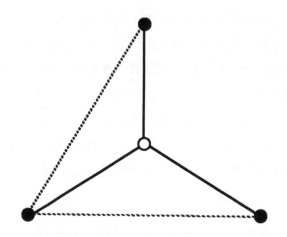

圖 295. 坐落於一個等邊三角形的頂點的三個城市之最短斯坦納網路
（實線）與最短生成網路（虛線）

1968 年吉爾伯特（Edgar Gilbert）與波勒克（Henry Pollak）作出推測，不管城市最初是如何佈局，斯坦納長度與生成長度的比永遠不會小於 13.34%。對於城市的任何一種組合來說，這就是相當於

(7) $$\frac{\text{斯坦納長度}}{\text{生成長度}} \geq \frac{\sqrt{3}}{2} = 0.866\cdots,$$

這一項聲明從此遂以斯坦納比率猜測（Steiner ratio conjecture）而知名。經過一番相當大的努力之後，這個猜測終於在 1991 年為堵丁柱（Ding-Zhu Du）與黃光明（Frank K.Hwang）所證實。一旦我們為必要的背景資料準備妥當之後，便著手說明他們的處理方法。

即使對為數龐大的城市群來說，要找出生成長度也是一項簡單的計算。它是依照貪婪演算法（greedy algorithm）而得：從一條你能夠找到連接兩個城市最短的直線開始，接下來的每一個步驟就是在不至於使一條封閉的環道成形的情況下，把留下來的最短的直線加上去，直至每一個城市都被包括在內為止。找尋斯

坦納長度就不是這麼容易了。我們不可能僅僅抓住一切有可能出現的三方城市，求出它們的斯坦納點，之後便跟著去尋找連接各城市與這些特定的斯坦納點的最短網路。例如，假設有六個被安排在兩個相鄰正方形角落處的城市，就像在圖 296 看到的。一個可能被選中的斯坦納網路樹如圖 296a 所示：首先把位於正方形角落處的四個城市的問題解決，接著通過由餘下的兩個城市與一個已被鉤住的城市三者的斯坦納點，把彼此連接在一起而成。然而最短的斯坦納網路樹則是如圖 296b 所示，圖中用淺黑色標示出來的正方形只是表明城市的位置而已。

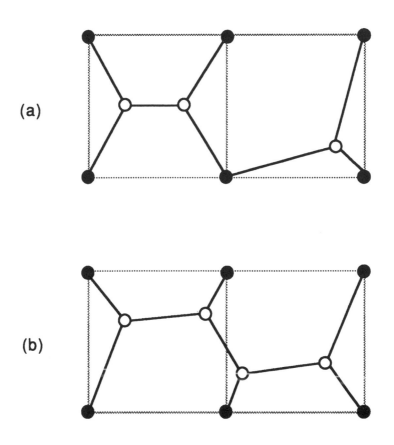

圖 296.（a）結合一個正方形和一個等腰直角三角形的斯坦納網路樹
　　　　（b）相同的城市佈局而長度較短的斯坦納網路樹

　　我們不可能零零碎碎地把最短的斯坦納網路樹建立起來。把斯坦納點正確地推廣至一個由許多城市組成的集合，乃意味著在任何一點上的連線能夠相遇在120° 角。因為即使以簡單如位於一個正方形頂點上的四個城市來看，如圖 297 所示，它的兩個斯坦納點（白色）並不屬於任何一個由三個城市組成的子集合的斯坦納點（灰色）。坐落於平面上的點是如此不勝枚舉，雖然絕大部分很可能都不相關，但是針對每種情況的演算法是否存在並不明顯。然而這些演算法其實是存在的；其中第一個出自梅爾扎克（Z.A.Melzak）的發明，不過即使對數量有限的城市集合來說，他的方法在使用上也顯得不夠方便靈活。隨後雖曾作過某些改進，但還是未能惹人注目。

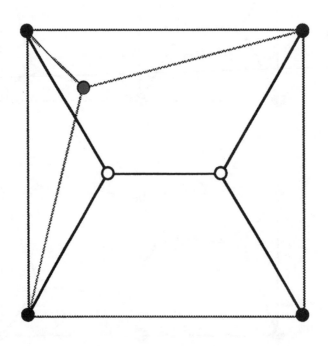

圖 297. 位於正方形角落上的四個城市（黑色）的斯坦納點（白色）
是有別於三個城市的斯坦納點（灰色）

如今我們已有充足的理由明白，為何以上所述的演算法顯得沒有效率。電子計算機與日俱增的應用導致在數學上產生一門全新發展的分支——演算法之複雜性理論（Algorithmic Complexity Theory）。這個理論的研究對象不僅僅是演算法——求解問題的方法——而且還涉及這些演算法的效率問題。假使有一個包含 n 個對象（如在這裡所說的城市）的問題，那麼隨著 n 的增加，計算機為取得答案所需要的運轉時間成長得有多快？如果運轉時間的增加不快於一個 n 的固定冪的常數倍，如 $5n^2$ 或 $1066n^4$，那麼該演算法被稱為以多項式時間（polynomial time）來運轉，而相關的數學問題也就被認為是「容易的」。通常這意指演算法是可實施的（不過如果是一個奇大無比的倍數就另當別論了）。要是運轉時間不按多項式形式來增加——比任何一個 n 的乘方的常數倍數還要快，像指數形式的增加，如 2^n 或 10^n——那麼問題便擁有非多項式之運轉時間，因而被認為是「困難的」。通常這意味著演算法是完全無法實行。而介於多項式時間與指數時間之間，屬於「還算容易」或「困難不大」這一類狀況捉摸不透的問題，其可行程度就要看經驗了。

　　舉例來說，把兩個 n 個位數的數相加就需要把一位數之和的運算——包括進位在內——進行最多 $2n$ 次，所以花費的計算時間是不超出一個不變的倍數（在此是 2）與 n 之一次乘方之乘積的範圍。至於像這兩個數的冗長乘法運算，則涉及 n^2 次的單一個位數的相乘過程，以及不多於 $2n^2$ 次的相加過程，或說一共 $3n^2$ 次的位數運算，因此這時也不過是以 n 的二次乘方為界。如果我們不管小學生怎麼想，那麼這些問題還算是「容易」的。與此對照的是推銷員問題（Traveling Salesman Problem）：給一個推銷員找出一條他要走過一組指定城市的最短路徑。如果有 n 座城市，那麼我們一定得考慮的路徑數目為

$$n! = n \cdot (n-1) \cdot (n-2) \cdots 3 \cdot 2 \cdot 1,$$

它的增大速度比任何一個 n 的乘方都要快。因此逐個計算的效率之低，簡直令人絕望。

　　十分怪異的是，在演算法之複雜性理論中的一個大難題就是，如何證明這個問題確實存在。也就是說，證明某個「有趣」的問題是一個如假包換的困難問題。

難是難在要證明一個問題是容易不算難，但要證明一個問題是困難卻困難！為了證明一個問題是容易，你只需寫下一個演算法，以多項式時間把問題解決。它完全不必是一個最好或最靈巧的演算法：隨便一個演算法都行。然而顯示一個以非多項式時間來運算的演算法，卻不足以證明問題屬困難者。你可能選中一個錯誤的演算法；也許存在著一個實實在在是可以用多項式時間來運算而較好的演算法。為了排除這個可能性，你必須為問題尋找某種數學方法，用以斷定一切有可能用得上的演算法，接著證明它們沒有一個是在多項式時間之內運算。而這是極其困難的。

有資格代表困難問題的演算法為數不少：推銷員問題，裝箱問題（bin-packing problem）——如何能夠把一個組合內各種尺寸既定的東西，最適合地塞進一組尺寸已知的箱子內？以及帆布背包問題（knapsack problem）——已知一個背包的尺寸以及多種實物，是否有任何一個實物的組合恰恰把背包填滿？到目前為止，竟然還沒有人對這三個問題中的任何一個提出它們歸屬於困難類的證明。然而在1971 年，加拿大多倫多大學的庫克（Stephen Cook）指出，如果在這個候選名單中的任何一個問題能夠被證明為確實是困難的話，那麼便完全可以推及其餘。大體上來說，這些問題中的任何一個都能夠經過「編譯」而變成另一個的特殊情況：它們生死與共。如今這些問題都被稱為 NP 完全問題（NP-complete），NP 者，非多項式（non-polynomial）是也。每個人都相信 NP 完全問題都是困難問題，但從來沒有被證明過。

NP 完全問題與斯坦納問題有關聯，因為格蘭姆（Ronald Graham），格雷（Michael Garey），和約翰遜（David Johnson）已證實斯坦納長度的計算是一個 NP 完全問題。這就是說，任何一個為隨便一組城市有效地找出準確的斯坦納長度的演算法，就有可能為所有這一類計算問題自動地引導出有效率的解決辦法，而它們普遍被認為是掌握不到的。

因此斯坦納比率猜測 (7) 變得至為重要，它顯示出你可以用一個容易的問題去取代一個困難的問題，而不致失真太多。當吉爾伯特與波勒克為這個猜測作出說明時，他們已擁有相當多的確實證據。尤其是他們能夠證明某些較弱的陳述

必為真：斯坦納長度與生成長度之比始終至少有 0.5。時至 1990 年，許多人已做過規模奇大的計算，證明 4 個，5 個，和 6 個城市網路的猜測全都屬實，而對於無論將城市數目推廣至什麼程度的配置來說，他們同時也把比率的極限從 0.5 上推至 0.57，0.74，乃至 0.8。大約在 1990 年，格蘭姆和金芳蓉（Fang-Chung Graham）在一個被他們形容為「真正恐怖——無疑是一個不得其法的處理方式」的計算中，把比率更提升至 0.824。

　　為了使更大的進展有可能實現，恐怖計算法必須要被簡化。堵丁柱和黃光明找到了一個好得太多的方法，從而全面取代了恐怖計算法。一個基本問題是如何在過程中納入各個等邊三角形。在圖 295 的例子中，三個位於等邊三角形頂角上的城市組為斯坦納比率定下了界限，而三角形與一個被認為應該要遵守相同界限的一般城市體系之間存在著一個很大的差距。我們如何能夠越過這一片無人地帶？於是有那麼一種折衷辦法。設想在一個平面的三角形格子構造（lattice）上，我們鋪上一模一樣的等邊三角形地磚（圖 298）。我們只把城市配置於地磚的拐角處（圖上點）。如此安排的結果顯示出只有位於地磚中心的斯坦納點才需要被考慮。簡言之，你得以操控的不只是計算，而且還包括理論的分析。

　　當然不見得每一組城市都適用坐落於一個三角形的格子構造上，但堵丁柱和黃光明深刻瞭解到關鍵性的城市組合正是如此。這個證明又是一個利用矛盾的間接方法。假定猜測的命題不能成立，那麼就必然存在一個反例（counterexample）：某個城市組的斯坦納比率是小於 $\sqrt{3}/2$。堵與黃兩人要證明的是，如果真的有那麼一個與猜測背道而馳的情況，那麼這必然是一個所有的城市皆位於三角形格子構造上的城市集合。這便把一種規律性的成分納入問題，於是接下來對證明的完成就比較簡單。

　　為了求證這個三角形格子構造的性質，他們把猜測重新闡述為一個博弈理論（game theory）的問題——牌友在比賽中設法限制對手的得分。博弈理論源自馮紐曼（John von Neumann）與摩根斯坦（Oskar Morgenstern），可見於兩人 1947 年的經典著作《博弈理論與經濟行為》（*Theory of Games and Economic Behavior*）。在這個出自堵—黃的斯坦納比率猜測的變體裡，一名牌友從斯坦

納網路樹中選出一種普遍的「牌型」，而另外一名則從這類形狀中挑出他們所能找到的最短者，藉觀察他們的牌局產生的結果是取得一種特殊的「凸形」（convexity）性質，堵丁柱和黃光明遂推斷出一個格子構造的反例是存在的，證明遂告完成。

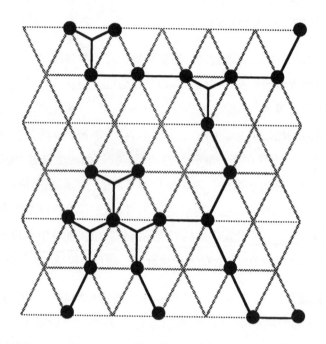

圖 298. 坐落於一個三角形格子構造上的城市組的斯坦納網路具有一個比一般城市組的斯坦納網路更為精確和整齊得多的結構。堵丁柱和黃光明把斯坦納比率猜測約化成同一問題的格子構造網路。

§11. 肥皂膜實驗與極小面

（參看第VII章第 §11 之 2 節）

在第VII章第 §11 節中有好幾次曾提到，根據觀測，當三面肥皂膜交會在一起時，似乎都會形成 120° 的角，使這個現象與斯坦納問題（第VII章第 §5 節）聯繫起來。類似的現象也出現在四面肥皂膜交會於一個共同點，如圖 240 所示：按實驗，每一個表面在拐角處所形成的角度接近 109°，這正是相會於一個正四面體框架的重心處的六面肥皂膜，由其中的四個面所形成的四面角（tetrahedral angle）的大小，如圖 299 所示。無獨有偶，這意味著在圖 240 中央的小「正方形」事實上並不是正方形，也就轉而說明了為何在正立方體框架中所形成的十三個表面稍呈彎曲的原因。

第一個把這些有關角度的一般規律記錄下來的人是柏拉托（Joseph Plateau），他用三個基本原理說明在框架上形成肥皂膜的物理現象：

1) 它們是由數量有限的平面或平滑曲面所構成，彼此順暢地交會在一起。

2) 這些表面只以兩種方式相交：或者剛好三個表面沿著一條平滑曲線相會在一起，或者四個表面在一點相會。

3) 當三個表面相會時，它們之間的交角為 120°；而當四個表面相會時，在拐角處所形成的角大約為 109°。

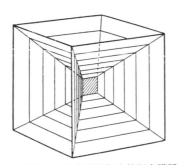

圖 240. 張成於正立方體框架上的肥皂膜體系

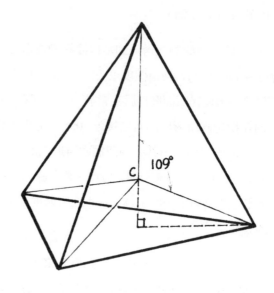

圖 299. 張成於正四面體框架上，六面相會於重心的肥皂膜，由其中的四個
　　　　面所形成的四面角約 109°

1976 年，經艾爾姆格蘭（Frederick Almgren）與泰勒（Jean Taylor）的證實，
上述三種特性一律來自一個單一的數學原理，它構成第Ⅶ章第 §11 節的基礎：肥
皂膜只按最小的總面積而定形。也許令人感到詫異的是，在柏拉托的基本原理中，
至為舉步維艱而且最有份量的竟是第一條──肥皂膜的形狀構成自有限量的表面。
其餘兩條則較容易按幾何論證而得，就如同 120° 角之於斯坦納問題一樣。我們首
先簡要地陳述這個幾何推論，然後回頭討論柏拉托第一條原理的證明方法。

　　從第一條原理推斷出第二條和第三條原理的第一步是利用表面的平滑流暢
性，從而把問題約化成一個平面的問題。如果把接近三個表面的相交線，或四個
表面的相交點的一個十分小的區域放大，那麼這些表面看來都近乎平坦，而放得
越大就越顯得平坦。在認識到如此一個近似方法必須承擔的誤差的情況下，我們
發現只要表面可以被簡化為平面，就足以使柏拉托的第二條和第三條原理得證。
第二步是把這個問題約化成一個在球面上的直線問題。考慮平面區域如何與一個

球面相交，這問題集中在相交線或相交點上。於是平面體系遂為大圓的弧形體系所取代（見圖 300）。對極小面積的要求，就變成對這些弧的總長度應該是一個極小值的要求。對斯坦納定理（第 VII 章第 §5 節）的球面形式來說，它的證明是依照一個類似直線的方式，顯示三條弧彼此以 120° 交會在一起。第三步是證明大圓上的弧恰好有十種不同的形狀（configurations）滿足上述條件之所需（圖301）。第四步是反過來依次利用這類的每一個形狀，來搜尋平面上相對應形狀的輕度變形——也許納入新的形狀——為了在球面範圍內使總面積減少。如果任何一個面積因此而減少，那麼相對應的弧形形狀便被判出局：因為它無從符合對極小面積表面的要求。（為了把輕度變形的普遍形式推斷出來，在實踐上是可以先製造出符合好幾種形狀的金屬骨架，進而細察形成於其上的肥皂膜形狀，在做出適當的判斷之後，縮減這些表面面積的可能性遂得以嚴格而縝密地被確定下來。）經歷這個過程而繼續存下來的形狀恰好僅有三種。它們包括一個單獨的大圓，三個以 120° 交會在一起的半圓，以及由四段弧所形成的一個彎曲四面體——相當於圖 301 中的 1 至 3 的情況。與它們相對應的平面形狀則分別是一個不與其它任何表面相交的單一表面，三個彼此以 120° 交會在一起的表面，以及四個彼此形成109° 交會角的表面。柏拉托的第二條和第三條原理遂垂手可得。

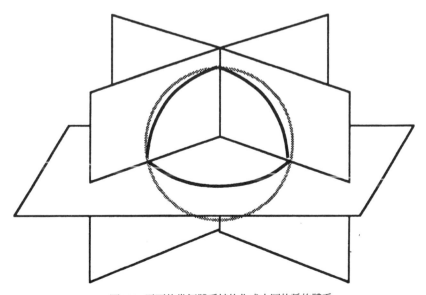

圖 300. 平面的幾何體系被約化成大圓的弧的體系

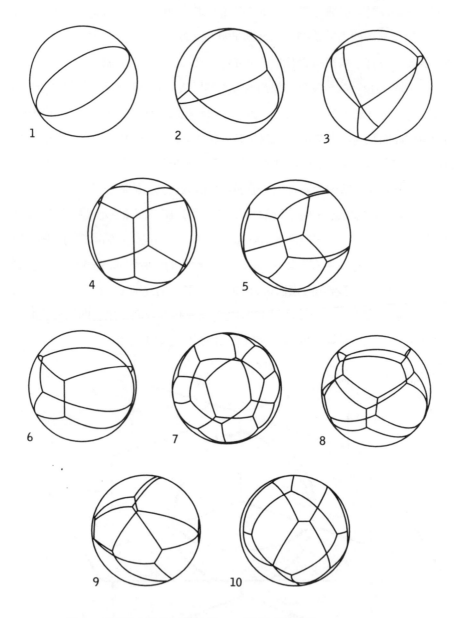

圖 301. 球面的大圓上十種相交於 120° 的弧之外形輪廓。
來源: *Scientific American* 235, no. 1 (July 1976)

因此一切得看能否證明極小形狀是由有限量的多個表面所構成。為了如願以償，我們必須思量是否有可能納入較為複雜的形狀，然後需要對屬於這些較為複雜形狀的面積概念給予廣義化。於是問題分為兩個不同的階段。首先要證明某種複雜形狀的存在，以至於使這個廣義化的面積變成最小。其次是利用極小性質，證明複雜形狀實際上本是相當簡單的一類，它是由數目許多但數量有限的平滑表面所組成。

　　用於使這兩個階段的證明得以奏效的技巧既新穎又抽象，這種方法屬於一個以「幾何測度論」（geometric measure theory）而知名的領域——與用於碎形維度的定義所屬領域相同。大體說來，任何一個特定的表面 S 是可以被一個伴隨而生的「測度」（measure）取代，測度是一個函數，用來指定空間中坐落於一個區域 X 裡面屬於 S 這個部分的面積。較為複雜的形狀是以函數來表示，它們與這些建立在表面基礎上的測度具有類似的性質。以測度取代形狀的好處乃在於，測度具有太多討人喜愛的性質——例如它們可以相加起來，或被定義為由其它測度組成的序列的極限，以及使那些難以馬上被界定的幾何圖形在運算上一目瞭然。

　　於是一個極小化測度的存在最後竟造就了一個在幾何測度論方面直截了當的論據。闡明每一個極小化的測度與一個由平滑表面組成的有限體系相符，則是這個論據較為困難的部分。吊詭的是，對於這些表面彼此如何適應的理解，如果它們確實是表面的話——也就是柏拉托的第二條和第三條原理——竟幫助艾爾姆格蘭和泰勒想出如何證明它們實際上就是表面。如果事前就知道答案「該是什麼樣」，往往使得對一個證明的探索變得較為容易。

§12. 非標準分析

（參看第VIII章第 §4 節）

本書第一版的兩位作者在第VIII章第 §4 節的最後一段中評述：「作為一個無窮小量的『微分』如今已確定極不光彩地被拋棄」，這的確是對當時大多數人的見解的一個準確反映。儘管兩位作者作出如此定論，一些出現在直覺上以及訴諸於無窮小的各種老式論據始終是揮之不去。它們仍然深留在我們的用語中，例如：「某些時刻」、「瞬間速度」、曲線如同無窮多條短小直線被連接起來一樣、以曲線為界的區域的面積就如同無窮多個無窮小的長方形的面積之和……等等。這一類的直覺之合理性終於得到證實，因為近來已發現，無窮小的衡量概念並不是一個不光彩的象徵，所以根本沒有必要棄之如敝屣了。我們因此有可能為數學分析建立一個嚴謹的架構，在這裡面以無窮小的各項說明——看上去它們與萊布尼茲、牛頓和柯西的直覺觀有驚人相似之處——來取代柯西和維爾斯特拉斯之極限的 (ϵ, δ) 定義（見第VI章第 §3 之 1 節）。

用於使無窮小不失體面的方法被稱為非標準分析（nonstandard analysis）。它作為除了 (ϵ, δ) 方法之外的另一個選擇是完全切實可行，然而基於好幾個原因——科學上的保守主義只是其中之一——大多數數學家仍然偏愛柯西和維爾斯特拉斯的觀點。一個在心理上的大難題就是，建立這樣的一個數學架構將牽涉來自現代數學邏輯的各種深奧而微妙的概念。大約在 1920 年到 1950 年這一段時間，數學邏輯出現一個爆炸性的大飛躍。此時浮現出來的其中一個論題就是**模型論**（model theory），以此構築各種公理體系，以及把它們的特徵表現出來的**模型**（models）——即遵守所屬的那些公理的數學結構。因此歐幾里得幾何的公理模型就是平面座標，而適合於雙曲幾何的公理模型就是龐加萊圓盤（見第VI章第 §9 之 4 節），等等。

實數有一個標準的公理體系，而早已為人所知的還有一個獨一無二的模型：標準實數 R。這正是為何各種用於構造「最典型的」實數（見第II章第 §2 之 5 節）的不同方法，最後都得出實際上是相同數系的原因之一。再者，R 不包含無論什麼程度的無窮小或無窮大在內。這樣如何有可能運用模型論來建構一個確實把這

類怪物容納在內的「非標準」實數體系呢？邏輯學家首先把屬於「第一階」和「第二階」的公理體系區別開來。在一個第一階的理論中，公理表達了體系中一切數學對象需要具有的性質，但沒有把所有屬於對象的各種集合的必要性質表示出來。而一個屬第二階的理論則沒有這樣的限制。例如一個在算術上常見的陳述：

(8) $$\text{對所有的 } x \text{ 和 } y \text{ 來說，} x+y=y+x$$

屬於第一階，所有在代數上的一般法則都是第一階。而下面的「阿基米德公理」（Archimedean axiom）：

(9) $$\text{對全部自然數 } n \text{ 來說，如果 } x < 1/n \text{，那麼 } x=0$$

則屬於第二階。大部分在實數方面的一般公理都是第一階，但是把它們一字排開則不難發現其中也不乏若干屬於第二階者。實際上，屬於第二階的公理 (9) 正是使無窮小和無窮大兩者被排除在 R 之外的關鍵所在。然而，如果由於只包含 R 的第一階性質而減弱了公理的強度，那麼這就顯示出別的模型是存在的，包括某些違反上述公理 (9) 的模型在內。我們令 R^* 代表這樣的一個模型，並稱之為**超實數**（hyperreal number）體系。這個作為非標準分析的基礎概念是來自羅賓遜（Abraham Robinson）在 1960 年前後的發現。我們對於一些非歐幾里得幾何和非康托爾集合理論已有所理解；如今我們發現還有非阿基米德數系的存在。

集合 R^* 包含好幾個重要的子集。一個由「標準」自然數 $N = \{0, 1, 2, 3, \cdots\}$ 組成的集合，同時還有一個規模較大的「非標準」自然數 N^* 的體系。既然有標準整數 Z 的存在，就有相對應的非標準整數 Z^* 的延伸。既然有標準有理數 Q 的存在，就有相對應的非標準有理數 Q^* 的延伸。接著就是標準實數 R 和非標準實數（或超實數）R^* 了。

每一個屬於 R 的第一階性質都獨一無二地自然延伸至 R^*。然而公理 (9) 所表示的是一個第二階的性質，與 R^* 的實際情況不符。超實數包含實際的無窮大，實際的無窮小。例如在而且只有在 $x \neq 0$ 和 $x < 1/n$ 的情況下——n 為所有 $n \in N$ 的自然數——$x \in R^*$ 代表無窮小。通常用於說明「無窮小不存在」的論據，

實際上說明了無窮小實數是不存在的；就是說，在 R^* 裡面的無窮小並不屬於 R。而這完全是合理的，因為 R^* 的規模大於 R 之故也。無獨有偶，在 R^* 中，公理 (9) 的「正確」對等公理為

(10) 　　　　　對一切 $n \in N^*$ 來說，如果 $x < 1/n$，那麼 $x = 0$，

而這是成立的。因此這個公理 (9) 的變體是以非標準自然數，而不是以標準自然數來作為引證，這就造成一個很大的差別了。

　　其實從實數延伸至超實數不過是數系延伸這個老把戲——為了保住一個可取的性質（見第 II 章第 §1 節）——一個進一步的例子罷了。例如，有理數之延伸至實數是為了給 2 的平方根留出餘地；而實數之延伸至複數乃是容許 -1 擁有一個平方根。這樣為了顧及無窮小的存在，為何不能把實數延伸至超實數呢？

　　我們可以利用 R^*，使有關 R 的定理獲得證明，因為就第一階的性質而言，兩個數系 R 和 R^* 在這方面是難以分辨的。然而 R^* 擁有各種新的特點，諸如無窮小和無窮大，它們是可以按照新的方法而加以利用。這些新的特點屬於第二階的性質，而這也就是為何新的數系能夠擁有這一類的特點，然而舊的數系卻不能的原因所在。類似的討論一樣可運用到 N 和 N^*，Z 和 Z^*，以及 Q 和 Q^* 的各個子系統。

　　若干定義將可為這種處理方式的特色作出說明。如果一個超實數小於某一個標準實數，那麼它是有限的。如果一個超實數小於所有正值的標準實數，那麼它是無窮小。任何一個不是有限的數就是無窮大，而任何一個不在 R 裡面的數就是非標準。假如 x 是無窮小，那麼 $1/x$ 就是無窮大，反之亦然。

　　如果我們能做的只是創造一個新數系，那麼上述想法也不會有什麼重要性了。然而即使 R 與 R^* 並不相同，兩者卻密切地連在一起。其實每個有限的超實數 x 都擁有唯一的一個與 x 無限接近的標準部（standard part），$\text{std}(x)$，即 $x - \text{std}(x)$ 成為無窮小。換句話說，每一個有限的超實數，皆可用「標準實數加上無窮小」為形式，獨一無二地表示出來。每一個標準實數就好像被一大群無比靠近的超實數所環繞，它們通常被稱為該實數的光暈（halo）。同時每個諸如此

類的光暈環繞著一個獨特的實數——由於某種令人費解的理由，通常被稱為光暈的影子（shadow），儘管像「核心」或「中心」等一類用詞或會把形象傳達得較好。利用標準部，我們便能夠把各種性質從 R^* 傳遞到 R，反之亦然。

為了明白到底非標準分析與相稱的標準分析兩者在證明上有多大的差別，試看萊布尼茲對函數 $y = f(x) = x^2$ 的導數所做的計算。他利用一個小額增量 Δx，從而形成一個比率，$[f(x + \Delta x) - f(x)]/\Delta x$。（牛頓的處理方法基本上相同，只不過他用代號 o 去取代 Δx。）依照萊布尼茲的計算，我們可取得

$$\frac{f(x + \Delta x) - f(x)}{\Delta x} = \frac{(x + \Delta x)^2 - x^2}{\Delta x} = \frac{x^2 + 2x\Delta x + (\Delta x)^2 - x^2}{\Delta x}$$
$$= \frac{2x\Delta x + (\Delta x)^2}{\Delta x} = 2x + \Delta x,$$

萊布尼茲提出的理由是既然 Δx 是無窮小，它便可以被忽略，遂留下 $2x$。然而為了使 $[f(x + \Delta x) - f(x)]/\Delta x$ 有意義，Δx 必須不為零，為此 $2x + \Delta x$ 便不等於 $2x$ 了。正是這個難題導致貝克萊（George Berkeley，1685~1753）主教寫下一篇著名的評論文章，《致數學分析者; 或者對一個不信教的數學家的一篇講道》（*The Analyst: Or a Discourse Addressed to an Infidel Mathematician*），文中他指出微積分基礎若干在邏輯上的不一致。

柯西和維爾斯特拉斯憑著加上最終的臨門一腳，克服了貝克萊的異議：在 x 趨近於零的情況下，採用**極限**的觀點。（萊布尼茲和牛頓兩人都曾表示過類似的看法，但在思路上的清晰則無法等同於柯西和維爾斯特拉斯的 (ϵ, δ) 處理方法。）由於各個不為零的 Δx 值可以趨近於零，我們可以想當然地認為，在計算過程中面對一切的 Δx 值皆不為零，因此任何以 Δx 作為除數的運算都有意義。接下來當 $\Delta x \to 0$ 時，我們便採用極限去擺脫棘手的額外一項 Δx，於是便留下想要得到的答案 $2x$ 了。

非標準分析的方法則較為簡單。令 x 為一個有限的標準實數（即 $x \in R$），並假定 Δx 是一個名副其實的無窮小。於是在 $f(x) = x^2$ 這個例子中，我們以 $2x + \Delta x$ 的標準部 std$(2x + \Delta x)$——等於 $2x$——取代 $2x + \Delta x$。換句話說，就

是把 $f(x)$ 的導數定義為

$$\text{std}\left\{\frac{f(x+\Delta x)-f(x)}{\Delta x}\right\},$$

其中 x 是一個標準實數, 而 Δx 則為任何一個無窮小。標準部在外觀上的單純形象恰恰符合需要, 使導數可以成為 x 的一個實數函數——而不是一個屬於 x 加上 Δx 的超實數函數。 Δx 之被排除乃是以一個嚴謹縝密的方法為憑, 因為 $\text{std}(x)$ 獨一無二地被定義為一個實數。 Δx 遂乾淨俐落地被一筆勾銷, 而不是以極其特殊的說項把這個額外的一項掩蓋起來。

非標準分析的一門課, 就好像一場錯誤陳述的盛大遊行, 而這些錯誤正是本書兩位原作者花了那麼多的篇幅教我們要迴避的。例如:

1) 如果對一切無限大的 ω 來說, $S_\omega - L$ 是無窮小, 則序列 S_n 向極限 L 收斂。(比較第VI章第 §2 之 1 節)

2) 對所有的無窮小 ϵ 來說, 如果 $f(x+\epsilon)$ 無限接近於 $f(x)$, 即 $f(x+\epsilon)-f(x)$ 是無窮小, 那麼函數 f 是一個在 x 處呈連續的函數。(比較第VI章第 §3 之 4 節)

3) 函數 f 在 x 點擁有導數 d 是在而且只有在對一切無窮小 Δx 來說 $\left\{\frac{f(x+\Delta x)-f(x)}{\Delta x}\right\}$ 無限地接近於導數 d 之時。(比較第VIII章第 §2 之 2 節)

4) 以曲線為界的區域面積等於無限多個無窮小的長方形的面積之和。(比較第VIII章第 §1 之 3 節)

然而在非標準分析的架構範圍內, 這些陳述都可以被賦予一個嚴格的意義.

其實非標準分析未嘗引導出在 R 方面有異於標準分析的任何結論。從這方面看來便容易推斷出非標準的處理方式是沒有意義可言, 因為「它不會帶來任何新意」。然而這種批評是沒有說服力的: 問題不在於「它是否產生相同的結果?」甚至是「它是否以一個較為簡單或者以較為自然的方式把這一類結果推導出來?」就像牛頓在他的曠世鉅著《原理》所顯示一樣, 任何能夠用微積分去證

明的，一樣可以憑傳統幾何學的證明而得。這完全不意味著微積分是一文不值，同樣的道理也適用於非標準分析。

　　經驗表明，取道非標準分析的證明通常比直接來自傳統的 (ϵ, δ) 證明來得短，而且較為直接。這是由於非標準分析避開了對事情大小的複雜評估，而這正是構成傳統證明的主體。非標準分析之所以無法被廣泛採用，是由於對它的賞識需要在數學邏輯上的知識歷練，而這和傳統分析是有很大的差別。

附錄

補遺 / 問題討論 / 練習題

下列問題有許多是為程度較高的讀者而準備，它們在設計上乃是為促進創造能力，並非純粹作為一般技巧的培育。

函數／極限／連續性

77)　試找出第Ⅲ章第 §1 之 2 節之黃金比例（golden ratio）$OB : AB$ 的連分數展開式。

78)　試證明一個 $a_0 = \sqrt{2}$, $a_{n+1} = \sqrt{2 + a_n}$ 的序列為一個以 $B = 2$ 為界的單調遞增序列，因而擁有一個極限。試證明極限值必然為 2 。（見第Ⅲ章第 §1 之 2 節以及第Ⅵ章第 §7 之 5 節）

79)　試根據用於第Ⅵ章第 §6 之 1 節及其隨後的類似方法，證明任何一條已知的圓滑閉合曲線始終有一個與其相切的外接正方形。

　　　如果連接函數 $u = f(x)$ 的圖形上任意兩點的線段的中點坐落於兩點之間的圖形上方，那麼 $f(x)$ 是謂之**凸函數**（convex）。例如 $u = e^x$ （圖 278）是凸函數，而 $u = \log x$ （圖 277）則否。

80)　試證明函數 $u = f(x)$ 之屬於凸函數是在而且只有在

$$\frac{f(x_1) + f(x_2)}{2} \geq f\left(\frac{x_1 + x_2}{2}\right)$$

的情況下才成立，而等號則只適用於 $x_1 = x_2$ 。

81)　試證明下述這個較為一般化的不等關係

$$\lambda_1 f(x_1) + \lambda_2 f(x_2) \geq f(\lambda_1 x_1 + \lambda_2 x_2),$$

適用於凸函數，其中 λ_1 與 λ_2 皆為任意常數，使得 $\lambda_1 + \lambda_2 = 1$ 和 $\lambda_1 \geq 0$, $\lambda_2 \geq 0$ 。這一個關係其實是等同於下列的一個說法：在函數圖形上，連接任意兩點之線段的中點若皆不坐落於兩點之間的圖形下方，那麼這就是一個凸函數。

82) 運用前面第 (80) 題之情況，試分別證明函數

$$u = \sqrt{1 + x^2} \text{ 與 } u = 1/x \quad (x > 0)$$

皆屬凸函數，即

$$\frac{\sqrt{1 + x_1^2} + \sqrt{1 + x_2^2}}{2} \geq \sqrt{1 + \left(\frac{x_1 + x_2}{2}\right)^2},$$

對正值 x_1 和 x_2 而言 $\quad \frac{1}{2}\left(\frac{1}{x_1} + \frac{1}{x_2}\right) \geq \frac{2}{x_1 + x_2}$

83) 同理，試證明下列各函數皆呈凸形：

$$u = x^2, \quad x > 0$$
$$u = x^n, \quad x > 0$$
$$u = \sin x, \quad \pi \leq x \leq 2\pi$$
$$u = \tan x, \quad 0 \leq x \leq \frac{\pi}{2}$$
$$u = -\sqrt{1 - x^2}, \quad |x| \leq 1$$

極大與極小

84) 試找出在圖 178 中，一條介於 P 與 Q 兩點之間的路徑交替地與兩條已知直線，L 與 M，碰上 n 次的最短距離。（見第VII章第 §1 之 3 節）

85) 在一個銳角三角形內，連接 P 與 Q 兩點之間的路徑若必須以既定的順序碰上三角形的三條邊，試找出這條路徑的最短距離。（見第VII章第 §1 之 4 節）

86) 覆蓋在一個三連通（triply connected）區域之上的表面，其邊界具有相同的水平高度，試在該表面上勾勒出其等高線，並核證該表面至少存在著兩個鞍點（見第VII章第 §3 之 3 節）。對於與表面相切的平面是沿著整條封閉曲線呈水平的情況，我們必須再一次把它排除在外。

87) 試從兩個任意的正有理數 a 與 b 開始，逐步把一對以

$$a_{n+1} = \sqrt{a_n b_n}, \ b_{n+1} = \tfrac{1}{2}(a_n + b_n)$$

為形式的序列構造出來。試證明兩者規定出一個嵌套區間的序列。（隨著 $n \to \infty$ 可得 a_0 與 b_0 的極限點，稱為算術—幾何平均數，它在高斯早期的研究中起著重大作用。）

88) 試找出在圖219中整個圖形的全部距離，並與兩條對角線之總長度作一比較。

89) 試研究 A_1, A_2, A_3, A_4 四點之條件，以證明是否能導致出現於圖 216 或圖 218 之情況。

90) 試找出五個城市點的各個不同的街道網路系統，以滿足在角度上的既存條件。其中只有若干才會帶來相對的極小值。（見第Ⅶ章第 §5 之 5 節）

91) 試證明史瓦茲不等式

$$(a_1 b_1 + \cdots + a_n b_n)^2 \leq (a_1^2 + \cdots + a_n^2)(b_1^2 + \cdots + b_n^2),$$

對任何一個由數組 a_i, b_i 組成之集合皆有效；試證明只有當 a_i 和 b_i 成比例，上式中的等號才能成立。（提示：把第 (8) 題的代數公式一般化）

92) 利用 n 個正數 $x_1, \cdots, x_n$，我們可以寫下 s_k 的表示式

$$s_k = \frac{x_1 x_2 \cdots x_k + \cdots}{C_k^n},$$

其中代號「$+\cdots$」是指這些正數的 k 個組合的全部共 C_k^n 個乘積之和。試證明

$$\sqrt[k+1]{s_{k+1}} \leq \sqrt[k]{s_k},$$

其中只有當所有 x_i 皆相同時，等號才適用。

93) 上述的這些不等關係在 $n = 3$ 的時候說明了對正數 a, b, c 而言

$$\sqrt[3]{abc} \leq \sqrt{\frac{ab + ac + bc}{3}} \leq \frac{a + b + c}{3},$$

這些不等關係顯示了極值三次冪的哪些性質?

94) 已知連接曲線上的 A, B 兩點的一段弧與線段 AB 所包住的面積,試找出最短的弧長。(答案:這一段弧必然是來自一個圓。)

95) 給定兩條線段 AB 和 $A'B'$,分別以一段弧連接 A 和 B 以及 A' 和 B',已知這兩段弧分別與這兩條線段所包住的面積和,試找出此兩段弧,使其總長度最短。(答案:兩段弧皆來自具有相同半徑的圓。)

96) 若在前題中的線段數量為任意,$AB, A'B', \cdots$ 等,試找出總弧長最短者。

97) 給定兩條直線相交於 O,兩點 A, B 分別位於兩條直線上,已知連接 A 和 B 的一段長度最短的弧與兩段直線所包住的面積,試找出 A, B 兩點。(答案:該段弧是來自同時垂直於兩條直線的一個圓。)

98) 一個相同的問題,只不過已知的是包住區域的周邊總長度最小值,即弧長再加上線段 OA 與 OB 的長度為最小者。(答案:該弧是來自一個向外凸出的圓,此圓觸及兩條直線。)

99) 試為幾個角度不同的扇形的類似問題找出答案。

100) 試證明在圖 240 中,各個近乎平坦的平面皆非平面,除了位於中央的穩定表面。備註:從分析中找出或勾勒出這些稍呈彎曲的表面的特性是一個具有挑戰性的未解問題。這對圖 251 的表面來說也是一樣。而在圖 258 中,我們實際上一共有十二個呈對稱的平面,彼此以 120° 在相關的對角線上交會。

　　若干額外的肥皂膜實驗:試以多於三條連接兩個平面的桿條進行如圖 256 與圖 257 所示之實驗。研究在肥皂泡內的空氣體積趨於零時所出現的各

種情況。試進行兩個不平行的平面或其它表面的這一類實驗。試把空氣吹入在圖258中央之立體肥皂泡，直至使氣泡充滿整個立方體並從邊緣凸出為止，接著再把空氣吸出，逆轉整個過程。

101）已知兩個等邊三角形的總周長，試找出這兩個三角形，使其面積和為最小。（答案：運用微積分證明兩個三角形必須全等。）

102）已知兩個三角形的總周長，試找出這兩個三角形，使其面積和為最大。（答案：一個三角形退化成一點，而另一個必然是一個等邊三角形。）

103）試為既定的總面積找出總周長為最短的兩個三角形。

104）試為既定的總面積找出總周長為最長的兩個等邊三角形。

微積分

105）試直接運用微分的定義——形成差商並使其改變，直至以 $x_1 = x$ 代入而輕易取得一個極限為止——找出函數 $\sqrt{1+x}$, $\sqrt{1+x^2}$, $\sqrt{\frac{x+1}{x-1}}$ 之微分。（見第VIII章第 §2 之 3 節）

106）函數 $y = e^{-1/x^x}$ 在 $x=0$ 的情況下，$y=0$。試證明當 $x=0$，該函數之各階導數皆為零。

107）試證明第（106）題的函數無法被展開成一個泰勒級數。（見第VIII章第 §10 之 1 節）

108）試找出曲線 $y = e^{-x^2}$ 與 $y = xe^{-x^2}$ 之反曲點（$f''(x)=0$）。

109）對一個擁有 n 個不相同的根 $x_1, \cdots, x_n$ 的多項式 $f(x)$ 來說，試證明

$$\frac{f'(x)}{f(x)} = \sum_{i=1}^{n} \frac{1}{x-x_i}$$

110) 運用積分之作為一個總和的極限的直接定義，試證明當 $n \to \infty$，我們可得下列序列之極限

$$n \left(\frac{1}{1^2 + n^2} + \frac{1}{2^2 + n^2} + \cdots + \frac{1}{n^2 + n^2} \right) \to \frac{\pi}{4}$$

111) 試以相同方式證明下面序列之極限

$$\frac{b}{n} \left(\sin \frac{b}{n} + \sin \frac{2b}{n} + \cdots + \sin \frac{nb}{n} \right) \to \cos b - 1$$

112) 試在座標紙上將圖 276 放大繪出，從而清點所有在暗影面積上的細小正方形的數量，尋找 π 的近似值。

113) 運用第Ⅷ章第 §5 之 3 節中之公式 (7)，計算 π 之數值，至少保證其準確度至 $1/100$。

114) 證明: $e^{\pi i} = -1$。（見第Ⅷ章第 §10 之 2 節）

115) 一條形狀既定的曲線按 $1 : x$ 的比率展開。$L(x)$ 與 $A(x)$ 分別代表展開曲線之長度及面積。證明隨著 $x \to \infty$，$L(x)/A(x) \to 0$，而從更為廣義來看，若 $k > \frac{1}{2}$，隨著 $x \to \infty$，$L(x)/A(x)^k \to 0$。試分別用圓，正方形，與**橢圓**加以核證。（面積比周長具有一個更高的數量級。見第Ⅷ章第 §9 之 2 節。）

116) 通常指數函數是以下面各種被統稱為**雙曲函數**（hyperbolic function）的結合形式呈現出來:

$$u = \sinh x = \frac{1}{2}(e^x - e^{-x}),$$
$$v = \cosh x = \frac{1}{2}(e^x + e^{-x}),$$
$$w = \tanh x = \frac{e^x - e^{-x}}{e^x + e^{-x}},$$

它們分別被稱為**雙曲正弦函數**（hyperbolic sine），**雙曲餘弦函數**（hyperbolic cosine），與**雙曲正切函數**（hyperbolic tangent）。這類

函數具有許多與三角函數相類似的性質；它們之聯繫到雙曲線 $u^2 - v^2 = 1$ 與函數 $u = \cos x$ 及 $v = \sin x$ 之聯繫到圓 $u^2 + v^2 = 1$ 幾乎一樣。讀者應證明下列公式，並與相關的三角函數作比較：

$$D \cosh x = \sinh x, \quad D \sinh x = \cosh x, \quad D \tanh x = \frac{1}{\cosh^2 x},$$
$$\sinh(x + x') = \sinh x \cdot \cosh x' + \cosh x \cdot \sinh x',$$
$$\cosh(x + x') = \cosh x \cdot \cosh x' + \sinh x \cdot \sinh x'$$

我們稱雙曲函數的反函數為

$$x = \text{arcsinh}\, u = \log(u + \sqrt{u^2 + 1}),$$
$$x = \text{arccosh}\, v = \log(v + \sqrt{v^2 - 1}), \quad (v \geq 1)$$

它們的導數表示如

$$D \,\text{arcsinh}\, u = \frac{1}{\sqrt{1 + u^2}},$$
$$D \,\text{arccosh}\, v = \frac{1}{\sqrt{v^2 - 1}},$$
$$D \,\text{arctanh}\, w = \frac{1}{1 - w^2}, \quad (|w|) > 1)$$

117) 在尤拉公式 $\cos x + i \sin x = e^{ix}$ 的基礎上，試核對雙曲函數與三角函數兩者之間的相似性。

118) 試以類似第 (14) 題的三角函數求和公式，尋求下列雙曲函數的級數的簡單表示公式：

$$\sinh x + \sinh 2x + \cdots + \sinh nx,$$

以及

$$\frac{1}{2} + \cosh x + \cosh 2x + \cdots + \cosh nx$$

積分的技巧

在第Ⅷ章第 §5 之 1 節的定理中，一個函數 $f(x)$ 在 a 與 b 之間的範圍內的積分問題被簡化成尋求一個屬於 $f(x)$ 的原函數 $G(x)$，就是說一個符合 $G'(x) = f(x)$ 的函數。函數從 a 到 b 的積分純粹等於 $G(b) - G(a)$。對這些為 $f(x)$ 所確定的原函數來說（撇開一個任意的外加常數不談），它們以「不定積分」（indefinite integral）為名，並以沒有上限和下限的積分標誌方式

$$G(x) = \int f(x)dx$$

表示出來，已是司空見慣了。（這種標誌方式可能會引起初學者的誤解；見第Ⅷ章第 §5 之 1 節的註明。）

微分的每一個公式都包含一個屬於不定積分的問題的解——僅僅反過來把它當作一個積分公式來詮釋就可以了。按照兩個重要的規則，我們便可以把這個多少有點以經驗為依據的程序加以伸展，而這只不過分別相當於一個複函數的微分，和一個函數的乘積的微分這兩個規則罷了。它們的積分形式就是所謂的**代換積分法**（integration by substitution）和**分部積分法**（integration by parts）。

A) 第一條規則是從一個複函數的微分公式產生。假設一個複函數

$$H(u) = G(x),$$

其中之 u 與 x 互為對方的函數

$$x = \psi(u), \quad u = \varphi(x),$$

在考慮到的區間中獨一無二地被確定下來。我們便得

$$H'(u) = G'(x)\psi'(u),$$

如果

$$G'(x) = f(x),$$

我們可以把 $G(x)$ 表示如

$$G(x) = \int f(x)dx$$

以及

$$G'(x)\psi'(u) = f(x)\psi'(u),$$

由於 $G(x)$ 的積分公式之故，$H'(u)$ 便相當於

$$H(u) = \int f(\psi(u))\psi'(u)du,$$

既然 $H(u) = G(x)$，所以

（Ⅰ） $$\int f(x)dx = \int f(\psi(u))\psi'(u)du$$

這條規律用萊布尼茲的標誌方式（見第Ⅷ章第 §4 節）來表示，就取得一個容易引發聯想的形式

$$\int f(x)dx = \int f(x)\frac{dx}{du}du,$$

這意味著 dx 或可被 $\frac{dx}{du}du$ 來代替，就好像 dx 和 du 是兩個數，而 $\frac{dx}{du}$ 則是一個分數。

茲以若干實例來說明公式（Ⅰ）的用途.

a) $J = \int \frac{1}{u \log u} du$ 。此時我們從（Ⅰ）的右邊開始，以

$$x = \log u = \psi(u)$$

代入。於是我們得知 $\psi'(u) = \frac{1}{u}$, $f(x) = \frac{1}{x}$；因此

$$J = \int \frac{dx}{x} = \log x,$$

或

$$\int \frac{du}{u \log u} = \log \log u,$$

通過對兩邊進行微分，我們便能夠核證這個結果。我們發現

$$\frac{1}{u \log u} = \frac{d}{du} (\log \log u),$$

不難證明這是正確的。

b) $J = \int \cot u\, du = \int \frac{\cos u}{\sin u} du$。令 $x = \sin u = \psi(u)$，我們得到

$$\psi'(u) = \cos u, \quad f(x) = x,$$

因此,

$$J = \int \frac{dx}{x} = \log x,$$

或

$$\int \cot u\, du = \log \sin u,$$

經由微分，這個結果再度可被證實。

c) 一般說來，如果我們有如下形式的一個積分

$$J = \int \frac{\psi'(u)}{\psi(u)} du,$$

令 $x = \psi(u),\ f(x) = x$ ，於是便得

$$J = \int \frac{dx}{x} = \log x = \log \psi(u)$$

d) $J = \int \sin x \cos x\, dx$ 。令 $\sin x = u,\ \cos x = \frac{du}{dx}$ 。於是

$$J = \int u \frac{du}{dx} dx = \int u\, du = \frac{u^2}{2} = \frac{1}{2} \sin^2 x$$

e) $J = \int \frac{\log u}{u} du$ 。令 $\log u = x,\ \frac{1}{u} = \frac{dx}{du}$ 。於是

$$J = \int x \frac{dx}{du} du = \int x\, dx = \frac{x^2}{2} = \frac{1}{2}(\log u)^2,$$

下面運用公式（Ⅰ）的例子是起始於（Ⅰ）的左邊。

f) $J = \int \frac{dx}{\sqrt{x}}$ 。令 $\sqrt{x} = u$ 。於是 $x = u^2$ 而 $\frac{dx}{du} = 2u$ 。因此

$$J = \int \frac{1}{u} \cdot 2u\, du = 2u = 2\sqrt{x}$$

g) 以 $x = au$ 代入，其中 a 為一常數，我們發現

$$\int \frac{dx}{a^2 + x^2} = \int \frac{dx}{du} \cdot \frac{1}{a^2} \cdot \frac{1}{1 + u^2} du = \int \frac{1}{a} \cdot \frac{du}{1 + u^2} = \frac{1}{a} \cdot \arctan \frac{x}{a}$$

h) $J = \int \sqrt{1 - x^2}\, dx$ 。令 $x = \cos u,\ \frac{dx}{du} = -\sin u$ 。於是

$$J = -\int \sin^2 u\,du = -\int \frac{1 - \cos 2u}{2} du = -\frac{u}{2} + \frac{\sin 2u}{4},$$

由於 $\sin 2u = 2\sin u \cos u = 2\cos u\sqrt{1 - \cos^2 u}$，我們可得

$$J = -\frac{1}{2}\arccos x + \frac{1}{2}x\sqrt{1 - x^2}$$

試求取下列各不定積分，並對所得結果進行微分以為核對：

(119) $\displaystyle\int \frac{u\,du}{u^2 - u + 1}$ (120) $\displaystyle\int u e^{u^2}\,du$

(121) $\displaystyle\int \frac{du}{u(\log u)^n}$ (122) $\displaystyle\int \frac{8x}{3 + 4x}dx$

(123) $\displaystyle\int \frac{dx}{x^2 + x + 1}$ (124) $\displaystyle\int \frac{dx}{x^2 + 2ax + b}$

(125) $\displaystyle\int t^2\sqrt{1 + t^3}\,dt$ (126) $\displaystyle\int \frac{t + 1}{\sqrt{1 - t^2}}dt$

(127) $\displaystyle\int \frac{t^4}{1 - t}dt$ (128) $\displaystyle\int \cos^n t \cdot \sin t \cdot dt$

(129)   試證明：

$$\int \frac{dx}{\sqrt{a^2 - x^2}} = \frac{1}{a}\operatorname{arctanh}\frac{x}{a}, \quad \int \frac{dx}{\sqrt{a^2 - x^2}} = \operatorname{arcsinh}\frac{x}{a}$$

（試分別同例題 g 與 h 比較）

B) 函數乘積的微分定律（見第Ⅷ章第 §3 節）

$$(p(x) \cdot q(x))' = p(x) \cdot q'(x) + p'(x) \cdot q(x)$$

是可以用一個積分公式來表示

$$p(x) \cdot q(x) = \int p(x) \cdot q'(x)dx + \int p'(x) \cdot q(x)dx$$

或

（ Ⅱ ）
$$\int p(x) \cdot q'(x)dx = p(x)q(x) - \int p'(x) \cdot q(x)dx,$$

公式（ Ⅱ ）就是所謂**分部積分法**的規則了。當一個被積分的函數能夠以 $p(x)q'(x)$ 的一個乘積表示出來，其中 $q'(x)$ 的原函數 $q(x)$ 已知，這個規則便可以派上用場。在這種情況下，公式（ Ⅱ ）把 $p(x)q'(x)$ 的不定積分簡化成函數 $p'(x)q(x)$ 的積分 $h(x)$ ，而那通常是簡單得多的。

例題：

a）$J = \int \log x\,dx$ 。令 $p(x) = \log x,\ q'(x) = 1$ ，因此 $q(x) = x$ 。那麼按（ Ⅱ ）便得出

$$\int \log x\,dx = x\log x - \int \frac{x}{x}dx = x\log x - x$$

b）$J = \int x\log x\,dx$ 。令 $p(x) = \log x,\ q'(x) = x$ 。於是

$$J = \frac{x^2}{2}\log x - \int \frac{x^2}{2x}dx = \frac{x^2}{2}\log x - \frac{x^2}{4}$$

c）$J = \int x\sin x\,dx$ 。令 $p(x) = x,\ q(x) = -\cos x$ ，遂得出

$$\int x\sin x\,dx = -x\cos x + \sin x,$$

試用分部積分法以求取下列各積分：

(130) $\displaystyle\int xe^x dx$ 　　　　　　(131) $\displaystyle\int x^2\cos x\,dx$ （提示：運用公式（ Ⅱ ）兩次）

(132) $\displaystyle\int x^a\log x\,dx \quad (a \neq -1)$ 　(133) $\displaystyle\int x^2 e^x dx$ （提示：運用第 (130) 題）

把分部積分法運用到積分 $\int \sin^m x\,dx$ ，便給無理數 π 帶來一個令人印

象深刻的無窮乘積展開式。為了把這個表示式推導出來，我們把$\sin^m x$寫成$\sin^{m-1} x \cdot \sin x$，接著在介於$0$與$\pi/2$的兩界限之間進行分部積分，這引出下面的公式

$$\int_0^{\frac{\pi}{2}} \sin^m x dx = (m-1) \int_0^{\frac{\pi}{2}} \sin^{m-2} x \cos^2 x dx$$
$$= -(m-1) \int_0^{\frac{\pi}{2}} \sin^m x dx + (m-1) \int_0^{\frac{\pi}{2}} \sin^{m-2} x dx,$$

或

$$\int_0^{\frac{\pi}{2}} \sin^m x dx = \frac{m-1}{m} \int_0^{\frac{\pi}{2}} \sin^{m-2} x dx,$$

此乃因為在公式（II）的右邊第一項，pq，以0與$\pi/2$為界限值時，皆等於零之故也。經過對上面最後一個公式的重複應用，我們便得到$I_m = \int_0^{\pi/2} \sin^m x dx$的積分值（公式端視$m$為一個偶數或奇數而有所不同）：

$$I_{2n} = \frac{2n-1}{2n} \cdot \frac{2n-3}{2n-2} \cdots \frac{1}{2} \cdot \frac{\pi}{2},$$

$$I_{2n+1} = \frac{2n}{2n+1} \cdot \frac{2n-2}{2n-1} \cdots \frac{2}{3},$$

由於在$0 < x < \pi/2$的區間裡，$0 < \sin x < 1$，我們便有

$$\sin^{2n-1} x > \sin^{2n} x > \sin^{2n+1} x,$$

因此（見第VIII章第 §1之5節）

$$I_{2n-1} > I_{2n} > I_{2n+1}$$

或

$$\frac{I_{2n-1}}{I_{2n+1}} > \frac{I_{2n}}{I_{2n+1}} > 1,$$

在上面最後一個不等式，把各個計算值代入 I_{2n-1} 等等，我們得到

$$\frac{2n+1}{2n} > \frac{1 \cdot 3 \cdot 3 \cdot 5 \cdot 5 \cdot 7 \cdots (2n-1)(2n-1)(2n+1)}{2 \cdot 2 \cdot 4 \cdot 4 \cdot 6 \cdot 6 \cdots (2n)(2n)} \cdot \frac{\pi}{2} > 1,$$

當 $n \to \infty$，我們便移轉到一個極限值，可知不等式中的中間項趨近於 1，於是我們獲得表示 $\pi/2$ 的華里斯積（Wallis' product）：

$$\frac{\pi}{2} = \frac{2 \cdot 2 \cdot 4 \cdot 4 \cdot 6 \cdot 6 \cdots (2n)(2n) \cdots}{1 \cdot 3 \cdot 3 \cdot 5 \cdot 5 \cdot 7 \cdots (2n-1)(2n-1)(2n+1) \cdots}$$

$$= \lim \frac{2^{4n}(n!)^4}{[(2n)!]^2(2n+1)} \qquad (\text{當 } n \to \infty)$$

延伸閱讀

第一版

一般參考書目

W. Ahrens. *Mathematische Unterhaltungen und Spiele*, 2nd edition, 2 vols. Leipzig: Teubner, 1910.

W. W. Rouse Ball. *Mathematical Recreations and Essays*, 11th edition, revised by H. S. M. Coxeter. New York: Macmillan, 1939.

E.T. Bell. *The Development of Mathematics*. New York: MacGraw-Hill, 1940.

——. *Men of Mathematics*. New York: Simon and Schuster, 1937.（《大數學家》，井竹君等譯。台北：九章，1998。）

T. Dantzig. *Aspects of Science*. New York: Macmillan, 1937.

A. Dresden. *An Invitation to Mathematics*. New York: Holt, 1936.

F. Enriques. *Questioni riguardanti le matematiche elementari*, 3rd edition, 2 vols. Bologna: Zanichelli, 1924 and 1926.

E. Kasner and J. Newman. *Mathematics and the Imagination*. New York: Simon and Schuster, 1940.

F. Klein. *Elementary Mathematics from an Advanced Standpoint*, translated by E. R. Hedrick and C. A. Noble, 2 vols. New York: Macmillan, 1932 and 1939.

M. Kraitchik. *La Mathématique des Jeux*. Brussels: Stevens, 1930.

O. Neugebauer. *Vorlesungen über Geschichte der antiken mathematischen Wissenschaften*. Erster Band: *Vorgriechische Mathematik*. Berlin:

Springer, 1934.

H. Poincaré. *The Foundations of Science.* Lancaster, Pa.: Science Press, 1913.

H. Rademacher und O. Toeplitz. *Von Zahlen und Figuren*, 2nd edition. Berlin: Springer, 1933.

B. Russell. *Introduction to Mathematical Philosophy*. London: Allen and Unwin, 1924.

——. *The Principles of Mathematics*, 2nd edition. New York: Norton, 1938.

D. E. Smith. *A Source Book in Mathematics*. New York: McGraw-Hill, 1929.

H. Steinhaus. *Mathematical Snapshots*. New York: Stechert, 1938.

H. Weyl. "The mathematical Way of Thinking," *Science*, XCII (1940), p. 437 ff.

H. Weyl. *Philosophie der Mathematik und Naturwissenschaft*, Handbuch der Philosophie, Bd. II. Munich: Oldenbourg, 1926, pp. 3-162.

第Ⅵ章

R. Courant. *Differential and Integral Calculus*, translated by E. J. McShane, revised edition, 2 vols. New York: Nordemann, 1940.

G. H. Hardy. *A Course of Pure Mathematics*, 7th edition. Cambridge: University Press, 1938.

W. L. Ferrar. *A Text-book of Convergence*. Oxford: Clarendon Press, 1938.

關於連分數的理論，可見

S. Barnard and J. M. Child. *Advanced Algebra*. London: Macmillian, 1939.

第Ⅶ章

R. Courant. "Soap Film Experiments with Minimal Surfaces," *American Mathematical Monthly*, XLVII(1940), pp. 167-174.

J. Plateau. "Sur les figures d'équilibre d'une masse liquide sans pésanteur," *Mémoires de l'Académie Royal de Belgique*, nouvelle série, XXIII (1849).

——. *Statique expérimentale et théoretique des Liquides.* Paris: 1873.

第Ⅷ章

C. B. Boyer. *The Concepts of the Calculus.* New York: Columbia University Press, 1939.

R. Courant. *Differential and Integral Calculus*, translated by E. J. McShane, revised edition, 2 vols. New York: Nordemann, 1940.

G. H. Hardy. *A Course of Pure Mathematics*, 7th edition. Cambridge: University Press, 1938.

第二版

一般參考書目

D. J. Albers and G. L. Alexanderson (editors). *Mathematical People.* Boston: Birkhäuser, 1985.

D. J. Albers, G. L. Alexanderson, and Constance Reid (editors). *More Mathematical People.* New York: Academic Press, 1990.

B. Bollobás (editor). *Littlewood's Miscellany.* Cambridge: Cambridge University Press, 1986.

J. L. Casti. *Complexification.* New York: HarperCollins, 1994.

J. Cohen and I. Stewart. *The Collapse of Chaos.* New York: Viking, 1993.

COMAP (editors). *For All Practical Purposes.* New York: Freeman, 1994.

P. J. Davis and R. Hersh. *The Mathematical Experience.* Boston: Birkhäuser, 1981.

——. *Descartes' Dream.* Brighton: Harvester, 1986.（《笛卡爾之夢──從數學看世界》，常庚哲、周炳蘭譯。台北：九章，1996。）

K. Devlin. *All the Math That's Fit to Print.* Washington: Mathematical Association of America, 1994.

——. *Mathematics: The New Golden Age.* Harmondsworth: Penguin, 1988.

——. *Mathematics, the Science of Patterns.* New York: Scientific American Library, 1994.

I. Ekeland. *The Broken Dice.* Chicago: University of Chicago Press, 1993.

——. *Mathematics and the Unexpected*. Chicago: University of Chicago Press, 1988.

G. T. Gilbert, M. I. Krusemeyer, and L. C. Larson. *The Wohascum County Problem Book*. Dolciani Mathematical Expositions 14. Washington: Mathematical Association of America, 1993.

M. Golubitsky and M. J. Field. *Symmetry in Chaos*. Oxford: Oxford University Press, 1992.

M. Guillen. *Bridges to Infinity.* London: Rider, 1983.

R. Honsberger. *Ingenuity in Mathematics*. Washington: Mathematical Association of America, 1970.

——. *Mathematical Gems I*. Dolciani Mathematical Expositions 1. Washington: Mathematical Association of America, 1973.

——. *Mathematical Gems II*. Dolciani Mathematical Expositions 2. Washington: Mathematical Association of America, 1974.

——. *Mathematical Gems III*. Dolciani Mathematical Expositions 3. Washington: Mathematical Association of America, 1985.

K. Jacobs. *Invitation to Mathematics*. Princeton: Princeton University Press, 1992.

M. Kline. *Mathematical Thought from Ancient to Modern Times*. Oxford: Oxford University Press, 1972.

E. Maor. *e: The Story of a Number*. Princeton: Princeton University Press, 1994. (《毛起來說 e》, 鄭惟厚譯。台北: 天下遠見, 2000。)

J. R. Newman (editor). *The World of Mathematics*, 4 vols. New York: Simon and Schuster, **1956**.

I. Peterson. *Islands of Truth*. New York: Freeman, **1990**.

——. *The Mathematical Tourist*. New York: Freeman, **1988**.

C. Reid. *Courant: In Goettingen and New York*. New York: Springer-Verlag, **1976**.

D. Ruelle. *Chance and Chaos*. Princeton: Princeton University Press, **1991**.

M. Schroeder. *Chaos, Fractals, Power Laws*. New York: Freeman, **1991**.

I. Stewart. *Concepts of Modern Mathematics*. New York: Dover, **1995**.

——. *Does God Play Dice?*. Oxford: Blackwell, **1989**. （《上帝擲骰子嗎？——量子物理史話》，曹天元譯。台北：八方，**2007**。）

——. *From Here To Infinity*. Oxford: Oxford University Press, **1996**.

——. *Nature's Numbers*. New York: Basic Books, **1995**. （《大自然的數學遊戲》，葉李華譯。台北：天下遠見，**2010**。）

——. *The Problems of Mathematics*. Oxford: Oxford University Press, **1992**.

I. Stewart and M. Golubitsky. *Fearful Symmetry*. Oxford: Blackwell, **1992**.

M. Sved. *Journey Into Geometries*. Washington: Mathematical Association of America, **1991**.

第IX章

§1. 關於質數的一個公式

M. Davis, Y. Matijasevic, and J. Robinson. "Hilbert's Tenth Problem. Diophantine Equations: Positive Aspects of a Negative Solution."

In *Proceedings of Symposia in Pure Mathematics 28: Mathematical Developments Arising from Hilbert Problems*. Washington: American Mathematical Society, 1976, pp. 323-378.

M. Davis and R. Hersh. "Hilbert's Tenth Problem." *Scientific American* 229, no. 5 (1973): 84-91.

K. Devlin. *Mathematics: The New Golden Age*. Harmondsworth: Penguin, 1988.

J. P. Jones, D. Sato, H. Wada, and D. Wiens. "Diophantine Representations of the Set of Prime Numbers." *American Mathematical Monthly* 83 (1976): 449-464.

I. Stewart. *Concepts of Modern Mathematics*. New York: Dover, 1995.

§2. 哥德巴赫猜想與孿生質數

K. Devlin. *Mathematics: The New Golden Age*. Harmondsworth: Penguin, 1988.

W. Yuan. *Goldbach Conjecture*. Singapore: World Scientific, 1984.

§3. 費馬最後定理

E. T. Bell. *The Last Problem*. Washington: Mathematical Association of America, 1990.

D. Cox. "Introduction to Fermat's Last Theorem." *American Mathematical Monthly* 101 (1994):3-14.

K. Devlin. *Mathematics: The New Golden Age*. Harmondsworth: Penguin, 1988.

I. Katz. "Fame by Numbers." *The Guardian Weekend*, April 8 1995, 34-42.

P. Ribenboim. *Thirteen Lectures on Fermat's Last Theorem*. New York: Springer-Verlag, 1979.

K. Rubin and A. Silverberg. "A Report on Wiles' Cambridge Lectures." *Bulletin American Mathematical Society* 31 (1994):15-38.

I. Stewart. "Fermat's Last Time Trip." *Scientific American* 269, no. 5 (1993): 85-88.

——. *From Here To Infinity*. Oxford: Oxford University Press, 1996.

——. *The Problems of Mathematics*. Oxford: Oxford University Press, 1992.

§4. 連續統假設

P. Bernays. *Axiomatic Set Theory*. New York: Dover, 1991.

P. J. Cohen and R. Hersh. "Non-Cantorian Set Theory." In *Mathematics in the Modern World*, edited by M. Kline. San Francisco: Freeman, 1979.

K. Devlin. *Mathematics: The New Golden Age*. Harmondsworth: Penguin, 1988.

W. S. Hatcher. *The Logical Foundations of Mathematics*. Oxford: Pergamon Press, 1982.

S. Lavine. *Understanding the Infinite*. Cambridge: Harvard University Press, 1994.

I. Steward. "A Subway Named Turing." *Scientific American* 271, no. 3 (1994): 90-92.

R. L. Vaught. *Set Theory: An Introduction*. Boston: Birkhäuser, 1985.

§5. 集合理論的標誌方法

I. Stewart. *Concepts of Modern Mathematics*. New York: Dover, **1995**.

R. L. Vaught. *Set Theory: An Introduction*. Boston: Birkhäuser, **1985**.

§6. 四色定理

K. Appel and W. Haken. "The Four-Color Problem." In *Mathematics Today*, edited by L. A. Steen. New York: Springer, **1978**.

——. "The Four-Color Proof Suffices." *The Mathematical Intelligencer* 8, no. 1 (**1986**): **10-20**.

K. Devlin. *Mathematics: The New Golden Age*. Harmondsworth: Penguin, **1988**.

G. Ringel. *Map Color Theorem*. New York: Springer, **1974**.

T. L. Saaty. "Remarks on the Four Color Problem: The Kempe Catastrophe." *Mathematics Magazine* 40 (**1967**): **31-36**.

I. Stewart. *From Here To Infinity*. Oxford: Oxford University Press, **1996**.

——. *The Problems of Mathematics*. Oxford: Oxford University Press, **1992**.

——. "The Rise and Fall of the Lunar M-pire." *Scientific American* 268, no. 4 (**1993**): **90-91**.

§7. 豪斯朵夫維度與碎形

M. F. Barnsley. *Fractals Everywhere*. Boston: Academic Press, **1993**.

B. B. Mandelbrot. *The Fractal Geometry of Nature*. New York: Freeman, **1982**.

H. O. Peitgen, H. Jürgens, and D. Saupe. *Chaos and Fractals*. New York: Springer-Verlag, 1992.

I. Stewart. *From Here To Infinity*. Oxford: Oxford University Press, 1996.

——. *The Problems of Mathematics*. Oxford: Oxford University Press, 1992.

§8. 紐結

C. W. Ashley. *The Ashley Book of Knots*. London: Faber and Faber, 1947.

P. Freyd, D. Yetter, J. Hoste, W. B. R. Lickorish, K. Millett, and A. Ocneanu. "A New Polynomial Invariant of Knots and Links." *Bulletin of the American Mathematical Society* 12 (1985): 239-246.

V. F. R. Jones. "A Polynomial Invariant for Knots via von Neumann Algebras." *Bulletin of the American Mathematical Society* 12 (1985): 103-111.

——. "Knot Theory and Statistical Mechanics." *Scientific American* 263, no. 5 (1990): 52-57.

W. B. R. Lickorish and K. C. Millett. "The New Polynomial Invariant of Knots and Links." *Mathematics Magazine* 61 (1988): 3-23.

C. Livingston. *Knot Theory*. Carus Mathematical Monographs 24. Washington: Mathematical Association of America, 1993.

I. Stewart. *From Here To Infinity*. Oxford: Oxford University Press, 1996.

——. "Knots, Links, and Videotape." *Scientific American* 270, no. 1 (1994): 136-138.

——. *The Problems of Mathematics*. Oxford: Oxford University Press, 1992.

§9. 一個力學問題

T. Poston. "Au Courant with Differential Equations." *Manifold* 18 (Spring 1976): 6-9.

I. Stewart. *Game, Set, and Math*. Oxford: Blackwell, 1989.

§10. 斯坦納問題

M. W. Bern and R. L. Graham. "The Shortest-Network Problem." *Scientific American* 260, no. 1 (1989): 66-71.

E. N. Gilbert and H. O. Pollak. "Steiner Minimal Trees." *SIAM Journal of Applied Mathematics* 16 (1968): 1-29.

Z. A. Melzak. *Companion to Concrete Mathematics*. New York: Wiley, 1973.

I. Stewart. "Trees, Telephones, and Tiles." *New Scientist* 1795 (1991): 26-29.

P. Winter. "Steiner Problems in Networks: A Survey." *Networks* 17 (1987): 129-167.

§11. 肥皂膜實驗與極小面

F. J. Almgren Jr. "Minimal Surface Forms." *The Mathematical Intelligencer* 4, no. 4 (1982): 164-171.

——. *Plateau's Problem, and Invitation to Varifold Geometry*. New York: Benjamin, 1966.

F. J. Almgren Jr. and J. E. Taylor. "The Geometry of Soap Films and Soap Bubbles." *Scientific American* 235, no 1 (1976): 82-93.

C. Isenberg. *The Science of Soap Films and Soap Bubbles*. New York: Dover Publications, 1992.

§12. 非標準分析

J. W. Dauben. *Abraham Robinson: The Creation of Nonstandard Analysis*. Princeton: Princeton University Press, **1995**.

A. E. Hurd And P. A. Loeb. *An Introduction to Nonstandard Real Analysis*. New York: Academic Press, **1985**.

M. J. Keisler. *Foundations of Infinitesimal Calculus*. New York: Prindle, Weber, and Schmidt, **1976**.

A. Robinson. *Introduction to Model Theory and to the Metamathematics of Algebra*. Amsterdam: North-Holland, **1963**.

K. D. Stroyan and W. A. U. Luxemburg: *Introduction to the Theory of Infinitesimals*. New York: Academic Press, **1976**.

中英名詞對照暨索引

一劃

二劃

五劃

六劃

七劃

八劃

九劃

十劃

十一劃

十三劃

十六劃以上